黄花菜种植与利用

邢宝龙　曹冬梅　王　斌　主编

气象出版社
China Meteorological Press

内容简介

全书由五章组成。第一章对中国黄花菜种质资源和生产布局进行了概述。第二章以黄花生长发育为重点,分别从生育进程和环境条件对黄花菜生长发育的影响等方面予以具体阐述。第三章运用理论和实践相结合的方式,分别对黄花常规栽培、覆盖栽培和多熟种植技术措施进行了具体介绍,涉及的栽培技术简单明了,可操作性强。第四章对以病害、虫害、草害为重点的生物胁迫和以水分、盐、温度、光照、灾害性天气为重点的非生物胁迫及其应对措施分别进行了论述。第五章对黄花品质、利用与加工进行了较为全面的介绍。

本书可供农业管理部门、农业院校、科研单位以及黄花种植、加工、生产等领域的人员参考。

图书在版编目(CIP)数据

黄花菜种植与利用 / 邢宝龙,曹冬梅,王斌主编
. -- 北京 : 气象出版社,2022.5
ISBN 978-7-5029-7673-6

Ⅰ. ①黄… Ⅱ. ①邢… ②曹… ③王… Ⅲ. ①黄花菜
－蔬菜园艺 Ⅳ. ①S644.3

中国版本图书馆CIP数据核字(2022)第039870号

Huanghuacai Zhongzhi yu Liyong
黄花菜种植与利用
邢宝龙　曹冬梅　王　斌　主编

出版发行:气象出版社

地　　址: 北京市海淀区中关村南大街 46 号		**邮政编码**: 100081	

电　　话: 010-68407112(总编室)　010-68408042(发行部)

网　　址: http://www.qxcbs.com　　　　**E-mail**:　qxcbs@cma.gov.cn

责任编辑:王元庆　　　　　　　　　　**终　　审**:吴晓鹏

责任校对:张硕杰　　　　　　　　　　**责任技编**:赵相宁

封面设计:地大彩印设计中心

印　　刷:北京中石油彩色印刷有限责任公司

开　　本: 787 mm×1092 mm　1/16　　　　**印　　张**: 12

字　　数: 307 千字

版　　次: 2022 年 5 月第 1 版　　　　　　**印　　次**: 2022 年 5 月第 1 次印刷

定　　价: 58.00 元

编　委　会

策　　划：曹广才（中国农业科学院作物科学研究所）

主　　编：邢宝龙（山西农业大学高寒区作物研究所）

　　　　　曹冬梅（山西农业大学园艺学院（园艺研究所））

　　　　　王　斌（山西农业大学资源环境学院）

副 主 编：（按作者姓名的汉语拼音排序）

　　　　　韩志平（山西大同大学生命科学学院）

　　　　　李小玉（山西农业大学高寒区作物研究所）

　　　　　卢　瑶（山西农业大学高寒区作物研究所）

　　　　　沈日敏（山西农业大学高寒区作物研究所）

　　　　　王　慧（山西农业大学高寒区作物研究所）

　　　　　岳新丽（山西农业大学高寒区作物研究所）

　　　　　张　知（山西农业大学高寒区作物研究所）

其他编委：（按作者姓名的汉语拼音排序）

　　　　　曹慧芬（山西大同大学生命科学学院）

　　　　　丁　婉（山西农业大学高寒区作物研究所）

　　　　　冯　钰（山西农业大学高寒区作物研究所）

　　　　　郝爱静（山西农业大学高寒区作物研究所）

　　　　　贾民隆（山西农业大学园艺学院（园艺研究所））

　　　　　栗　丽（山西农业大学资源环境学院）

　　　　　梁　峥（山西农业大学园艺学院（园艺研究所））

　　　　　刘　飞（山西农业大学高寒区作物研究所）

　　　　　马　涛（山西农业大学高寒区作物研究所）

　　　　　宋卓琴（山西农业大学园艺学院（园艺研究所））

　　　　　王　娟（山西大同大学生命科学学院）

　　　　　王　力（山西农业大学高寒区作物研究所）

　　　　　王梦飞（山西农业大学高寒区作物研究所）

王桂梅（山西农业大学高寒区作物研究所）

吴　旭（山西农业大学资源环境学院）

吴瑞香（山西农业大学高寒区作物研究所）

于　静（山西农业大学高寒区作物研究所）

湛润生（山西大同大学生命科学学院）

张　琨（山西大同大学生命科学学院）

张　巽（山西大同大学生命科学学院）

张红利（山西大同大学生命科学学院）

张小娟（山西农业大学高寒区作物研究所）

作者分工

前　言

　　黄花是百合科萱草属多年生草本植物,亦称忘忧草、金针菜、健脑菜等。其观为名花、用为良药、食为佳肴,与蘑菇、木耳并称为"素食三珍品",是观赏价值、营养价值和药用价值都很高的食用花卉,深受广大消费者喜爱。黄花中含有丰富的糖类、蛋白质、脂肪、维生素 C、氨基酸、胡萝卜素等人体必需的营养成分。它的花经过蒸、晒,加工成干菜,即金针菜或黄花菜,远销国内外,是很受欢迎的食品。其花、茎、叶和根均可入药,具有明目、安神、消肿、利尿、活血、降血压等功效。

　　中国栽培黄花历史悠久,其适应性强,栽培简单,全国各地均有分布。全国黄花菜共有 6 大产区,分别是甘肃庆阳、湖南祁东、宁夏盐池、四川渠县、山西大同和陕西大荔,主要种植区域面积总计达到 100 余万亩[*]。中国是黄花种质资源最丰富的国家,目前全国共保存了黄花品种 60 余个。

　　20 世纪 30 年代以前,黄花多是以自食为目的的零星栽培,种植规模较小,市场交易量极少。直到 20 世纪 30 年代,全国黄花生产迅猛发展,生产出现历史上第一个高峰,逐步由自给自足发展到大宗干菜进入市场交易。1937 年前后,全国人均占有黄花干菜 19 g,后来由于连年战乱,黄花产量重新跌入低谷。新中国成立后,黄花生产才得以恢复和发展。尤其从 20 世纪 60—70 年代黄花菜销售走出国门,促进了黄花产业的快速发展,使黄花生产步入历史上第二个高峰。1978 年以来的家庭联产承包责任制在各地推行后,农民自主经营权提升,促进了黄花菜产业迅猛发展,使黄花生产步入历史第三个高峰。随着市场经济的不断发展,从 20 世纪末到 21 世纪初大量商业资本进入黄花产业,促进了黄花产业暴发式发展,使黄花生产步入历史上第四个高峰。

　　2020 年 5 月 11 日,习近平总书记视察山西,首站来到大同,在考察有机黄花标准化种植基地时指出:"希望把黄花产业保护好、发展好,做成大产业,做成全国知名品牌,让黄花真正成为乡亲们的'致富花'"。为深入贯彻落实习近平总书记关于黄花产业的重要指示,大同市人民政府与山西农业大学签署了"产学研合作协议"并成立了"大同黄花产业发展研究院"。

　　大同黄花产业发展研究院以解决黄花产业发展中面临的共性和瓶颈问题作为主攻方向,以黄花产业提质增效为主要目标,为黄花产业的发展提供科技支撑。为了进一步加快黄花产业升级,也为了积淀传承黄花研究成果和普及黄花科技知

---

　　* 1 亩≈666.67m²。

识，更好地推动中国黄花产业的发展，大同黄花产业发展研究院标准化栽培协同中心编写了《黄花菜种植与利用》，对黄花进行了较为全面的阐述：从黄花种质资源、生长发育、实用栽培技术、环境胁迫及应对方法、品质与利用等方面，阐述了黄花的基本知识和最新研究进展。

本书共分五章，由多名作者共同完成，在编写内容上分工合作，力求发挥个人专业特长，以保证专著内容权威可靠并充分反映相关领域最新进展。作者们在繁忙的工作之余完成本书的写作，付出了大量心血，在此表示衷心的感谢！

在本书的编写过程中，中国农业科学院作物科学研究所曹广才研究员为此书策划以及统稿等方面付出了很多精力和时间；本书的出版也得力于气象出版社的大力配合，谨致谢忱！

本书在撰写过程中，除反映作者的试验研究结果和成果外，还引用了同类研究的资料、结果和结论，并反映在参考文献中。

本书的出版得到了大同黄花产业发展研究院的专项资金资助。

限于作者水平，不当之处敬请同行专家和广大读者批评指正。

邢宝龙

2021 年 9 月于大同

目　　录

第一章　中国黄花菜种质资源和生产布局

第一节　中国黄花菜种质资源

一、黄花菜植物分类

（一）概述

黄花菜（*Hemerocallis citrina* Baroni）俗称金针菜、忘忧草等，属百合科（Liliaceae）萱草属（*Hemerocallis*）多年生草本植物。萱草属的许多种类被广泛栽培，供食用和观赏。著名的干菜食品黄花菜（又叫金针菜）就是本属植物，食用黄花菜是黄花菜（*H. citrina*）的花蕾，经过蒸、晒加工制成的。此外，北黄花菜（*Hemerocallis lilioasphodelus*）、小黄花菜（*Hemerocallis minor*）也常常是制作黄花菜的来源。在南方，萱草（*Hemerocallis fulva*）等也可制成黄花菜食用。

据《中国植物志》记载，萱草属植物全世界共约有 14 种，主要分布于亚洲温带至亚热带地区，少数也见于欧洲。其中原产中国的有 11 种，分别是：

黄花菜 *Hemerocallis citrina* Baroni

小萱草 *Hemerocallis dumortieri* Morr.

北萱草 *Hemerocallis esculenta* Koidz.

西南萱草 *Hemerocallis forrestii* Diels

萱草 *Hemerocallis fulva* （L.）L.

北黄花菜 *Hemerocallis lilioasphodelus* L.

大苞萱草 *Hemerocallis middendorfii* Trautv. et Mey.

小黄花菜 *Hemerocallis minor* Mill.

多花萱草 *Hemerocallis multiflora* Stout

矮萱草 *Hemerocallis nana* Forrest

折叶萱草 *Hemerocallis plicata* Stapf

除中国的 11 个种以外，俄罗斯远东地区自然分布有 *H. darrowiana*，朝鲜半岛自然分布有 *H. hakuunensis* 以及日本北海道自然分布有 *H. yezoensis*。另外，近年来也有新登录的 2 个种，为朝鲜半岛种 *H. hongdoensis* 及朝鲜半岛种 *H. taeanensis*。日本还有萱草的 7 个变种：*H. fulva* var. *pauciflora*、常绿萱草（*H. fulva* var. *aurantiaca*）、*H. fulva* var. *littorea*、*H. fulva* var. *sempervirens*、长管萱草（*H. fulva* var. *angustifolia*）及黄花菜变种 *H. citrina* var. *vespertina*、小萱草变种 *H. dumortieri* var. *exaltata*。印度也有变种长管萱草（*H. fulva* var. *Angustifolia*）。

(二)研究概况

1. 分类研究 有关萱草种质资源及其分类的研究,前人做了大量工作。1897 年 Baroni 对黄花菜(*H. citrina*)、1834 年 Morren 对小萱草(*H. dumortieri*)、1768 年 Mill 对小黄花菜(*H. minor*)、1762 年 Linnaeus 对萱草(*H. fulva*)等的分类及生物学研究做了大量的早期工作,而最早全面系统研究萱草分类的是科学家 Stout(1934)。1968 年胡秀英(Shiu-Ying Hu)出版了萱草分类专著,把萱草分为 3 个类群 23 个种。1992 年 Erhardt 建立了一个更细致的分类系统,将萱草属分为 5 个组:fulva、citrina、middendorfii、nana 和 multiflora。1998 年,根据 DNA 分子标记研究,APG 分类系统将萱草从百合科分出,单独列为萱草科。2003 年,APGⅡ 分类系统中将萱草科和黄脂木科(Xanthorrhoeaceae)列为可合可分的备选科。2009 年,APG Ⅲ 分类系统则将萱草亚科与阿福花亚科、黄脂木亚科一起列为阿福花科(Asphodelaceae)下的亚科,即萱草亚科(Hemerocallidoideae)。2015 年,Dahlgren 等认为应将萱草从百合科独立出来,成为萱草科,他们认为萱草的根系类型、种子形态和蜜腺的类型都与百合科完全不同。萱草的根系是宿根,不同于百合科的球根。萱草科的种子是黑色的、圆形的,百合科的种子是褐色的、扁平的。萱草的蜜腺位于子房壁,而百合的蜜腺在花被片基部。萱草属与分布在非洲、地中海地区、西亚及中亚的阿福花亚科(Asphodeloideae)有较多的共有特征。2016 年,阿福花科中的阿福花亚科(Asphodeloideae)在 APGⅣ 分类系统中改名为 Alooideae。

萱草的分类经历了以上的演变,目前仍见萱草属归为百合科植物的报道,但形态学、分子生物学等方面的证据倾向于将萱草属归为阿福花科下的萱草亚科。1993 年,熊治廷研究发现,萱草在小孢子同时型发生及含蒽醌的特征上与阿福花亚科相同,这些是后者的典型特征,这显示出萱草与阿福花亚科在系统发育上有一定联系。

熊治廷等(1997)曾用聚类分析和主成分分析研究了萱草属 11 个类群的分类,结果发现这些类群可形成 4 簇,第一簇:北黄花菜、黄花菜、小黄花菜和多花萱草;第二簇:小萱草和大苞萱草;第三簇:折叶萱草,西南萱草和矮萱草;第四簇:萱草及其三倍体类型。各簇均有其特征,同时讨论了簇内各类群之间的亲缘关系及属下分组问题。

《中国植物志》将萱草属的一些种进行了整理合并,由于黄花菜(*H. citrina*)花叶果的性状变化较大,因此将 *H. thunbergii* 以及 *H. coreana* 归为 *H. citrina*,而华北一带的则归为北黄花菜(*H. lilio-asphodelus*)。另外通过对 28 个性状的聚类分析,结合过氧化物同工酶谱,表明桔红萱草(*H. aurantiaca*)只是萱草(*H. fulva*)的一个种内变异,不应该是一个独立的种。

从分类学上看,萱草属植物有很多天然杂交种,它们与栽培杂交种在外形上极为相似,因此造成了分类上的混乱,在形态学研究中很多方面都存在着争议,因此应该结合多种方法进行研究。

上海农学院张少艾等(1995)对萱草属的 3 个野生种以及 16 个园艺品种进行了全面相似性的聚类分析,并结合过氧化物同工酶谱,对萱草属的种质资源进行了初步的研究,从 22 个萱草种类的聚类分析树系图中看到,所有杂种萱草彼此之间的距离要比它们与原始种萱草 *H. fulva*、黄花菜 *H. citrina* 和桔红萱草 *H. aurantiaca* 来得近。胡秀英曾提到,萱草属的育种原始材料有如下几种:*H. thunbergii*、*H. minor*、*H. lilioasphodelus*、*H. altissima*、*H. citrina*、*H. middendorfii*、*H. luteola*、*H. multiflora*、*H. dumortieri*、*H. nana*、*H. littorea*、*H. aurantiaca*、*H. fulva*。据《中国植物志》*H. thunbergii*、*H. altissima* 即 *H. citrina*;*H. minor* 与 *H. lilioasphodelus* 极相近,前者可能只是后者的一个变种;而产于日本的 *H. littorea* 与 *H. fulva* 很相似,很可能也只是一个种。因

此,现今所有成千上万个园艺品种的萱草属植物,都源于这七八个原始种,仅占全属植物种数的一半。经过长期的反复杂交,性状已极其混杂,品种之间有些只具有细微差别,同时它们与性状纯一的原始种则相距甚远。

2. 萱草属植物的分布 萱草属的世界分布为东亚至俄罗斯西伯利亚地区,具体为北起俄罗斯西西伯利亚平原森林草原交错带,南至印度,西起乌拉尔山脉以东的西伯利亚平原,东至千岛群岛。北黄花菜在蒙古、俄罗斯远东地区、东西伯利亚都有分布,在欧洲意大利、斯洛文尼亚成为归化植物;黄花菜在日本的本州、九州、四国及朝鲜半岛有分布;小黄花菜在朝鲜半岛、蒙古、中国黑河及俄罗斯西伯利亚有分布;小萱草在日本北海道、本州,俄罗斯远东及西伯利亚也有分布;北萱草在日本北海道、本州有浅草覆盖地、海岸线及开阔的松叶林及俄罗斯千岛群岛和库页岛有分布;萱草在温带和热带的亚洲等地区成为归化植物;大苞萱草在日本北海道、朝鲜半岛及俄罗斯远东地区有分布。

中国是萱草属植物种类最全、分布范围最广的国家,现有 11 个原产种,据任阳等(2017)介绍,萱草主要集中在秦岭以南的亚热带地区,其中矮萱草、折叶萱草、西南萱草原产于云南西北部的横断山脉地区;多花萱草产于河南、湖北等地区,均为中国特有种;萱草($H.$ $fulva$)分布最广,除西北、东北、内蒙古及华北北部外,其他各省区都有野生分布;小萱草、北萱草、大苞萱草主要分布于东北。根据在中国科学院植物标本馆的标本调查,北京百花山有北黄花菜、小黄花菜的分布区重叠,湖北省武陵山有北黄花菜、小黄花菜的分布区重叠,小五台山有小黄花菜、北黄花菜的分布区重叠,山东省青岛崂山有黄花菜、萱草、北黄花菜、北萱草 4 个种分布,云南大理苍山有折叶萱草、萱草分布。

3. 萱草属资源多样性研究 在日本、韩国,萱草属植物资源相关研究始于 1960 年,到1990 年基本完成。而作为原产地的中国,对于萱草资源的分类学研究及亲缘关系研究起步于1990 年,但对于中国分布的绝大多数萱草的野外种群结构和系统的野外调查工作尚未全面展开。在朝鲜半岛南部,萱草属植物完成了系统的形态学研究,在朝鲜半岛萱草属自然分布地的53 个地区,选取地理位置有代表性的 34 个群体,通过测量株高、花葶、苞片、花部、叶部的 12个数量性状以及花部、根部、苞片的 7 个质量性状,用单变量和独立方差法分析,由原来认为的10 个种归为 3 个种:黄花菜 $H.$ $thunbergii$($H.$ $citrina$)、大苞萱草($H.$ $middendorffii$)和$H.$ $hakuunensis$,并且已完成萱草在朝鲜半岛上的种群分布地图。在日本,萱草属在地理学和生态分布上也都完成了研究,北村四郎等在日本植物图鉴中认为北萱草和大苞萱草是小萱草的 2 个变种,而大井次三郎在日本植物志中认为北萱草为大苞萱草的变种,松冈通夫等将日本的萱草分为 $hemerocallis$、$capitatae$、$fulvae$ 3 个组。对日本和朝鲜半岛分布的大苞萱草 31 个群体的 11 个数量性状进行空间自相关分析后发现,花序长度、花被管长度及内外花被长 3 个性状表现出明显的地域(海拔高度、经纬度)分布。中国的萱草属资源分类主要以形态学、细胞学、分子生物学为基础进行研究,对中国东北地区的 4 个居群中的大苞萱草观测叶、花、苞片等18 个性状后发现,苞片形态的变异幅度较大,但在居群内变化相对稳定,与一些易受环境影响的性状如株高、叶片大小等相关性很小,所以初步推测苞片性状受环境因素的影响较小,在种质资源的分类、鉴定上具有很大的意义。

形态学特征结合核型及花粉特征推断的进化程度与地理分布之间相关,如花葶二叉分枝、苞片形的叶片、根部中度纺锤、花蕾外部为全绿色、花被管与花被的长度比较小、具有不对称性较低的染色体特征和舟形具网纹花粉的萱草,被认为是现存种中最原始的类群,而折叶萱草、北萱草的进化程度不高;夜间开花、花被管长的黄花菜被认为是进化类群;大苞萱草头状花序明显、有总苞状苞片,被认为是特化类型;矮萱草则被认为是高度特化的类群。因此,形态学特征、核型及花粉特征,在地理位置从南到北、海拔从低到高,呈现出由原始到进化的规律。对花粉形状、大小、极赤比、外壁纹饰等花粉形态的观察,11 份萱草属材料中的野生种中,重瓣萱草、大苞萱草、北黄花菜及折叶萱草亲缘关系较近,北萱草、小黄花菜和矮萱草亲缘关系较近。

李永平等(2020)研究,以 3 个萱草属植物金娃娃、金针和鸡心为材料,利用改良去壁低渗法,对萱草染色体的倍性及核型进行分析。结果表明,供试的 3 种萱草均为二倍体($2n=22$),染色体基数为 11,主要由中部着丝点染色体(m)和近中部着丝粒染色体(sm)组成,核型类型均为 2B 型,说明它们的亲缘关系比较近;最长与最短染色体比值范围为 1.95~2.68,核型不对称系数范围 59.05%~65.81%;按核型不对称系数从高到低排序其进化程度得出,金针的进化程度最高,鸡心的进化程度较低。试验结果可为遗传育种提供细胞学依据。

萱草属染色体基因组的 DNA 含量约为 1000 亿个碱基对,含有较多的重复片段。很多研究者常采用分子标记来研究不同基因型萱草的亲缘关系,如采用 AFLP 分子标记对 19 个主要基因型(野生种为黄花菜及其变种、小萱草及其变种、萱草的 4 个变种、H. hakunensis、北黄花菜、大苞萱草、小黄花菜以及 5 个早期品种)以及 100 个不同时间段的现代品种的亲缘关系进行了研究,试验用 3 对 AFLP 引物扩增得到了 152 条清晰条带,表明萱草属遗传相似性系数在早期增加,1940—1980 年以 2 倍体基因型为主时保持相对不变,然后随着杂交者集中于秋水仙素加倍的 4 倍体种质研究,遗传相似性也在稳定增加,野生种亲缘关系基本对应 Erhardt 的分组,即萱草及所有变种均聚于一组,大苞萱草、小萱草及 H. hakuunensis 一组,但黄花菜和大苞组之间聚类没有分开,北黄花菜与黄花菜关系并没有很近,说明大苞组和黄花菜组应为一个大组。

黎海利(2008)对 90 种萱草属植物进行外部形态学观察,通过统计数量性状和质量性状,将其聚类分成 2 类 5 组,从形态学来看,野生萱草品种演化而来的品种与萱草原始种之间差异较大。

孔红等(1991)研究了中国西北地区的 6 种萱草属植物种子,研究结果表明萱草属植物种子微形态特征可以成为萱草属植物分类的一个重要观测指标;同时根据花粉类型,又将西南的野生萱草属植物分成 2 类:第一类包括北萱草、小黄花菜以及黄花菜;第二类包括折叶萱草、萱草、北黄花菜、重瓣萱草。

朱云华(2010)利用 ISSR-PCR 分子标记技术对 24 个萱草品种进行试验,结果表明野生种间遗传多态性高于品种间的遗传多态性。

朱华芳等(2009)分别从染色体核型和 SSR-PCR 分子标记技术两个方面对萱草 14 个园艺品种及 6 个原种或变种进行了聚类分析,聚类结果分为两类,一类为全部 14 个供试萱草园艺品种、萱草、黄花菜及萱草的一个变种,此外北黄花菜、小黄花菜和重瓣萱草聚为另一类,这说明实验中所选的萱草园艺品种与萱草 H. fulva、黄花菜 H. citrina 的亲缘关系较近。

AFLP 标记分析则认为大苞萱草与小黄花菜的亲缘关系更近,而北黄花菜与黄花菜的亲缘关系更近,一类包括大苞萱草、小黄花菜、小萱草、萱草,可归于早花型,另一类包括西南萱草、北黄花菜和黄花菜,此类盛花期在 6 月中下旬,这反映了萱草野生种的亲缘关系与物候有一定的相关性,该成果可为培育早花、晚花或多季开花的萱草新品种提供理论参考。而 ISSR-PCR 分析的聚类分析表明,52 份收集材料品种间的遗传多态性低于野生种间的遗传多态性,野生种中单独将北萱草聚在一组,矮萱草聚为一组,北黄花菜、黄花菜、萱草、小萱草、重瓣萱草(H. fulva var. kwanso)、西南萱草、折叶萱草(H. plicata)和小黄花菜则聚为一大类。另外,通过 ISSR 引物观测,太行山脉的 21 个野生样本及 16 个栽培品种参照中,所有的野生种都在一组,又被分为 2 个子组,但子组并不能反映野生基因型的地理位置,这表明 ISSR 分析需要数量更大、密度更高的样本,也需要在群体层面使用更多的引物分析。

从分类学上看,萱草属植物有很多天然杂交种,它们与栽培杂交种在外形上极为相似,因此造成了分类上的混乱,在形态学研究中很多方面都存在着争议,因此应该结合多种方法进行研究。萱草属之所以存在分类难的问题,归因于鉴别性状不够多,许多种的起源未知,性状描述并不确切,活的植物和标本之间在外部特征上有很大的不同等。另外,许多种在生态学和形态学上都有变种,一个确切的种的概念需要形态学、生态学以及生物系统学的研究,所以一些种和变种的概念混淆不清。目前大量的分类工作仅仅在每个调查种内取少量的个体材料,而缺乏在种群水平的取样,这样的取材方式可能会造成把种内的分化认为是不同种变异的问题。

二、黄花菜的形态特征和生活习性

(一)形态特征

萱草属植物为多年生草本,具有很短的根状茎,称为短缩茎,由此萌芽,生根发叶。根有肉质根、纺锤根和纤细根。叶基生,二列,带状。花葶从叶丛中央抽出,顶端具总状或假二歧状的圆锥无限花序,较少花序缩短或只具单花;苞片存在,花梗一般较短;花直立或平展,近漏斗状,下部具花被管;花被裂片 6,明显长于花被管,内三片常比外三片宽大;雄蕊 6,着生于花被管上端;花药背着或近基着;子房 3 室,每室具多数胚珠;花柱细长,柱头小,蒴果钝三棱状椭圆形或倒卵形,表面常略具横皱纹,室背开裂;种子黑色,约十几个,有棱角。

黄花菜植株一般较高大,叶 7~20 枚,长 50~130 cm,宽 6~25 mm。花葶长短不一,一般稍长于叶,基部三棱形,上部近圆柱形,有分枝;苞片披针形,下面的长可达 3~10 cm,自下向上渐短,宽 3~6 mm;花梗较短,通常长不到 1 cm;花多朵,最多可达 100 朵以上;花被淡黄色,有时在花蕾顶端带黑紫色;花被管长 3~5 cm,花被裂片长 6~12 cm,内三片宽 2~3 cm。蒴果钝三棱状椭圆形,长 3~5 cm。种子约 20 多个,黑色,有棱,从开花到种子成熟需 40~60 天。花果期 5—9 月。本种的所有品种的花,都是在午后 2—8 时开放,次日 11 时以前凋谢,2~3 天脱落。一般在阴天要开得早一些,凋谢得晚一些,不同的品种也有一定变化。此外,花被管的长短,叶的宽窄、质地,蒴果的形状、大小等变化也较大。

北黄花菜根大小变化较大,但一般稍肉质,多少绳索状,粗 2~4 mm。叶长 20~70 cm,宽 3~12 mm。花葶长于或稍短于叶;花序分枝,常为假二歧状的总状花序或圆锥花序,具 4 朵以上花;苞片披针形,在花序基部的长可达 3~6 cm,上部的长 0.5~3 cm,宽 3~7 mm;花梗明显,长短不一,一般长 1~2 cm;花被淡黄色,花被管一般长 1.5~2.5 cm,绝不超过 3 cm;花被裂片长 5~7 cm,内三片宽约 1.5 cm。蒴果椭圆形,约 2 cm,宽约 1.5 cm 或更宽。花果期 6—9 月。产于黑龙江(东部)、辽宁、河北、山东(泰山、崂山)、江苏(连云港)、山西、陕西(太白山、华山、佛坪)和甘肃(南部)。生长于海拔 500~2300 m 的草甸、湿草地、荒山坡或灌丛下,也分布于俄罗斯、中亚和欧洲。

据记载,北黄花菜在国外被广泛栽培,但在中国则尚未有报道。北黄花菜和黄花菜很相近,区别点是花被管较短,一般长 1~2.5 cm,极少能接近 3 cm,而黄花菜则花被管长达 3~5 cm。此外,黄花菜花色较淡,根一般肉质,中下部有纺锤状膨大。据胡秀英记载,北黄花菜花开放时间为 24~63 h,而黄花菜不到 24 h,这一点还有待于进一步观察。

　　小黄花菜根一般较细,绳索状,粗 1.5～4 mm,不膨大。叶长 20～60 cm,宽 3～14 mm。花葶稍短于叶或近等长,顶端具 1～2 花,少有具 3 花;花梗很短,苞片近披针形,长 8～25 mm,宽 3～5 mm;花被淡黄色;花被管通常长 1～2.5 cm,极少能近 3 cm;花被裂片长 4.5～6 cm,内三片宽 1.5～2.3 cm。蒴果椭圆形或矩圆形,长 2～2.5 cm,宽 1.2～2 cm。花果期 5—9 月。产于黑龙江、吉林、辽宁、内蒙古(东部)、河北、山西、山东、陕西和甘肃(东部)。生长于海拔 2300 m 以下的草地、山坡或林下,也分布于朝鲜和俄罗斯。

　　小黄花菜根较细,绳索状;花淡黄色,通常 1～2 朵,花被管较短,长 1～3 cm,可以识别。小黄花菜和北黄花菜 H. lilio-asphodelus L. emend. Hyland 很相似。据前人记载,两者的不同主要在于花序是否分枝和花的多少,以及根的中下部是否有纺锤状膨大,但这两种特征有交叉,尤其是根的大小变化幅度很大,不那么容易区别。M. Hotta 把小黄花菜作为北黄花菜的变种,看似较合理,但还有许多种类也有类似的问题,必须进行栽培和长期观察,才能得出正确的结论。萱草属植物形态见图 1-1。

北黄花菜(*Hemerocallis lilioasphodelus* L.)　　小黄花菜(*Hemerocallis minor* Mill.)

黄花菜(*Hemerocalliscitrine* Baroni)　　萱草(*Hemerocallis fulva*(L.) L)

图 1-1　萱草属植物形态特征(《山西植物志》编辑委员会,2004)

中国黄花菜品种繁多，各个地区在长期的选择中形成了适合当地条件的地方品种，因此植物学性状有很大差异。

以大同黄花菜植物学性状为例。

大同黄花菜根系发达，多分布在 20～50 cm 土层，最深可达 130～170 cm。须根系着生在根状茎的茎节上，有肉质根和纤细根 2 种。肉质根又分为条状和块状 2 种，条状肉质根呈圆柱形，数量多、分布广，能够吸收和贮藏水分和养分；块状肉质根呈纺锤形，粗短肥大，较老植株发生多，具有贮藏养分的功能。纤细根着生在肉质根先端，细长而分枝多，经 2～3 年后衰老变黑，不断为新生纤细根所代替，能够吸收水分和养分。

短缩茎每年分蘖生长呈分叉形的根状茎，其长短与土层厚度、肥力高低、管理水平有关。叶片对生，叶鞘抱合成椭圆形的假茎，叶片狭长成丛状，每片叶的叶腋都有腋芽。每一假茎及其叶丛构成 1 片，即短缩茎上的一个蘖株。

大同黄花菜植株直立，茎缩短，叶片绿色、对生，狭长呈带形，长 70～100 cm，宽 1.5～2.8 cm，叶背面主脉凸起，一般每株 15～20 片叶。根系发达，以纤根、条状肉质根和块根为主。花葶从根状茎的顶端叶丛中间抽出，长 100～125 cm，每个花葶上部分生 4～6 个一级花枝，每个一级花枝又分生 2 个二级花枝，每个二级花枝着生花蕾 3～6 个，构成聚伞花序，每个花葶共着生花蕾 30～50 个，健壮植株甚至能达到 60 个以上。花梗较短，长 0.2～0.5 cm，花被管长 3～4 cm。花蕾小棒槌形，淡黄色或黄绿色，顶端带黑紫色，长 12～15 cm，粗 0.8～1.3 cm，单蕾鲜重 3.5～5.5 g，花蕾表面有蜜腺，易招引害虫。花被片 6 片，淡黄色，内三片长 10～12 cm，宽 2.0～2.5 cm，外三片长 9～12 cm，宽 1.2～1.6 cm。花夜晚开放，有柠檬香味，雄蕊 6 枚，雌蕊 1 枚。果实为蒴果，呈钝三棱状椭圆形或倒卵形，表面具皱纹，长 2～3 cm，果实生长初期为绿色，成熟后呈黑褐色。每个果实内有 10～30 粒种子，种子黑色、有光泽、呈三棱形。从开花到种子成熟需 40～60 天。种子坚硬，吸水力弱，种皮有光泽，黑色，呈近似三棱形，表面凹凸不平，千粒重 25～40 g。种子无休眠期，成熟后即有发芽力。

(二) 生活习性

黄花菜为多年生草本植物，一般生长 15～30 年，最长可达 50 年以上。一生经历幼苗期、幼株期、成株期和衰老期。种植后 1～2 年植株分蘖少，较少开花；3～4 年后植株始收花蕾，之后进入盛产期，可连续采收 7～8 年。采收 10 年后，因分蘖多，节位升高，根系分布浅，逐渐进入衰老期，花蕾减少，采收期缩短，产量降低，需再次分株更新。黄花菜分蘖性强，根系发达，对环境的适应性强，有较强的耐旱、耐瘠、耐盐碱能力。

1. 对土壤条件的需求　黄花菜对土壤的适应性较强，耐瘠、耐旱，对土壤要求不严，无论甘肃的黄土高原，还是南方酸性红黄壤土到弱碱性土壤均可生长，能够适应 pH 5.0～8.6 的微酸或微碱性土壤。但中性土壤种植最好。地缘或山坡均可栽培，对种植土壤的理化特性和营养水平要求不高。海拔 1500 m 以下，年降水量 500～1300 mm 的山地或平原地均可栽培。在沙土中容易早熟，不稳蕾、产量低，在黏土中表现晚熟，不落蕾，在疏松透气、土层深厚的壤土中根系发育良好，也利于展叶和抽薹。大同黄花菜主产区位于大同火山群下，土壤疏松肥沃，富含各种矿物质，是其品质优良的主要原因之一。一般来说，土壤有机质含量高、土层深厚、水源好、地下水位低的壤土及黏土最适宜其生长。

黄花菜根系粗壮，分布深广，耕层内有大量根群，可抑制土壤盐分上升，减轻盐碱危害。幼苗由于根系较浅，比成苗更容易受盐碱危害，因此在幼苗阶段促进黄花菜根部发育更为重要。

随着苗龄的增加,耐盐能力逐渐提高。黄花菜的耐盐能力甚至远高于禾谷类作物中公认的耐盐性较强的高粱。在土壤全盐含量大于0.3%时,黄花菜植株相对高度均比高粱高出30个百分点。土壤中全盐量达0.6%时,高粱基本不能出苗,而黄花菜仍有近100%的成活率。

黄花菜能耐瘠薄,但属喜肥作物,肥料充足时植株生长旺盛,产量高,肥料不足时植株矮小,分蘖少。抽薹期需肥量最大,抽薹前N、P、K肥配合施用,可使花薹粗壮、抽薹整齐、花蕾肥大、成蕾率高。因此,栽培时应深翻土地且多施有机肥,但不可偏施N肥,以防叶丛过嫩而引发病害。

2008年,湖南农业大学资源环境学院张杨珠等(2008)对湖南省主要黄花菜品种生长发育和养分吸收规律进行研究。供试黄花菜品种地上部N、P、K含量均表现出一致规律:K>N>P;花蕾期N、P、K含量最高,苗期和抽薹期N、P、K含量相差不大;各品种N、P、K含量变化规律基本相似,从苗期到抽薹期减少,到花蕾期后增加。黄花菜品种的N、P、K吸收量均为K>N>P,且差异较大,尤以K、N吸收量明显大于吸P量;不同品种相比,N、P、K吸收总量高低顺序与其总生物产量明显相关,总生物产量越高的品种其N、P、K吸收总量也越高;不同发育阶段相比,花蕾期N、P、K吸收量明显大于苗期和抽薹期,占全生育期N、P、K总吸收量的50%~80%,苗期和抽薹期N、P、K吸收量相差不大,各占全生育期总吸收量的10%~20%;各品种吸收N、P、K变化规律基本相似,从苗期到抽薹期减少,到花蕾期后增加。

西南农业大学周裕荣等(1995)对黄花菜根系活力及营养物质的周年变化研究表明,黄花菜营养物质的主要贮藏器官是纺锤根和圆柱根,纤细根的贮藏功能很弱。碳素营养物质主要是蔗糖,而可溶性糖和还原糖较少,贮藏物中无淀粉,碳素营养的贮藏前期是在采摘结束后输入的同化物,后期是秋苗同化物的输入。氮素营养的贮藏主要依靠叶片衰老时氮化物的回流和纤细根旺盛的吸收作用,故秋季施氮肥对增加根系氮素贮藏有明显的作用。而幼苗展叶时所需的氨基酸主要来源于肉质根或氮、碳素合成的氨基酸,氮通过氨基酸的形式对根系贮藏碳素营养的转运起了"传递因子"的作用。黄花菜冬季松苑培土时,应尽量保留其纺锤根和圆柱根,这对春苗萌发具有十分重要的作用。

纺锤根中还原糖含量在春苗期、薹期及蕾期较稳定,为14%~16%,蕾期以后上升幅度较大,最高达40%,秋苗期降至8%左右。圆柱根中还原糖变化趋势与纺锤根相似,为10%~13%。末花期以后又大幅度上升,最高达30%,秋苗期降至8%。纤细根中还原糖全年都较稳定,为4%~6%。

在纺锤根、圆柱根和纤细根中,春苗期的蔗糖含量均随苗龄的增大而升高,进入薹期后,有所下降,其降低幅度为纺锤根(18%)>圆柱根(11%)>纤细根(1%)。盛蕾期,3种根的蔗糖含量有较大回升,达全年较高水平。营养贮备初期,蔗糖含量又有所下降,其中,肉质根降幅最大,为22%~28%。秋苗期,根中蔗糖含量迅速回升,至休眠期达全年最高。

与蔗糖含量的变化相似,春苗萌发时,根中贮藏的可溶性糖迅速减少,还原糖增多,蔗糖降低,这种现象在肉质根中更为明显。这种变化与幼芽萌发,生长代谢密切相关。可溶性糖含量,纺锤根最高,圆柱根次之,纤细根最低。由此说明,纺锤根和圆柱根是黄花菜的主要贮藏根,纤细根的贮藏作用很弱。

根系还原糖及蔗糖含量有随光合产物向根部运输量增多而增高的趋势。根系中均未测出淀粉。当地上部停止生产,初霜来临时,肉质根中可溶性糖含量达全年最高水平。萌发春苗所消耗的碳素营养,主要以贮藏的蔗糖进行补充。故贮藏的蔗糖越多,则越利于根系安全越冬和春苗萌发。

　　纤细根是黄花菜的主要吸收器官,肉质根是主要贮藏器官,全氮含量的高低可反映贮藏氮素水平的高低及分解特点。

　　黄花菜纺锤根中氨基酸含量最高,纤细根中最低。春苗期中根系氨基酸含量较稳定,为全年最低,薹期后,氨基酸含量上升幅度较大,蕾期又有所下降,营养贮备期含量逐渐上升至全年最高水平。肉质根系中的氨基酸在翌春幼苗萌发时迅速减少,这与幼苗萌发及生长代谢所需的蛋白质及其他含氮化合物的合成有关。

　　根系中全氮含量的变化表现为,在黄花菜春苗期,纤细根吸收氮素的强度最高,达 2.7%,随着生长的进展,逐渐减至 2.2%。营养贮备期,植株根系活动旺盛,需氮量大,纤细根吸氮强度增加,一部分贮藏在肉质根中,至冬季,达最高水平。翌春幼芽萌发时,肉质根中贮藏的氮素大幅度降低,表明萌芽时所需氮化物主要由根系贮藏或吸收转化的氨基酸供应植株生长代谢。

　　在春苗生长期,随着苗龄的增长,根系活力逐渐增强,进入薹期后减弱,秋苗期回升较大,营养贮藏期根系活力很弱。在全年中,纤细根的活力最高,圆柱根次之,纺锤根最低。根系活力愈大,吸收养分的能力愈强,说明黄花菜纤细根是吸收水分和矿质养分的主要器官。

　　黄花菜有较强的抗盐性,在盐胁迫情况下能够通过促进根系吸收水分而保持较高的根系生物量,同时依靠酶系统来清除自由基,缓解膜脂过氧化对植株的伤害。通过促进自身抗氧化物质和有机渗调物质的合成,从而提高了其抗氧化能力和渗透调节能力,一定程度上缓解了盐胁迫对其植株的伤害。黄花菜对 NaCl 胁迫的耐性较强,植株在 250 mmol/L 的高盐胁迫下仍能存活,但在长时间高盐胁迫下,黄花菜植株的自我调节无法抵抗胁迫造成的伤害,加上碳水化合物大量消耗,使其伤害进一步加重,黄花菜根长和根系鲜质量减小,其他生长指标则逐渐显著降低,叶片叶绿素 a、叶绿素 b 和类胡萝卜素含量随 NaCl 浓度提高均明显降低,生长不断受到抑制。因此,黄花菜的种植在沙土、壤土、黏土上均可生长,平原、山冈、土丘等都能种植。但以有利于保土、保水、保肥,土层深厚、土壤肥沃、地下水位低、排灌方便的平地或缓坡地沙壤土较好,25°以上陡坡地不宜种植。

　　2. 对温度的需求　黄花菜地上部不耐寒,地下部可耐 −10 ℃低温,甚至在气温下降到 −49 ℃的地区仍可安全越冬。在生长过程中对温度要求不严,一般生长温度范围为 5～34 ℃,最适宜的温度范围为 20～25 ℃,该温度下黄花菜根芽分生组织活跃,终年都可长芽。早春时期平均温度达 5 ℃以上时,开始萌芽出土。叶丛生长的适宜温度是 15～20 ℃。抽薹开花期最适温度是 20～25 ℃。较高的温度和较大的昼夜温差能够促进花蕾的形成和营养物质的累积。

　　3. 对光照条件的需求　黄花菜喜光耐阴,充足的光照能提高黄花菜的光合作用,有利于营养物质的积累,从而获得高品质和高产量的黄花菜。黄花菜对光照强度变化的适应性强,对光照适应范围广,可与多种作物间作,在树林中半阴处也能够生长,但产量会受影响。

　　研究结果表明,黄花菜植株能够在相对光照强度为 12%～100% 的条件下正常生长发育,且不影响经济产量。也就是说,形态上和生理上能主动适应其生境条件。可以确认黄花菜是一种耐阴植物。黄花菜植株在随着生境相对光强降低,植株花莛高度增加,单叶面积增大,单株叶片数量减少;总生物量增量减小;地上部分生物量与地下部分生物量的比值升高,光合速率日变化的差异较复杂。在强光条件下,生境中的光强越大,净光合速率越大,光合速率的峰值越大,且达到峰值的时间在 11—12 时,在 12—15 时发生"午睡"现象。在弱光条件下,由于植株对生境光照强度的主动适应,遮阴强度大的生境下生长的植株光能利用效率提高,使得各处理的净光合速率相近,并与强光下的变化不同步。

　　4. 对水分的需求　黄花菜的肉质根既能贮藏营养,又能蓄积水分,只要生长期间稍有降水,就能积蓄大量水分供其生长发育;地上部分保水性较强,特别是叶子狭长、角质层厚的黄花类型,蒸腾作用较少,比叶片宽大、角质层薄的红色花种耐旱力更强,在较难灌溉的山坡上也能生长。抽薹期是大量需水的临界期,花薹抽出前需水较少,开始抽薹后需水渐增;开花期,尤其是盛花期需水最多,在该时期灌水量应该加大,此时期缺水易使幼蕾萎缩、变黄、脱落、甚至导致叶片枯黄。同时黄花菜忌连阴雨,怕涝,遇到这种情况,应开沟排水,避免烂根。

对萱草耐旱性研究表明:正常水分情况下,萱草叶片有较高的光合速率,干旱胁迫下,萱草叶片叶绿素含量出现明显下降,净光合速率显著降低,下降比率可达32.9%。干旱情况下,萱草的叶片气孔导度显著降低了69.4%,叶片胞间CO_2浓度降低了15.5%。在正常水分条件下,萱草叶片的蒸腾速率较高,为2.592H_2O mmol/(m^2·s),干旱胁迫大大降低了萱草叶片的蒸腾速率,降低了61.3%。

在生产当中黄花菜全生育期要保持一定的土壤水分,有助于高产。出苗后到抽薹前需水较少,但抽薹前第1水必须浇足,保持土壤湿润,促使花薹抽齐。抽薹后到采收前需水量较大,缺水易造成抽薹慢,甚至不抽薹,因而根据土壤墒情适时在抽薹期灌水1~2次、蕾期灌水2~3次,可以避免因干旱而造成减产,可以促进叶片、花薹和花蕾生长,降低了落蕾率,有效花蕾增多,单花蕾鲜重增加,鲜花蕾的总产量增加。研究表明,黄花菜抽薹期、现蕾期不同的灌水量对黄花菜叶片和花薹生长量有明显影响,灌水量越大,叶片面积越大、花薹生长量越大,灌水900~1800 m^3/hm^2时,叶片长度、宽度、叶片数量、花薹高度分别增加12.1%~44.0%、5.6%~28.4%、14.6%~34.4%和4.5%~16.9%,差异均达极显著水平;灌水900~1800 m^3/hm^2时,每个花薹花蕾数量比对照平均增加18.6%~49.7%,差异达极显著水平;花蕾长度增加8.6%~36.6%,差异达极显著水平;花蕾鲜重增加8.0%~30.6%,差异达显著水平;落蕾率比对照降低了5.3%~16.7%,差异达显著水平,但1350 m^3/hm^2和1800 m^3/hm^2灌水量落蕾率差异不显著;鲜蕾总产量增21.7%~51.8%,但1350 m^3/hm^2和1800 m^3/hm^2灌水量鲜花蕾总产量差异不显著。

采收期需水量最大,必须勤浇水,浇充分,在开花期始终保持土壤湿润。采收结束后浇1水,封冻前再浇1水蓄墒。此外,黄花菜不耐涝,忌土壤过湿或积水,夏秋雨季要做好排水工作,避免田间积水,导致涝害减产,甚至烂根死苗。

5. 黄花菜年生长发育时期　黄花菜的主要生长发育分为苗期、抽薹期、蕾期和秋冬期等。无论春季定植还是秋季定植,对黄花菜的生长都没有影响。3—5月份为苗期,5—6月份为抽薹期,6—9月份为花蕾期。黄花菜在1年中生长发育过程可分为5个时期。

(1)春苗生长期　春苗生长期指幼苗萌发出土到花薹开始显露前。一般当月平均温度达5℃以上时,幼叶开始出土,随着温度的升高,叶片迅速生长,其最适生长温度15~20℃。大同黄花菜每年3月下旬到4月上旬花芽萌动返青,4月上旬到5月中旬陆续抽生叶片,逐渐进入营养生长旺盛期。黄花菜的苗数在冬末春初即已基本确定,在后续生长发育阶段不会发生明显变化,以后很少再发新苗。黄花菜的苗数在一定程度上决定了黄花菜的生物产量和花蕾产量,一般说来,春季苗数越多,总抽薹数就越多,则其生物产量和花蕾产量就越高。因此,从苗数高低可间接了解黄花菜品种生产潜力。

黄花菜萌芽后到抽薹前,叶片迅速生长,尤以3—5月份生长最快,5月底至6月下旬抽薹后,同化物质大多供给花薹生长,叶片数目及大小增长缓慢。春季每个分蘖抽生的叶片数目为16~20片,随品种、土壤、气候及肥水管理而异。叶片少的,如重阳花、白花仅约15片,多的如茄子花可达22片。黄花菜的株高对其生物产量和花蕾产量均有重要影响。株高和出叶速度变化趋势基本一致,随着生长发育而不断变高和加快;出叶速度因品种而异,从 3 月上旬到 5 月中旬,各品种均有新叶长出,这个过程为黄花菜以后的生殖生长打下了坚实的基础。

不同品种间,苗期天数和活动积温不同,四月花与荆州花的苗期在 40 天以上,活动积温 4500 ℃·d 以上;马莲黄花苗期长达 71～73 天,活动积温需 5500 ℃·d 以上。春苗是黄花菜营养生长的盛期,为当年开花提供营养,关系到当年的产量,所以开春后早追肥、灌水,促进春苗早发旺长,是增加当年产量的关键所在。

(2)抽薹现蕾期　抽薹现蕾期一般指花薹露出心叶到花蕾开始采收这段时间,一般 1 个月左右。花薹通常于 5 月中下旬开始抽生,大同黄花菜 5 月下旬到 6 月上旬逐渐抽生花薹,6 月中旬开始现蕾。花薹抽生早晚、高度,花蕾着生数量及持续时间长短因栽培条件而异。花薹初抽生时先端由苞片包裹着,呈笔状,渐长后发生分枝并露出花蕾。在每个花薹上用肉眼能看到的花蕾数,开始很少,仅 3～5 个,后逐渐增多,到开始开花时花蕾数可达 58 个以上,这时花薹先端还在不断地分化小花蕾。

黄花菜抽薹现蕾期对水分很敏感,缺水时抽薹延迟,花葶少而细,有的不抽薹,同时花蕾也小,并大量脱落。所以 5 月上旬,充足灌水,使根层土壤全部湿润,对促进花薹发生有重要作用。

(3)开花期　开花期指黄花菜从开始采收到结束所需的时间,依不同品种和管理情况,在 30～60 天。一般早熟品种与晚熟品种时间短,中熟品种时间长,肥水条件好的,花期可以延长。采收期间,花芽还在不断地分化和发育。开花期的长短,直接关系到产量的高低,所以仍需及时灌水、追肥。大同黄花菜 6 月下旬开始采收花蕾,7 月中旬到 8 月上旬为采收盛期,8 月中旬采收结束,前后约 50 多天。一个长约 2 cm 的花蕾,距离开花的时间需 7～8 天,初期花蕾生长很慢,开始 3～4 天,每天伸长 0.1～0.5 cm,但于开花前 3～4 天,则生长迅速,每天伸长达 2 cm 左右,故严格掌握采收期,做到适时采收十分重要。采收最好是在花蕾裂嘴前 2 小时左右进行,此时花蕾已充分肥大,呈黄绿色,花被上纵沟明显,这时采收能保证产量高,品质好。盛花期每天采收 10～12 小时,初花期和末花期每天采收 5～8 小时。花蕾多在上午 11 时后裂嘴开放,采收时间以裂嘴开放前 2～5 小时为宜。

(4)冬苗生长期　黄花菜在抽出花薹后,花薹下部的腋芽会陆续萌发生苗,被称为冬苗生长期。南方黄花菜在秋天花蕾采收完毕后,下部腋芽继续萌芽,发生第 2 次新叶,成为冬苗,有利于光合作用积累养分,提高次年产量。冬苗的旺盛生长是在花蕾采收完毕后,特别是当春苗提早枯萎,或受到机械损伤后,其极易大量萌发。一般认为,春苗生长的好坏直接关系到当年的产量,而冬苗主要将光合作用制造的有机物贮积于根和短缩茎内,供来年发苗生长。所以冬苗生长的好坏,主要影响来年的产量。北方黄花菜没有冬苗,8 月下旬采收结束后不要立即拔薹割叶,要加强管理,促进冬芽发育,促进第 2 年高产。

(5)休眠期　9 月下旬到 10 月上旬植株枯黄,霜降后地上部分枯死,进入休眠期。休眠期应注意在地面雍土(培蔸),防止短缩茎露出地面;同时做好冬灌,为来年春苗早发快长奠定基础,地下茎和根耐低温,因此黄花菜可在露地越冬。

黄花菜的生长阶段受当地年度气象条件的影响。苏北地区引种三月花、大同黄花、C1 品种后的始花期分别比引入地对照品种提前 16 天、8 天、7 天。与当地主栽品种大乌嘴(对照)相比,黄花、徐州黄、三月花、四月花、大同黄花、C1、C5 的开花期均提早 7 天以上,分别为提前 7 天、8 天、16 天、16 天、7 天、8 天、8 天,在当地表现为早熟品种;细叶子花、五月花、青冲 1 号、冲里花、小黄壳均比对照始花期推迟 7 天以上,分别为推迟 8 天、7 天、9 天、7 天、10 天,在当地表现为晚熟品种;其他品种小乌权、小黄壳、长嘴子花、猛子花、雪中谢、C26、C31、大乌权、茄子花、茶子花、白花,与对照始花期较为相近,始花期相距均在 7 天以内,在当地表现为中晚熟品种。

植物的总生物量对经济价值有重要的影响。有研究表明,不同黄花菜品种全生育期总生物量的差异较大,从高到低依次为:茄子花($22388.2\ kg/hm^2$)＞猛子花($17305.8\ kg/hm^2$)＞长花大嘴子花($17285.0\ kg/hm^2$)＞冲牛花($13585.2\ kg/hm^2$)＞荆州花($10946.4\ kg/hm^2$)。同一品种不同生育期的生物产量从高到低依次为花蕾期＞抽薹期＞苗期。黄花菜主要依靠花蕾来体现其经济价值,黄花菜品种中以茄子花品种的花蕾产量最高,同一品种不同发育阶段相比,花蕾期的生物产量积累量远大于苗期和抽薹期的生物产量,占全生育期生物总产量的 50% 左右,苗期的生物产量大于抽薹期的生物产量。黄花菜的生物质总产量虽然很高,但黄花菜的经济系数较低,仅 10% 左右,远低于水稻等其他农作物,黄花菜各品种的经济系数从大到小排列依次为长花大嘴子花(12.6%)＞茄子花(12.1%)＞荆州花(10.0%)＞冲牛花(8.8%)＞猛子花(8.7%)。经济系数较低致使黄花菜生产的经济效益也不高。这将是今后黄花菜育种和栽培生产中需要攻克的重要难关。

三、中国黄花菜种质资源

中国是黄花菜原产地之一,黄花菜种植面积最大,栽培范围广阔,主要分布在湖南、陕西、江苏、甘肃、安徽、浙江、四川、河南、山西、云南、福建和台湾等省。

(一)资源丰富

1. 品种数量众多　中国是黄花菜种质资源最丰富的国家,目前全国共保存了黄花菜品种 60 余个,其中中国实施地理标志的黄花菜有 7 个,分别是邵东黄花菜、庆阳黄花菜、淮阳黄花菜、渠县黄花菜、大荔黄花菜、虎啸金针菜、祁东黄花菜(表 1-1)。

表 1-1　中国实施地理标志的黄花菜

名称	特点	产地范围与种植面积	品种	批准时间
邵东黄花菜	色泽鲜亮,食味别致,香气馥郁、肉头肥厚	湖南邵东县黑田铺乡、简家陇乡、流光岭镇、黄陂桥乡、廉桥镇、佘田桥乡、火厂坪镇、水东江镇、杨桥镇、周官桥乡、仙槎桥镇、团山镇、魏家桥镇 13 个乡镇,种植面积 4133.3 hm^2 以上	四月花、荆州花、茄子花、白花、长嘴子花、细叶子花	2005 年 12 月 28 日
庆阳黄花菜	品质极佳,产品色泽鲜艳、条长肉厚、味道鲜美,营养丰富	甘肃庆阳市现辖行政区域,种植面积 1 万 hm^2	马莲黄花菜	2006 年 12 月 22 日
淮阳黄花菜	花蕾肥大,双层 6 瓣,有 7 根金针似的花蕊,蒸馏晾晒后色泽金黄,菜条丰润,油性大,弹性强,久煮不烂,鲜嫩甜脆,质地筋脆	河南淮阳县城关镇、冯塘乡、刘振屯乡、临蔡镇、大连乡、新站镇、葛店乡、四通镇、鲁台镇、安岭镇、黄集乡、郑集乡、朱集乡、齐老乡、豆门乡、曹河乡、王店乡、白楼乡、许湾乡 19 个乡镇,种植面积 3333.3 hm^2 以上	陈州金针	2008 年 2 月 18 日
渠县黄花菜	色泽鲜美、香气浓郁、嫩脆爽口、肉质肥硕、条干粗长、拥有 7 根蕊,6～8 片花瓣	四川渠县现辖行政区,种植面积 380 hm^2	宕渠花、武坪早、青龙花、三月花	2009 年 11 月 19 日

续表

名称	特点	产地范围与种植面积	品种	批准时间
大荔黄花菜	针长、色泽呈黄褐色、肉厚、味香、弹性佳、耐浸泡、食之清香爽滑	陕西大荔县沙底乡、张家乡、苏村乡、下寨镇、官池镇、八鱼乡、羌白镇、石槽乡、韦林镇、西寨乡等10个乡镇，种植面积4000 hm²	大荔沙苑花	2010年9月3日
虎嗷金针菜	花瓣肉质肥厚，色泽浅黄或金黄，条身紧实粗壮，条色均匀，有光泽，无青条干菜，香味浓郁，无酸味	广东海丰县虎嗷村、下寨村、石山村、松林村、双河村、双圳村、双新村7个村现辖行政区域，种植面积133.3 hm²以上	本地原生品种	2011年1月30日
祁东黄花菜	干菜菜条中间草青色，两头褐绿色，均匀有光泽；肉质肥厚，气味芬芳，口感甜，长10～15 cm，总糖含量≥40%	湖南祁东县现辖行政区域，种植面积1.07万hm²	祁珍花、猛子花、白花、四月花	2015年8月10日

各省黄花菜分布情况如下。

(1)湖南省

①邵东县

荆州花(大叶子花、黑嘴子花)：是湖南邵东县的主栽品种之一。中熟品种，6月下旬开始采摘，9月上旬收完，采收期60～70天。植株生长势强，叶较柔软，多自叶身中部曲折下垂。花薹高150～190 cm。花蕾大，长达12 cm。花被厚，干制率高达20%。花蕾色黄，但嘴尖略带紫红色，干制后呈黑褐色，俗称黑嘴子花，等级较低。植株分蘖慢，栽植后5年可进入盛产期，但连续收获的年数较多。产量高，一般每亩产干菜150～300 kg，高的可达375 kg。植株前期抗叶斑病能力差，但中后期对叶枯病、锈病的抵抗能力较强，且耐干旱，落蕾少。

四月花(芒种花、早汉花)：早熟品种。5月底至6月上旬可以采收。株型紧凑，叶片肥大，叶色浓绿，花薹中等高度110～120 cm，薹中空是其显著特点。花蕾长10～12 cm，花被表面有较多的紫红色小斑点，嘴部紫褐色。花期短，摘收期仅25～35天，产量比"荆州花"低，一般每亩产干菜100 kg左右。干花为黄褐色，花嘴黑褐色，色泽较差，但抗叶枯病及锈病能力较强，且不容易毛蔸(发芽多而弱)，成熟又早，可以调节市场供应，所以只要加强管理，产量可以提高。

茄子花(鸡爪花)：邵东县著名品种，叶色黄绿，叶片宽大，花薹粗壮，薹高120 cm，花薹上部充实，中下部空，花蕾长10 cm，黄绿色。6月下旬开始采摘，8月下旬结束，采收期60天左右，平均亩产干花150～250 kg。

长嘴子花：为邵东县优良品种，属中熟品种，在当地6月下旬开始采收，9月上旬结束，采收期70～80天。叶片绿色，株型较松散。花薹高120～130 cm，花蕾色淡黄，嘴部淡绿色，蕾长14～15 cm，制干率14%～15%，是目前邵东县黄花菜中花蕾最长的品种。干制品淡黄色，外形美，味香甜。一般亩产干花200～300 kg。植株对叶斑病和红腐病的抗性弱，但对叶枯病和锈病的抗性强。

猛子花(棒棒花)：中熟品种，6月中旬开始采收，8月下旬结束，采收期70天左右。叶色浓绿，叶片宽大，株型紧凑。花薹高而粗大，薹高160 cm，花蕾黄绿色，嘴部褐色，长12～13 cm。一般亩产干花150～250 kg，干制品色泽较差。植株耐旱，抗病虫能力强，但分蘖较慢，进入生产期时间长。

白花:产于湖南祁东。中熟品种,6月中旬开始采收,持续80～90天。植株直立紧凑,叶平直坚硬,淡绿色,长91～110 cm,宽1.9～2.0 cm。花薹高150 cm,每薹着花60～100个,花蕾长10～11 cm,粗0.6～0.8 cm,干花浅黄色,花嘴麻红色,干制率22％。植株抗病虫力强,耐旱,分蘖快,落蕾少,花蕾再生力强。每亩产干菜150～250 kg。

细叶子花(中秋花、八月花、重阳花):细叶子花是典型的晚熟品种,叶色浓绿,叶片狭长,植株开展角度小,较直立。花薹细矮,薹高120 cm左右。一般7月上中旬开始采收,8月下旬结束,采收期40天左右。花蕾细小,长9 cm,黄绿色,加工后淡金黄色。该品种分蘖力强,抗病力强,耐旱力较差,一般亩产干花250～300 kg。

茶子花(权子花):中熟品种。叶片绿色,厚且硬。薹高适中120～140 cm。花蕾黄绿,嘴部绿色,质较柔软,长12 cm左右,商品质量好。6月中下旬开始采收,7月下旬到8月初结束,采收期40～50天,一般亩产干花240～260 kg,干制品淡黄色,外形美。植株分蘖快,栽植后3～4年即可进入盛产期,但易感染锈病、叶枯病,抗旱力较弱,花期遇干旱高温易落蕾,因此产量不稳定。

②祁东县

猛子花:见邵东县。

白花:见邵东县。

四月花:见邵东县。

早黄花:湖南祁东县优良品种。早熟,全生育期155天。叶淡绿色,长76～80 cm,宽11 mm。花莛高115 cm,粗7 mm,5月下旬至7月下旬采收。花蕾黄色,长11.5～13 cm,干制后全金黄色,制干率为18％。每亩产干菜170 kg左右。

茄子花:早熟,见邵东县。

细叶子花:迟熟,见邵东县。

荆州花:迟熟,见邵东县。

冲里花(祁珍花):每年的生长期可分为春苗期、抽薹期、结蕾期、秋苗期、休眠期5个时期。成株茎的茎粗2.8 cm、高1.6 m。叶呈线状,披针形,丛生,20片,长60～80 cm、宽1.5～2.0 cm。花薹从叶丛中抽出,呈三棱形,内空,壁厚坚硬,高1.5 m左右。总状花序,花枝6个,一个花薹可着生30～70个花蕾。花蕾黄绿色,长9～12 cm,花蕾呈棒槌形,每百朵干蕾重45 g左右。花蕊7枚,6个雄蕊、1个雌蕊,雌蕊柱头高于雄蕊。子房3室,6瓣双层,外层3瓣较窄较厚,内层3瓣较宽较薄。每一果实内含种子10～20粒,种子黑色有光泽,千粒重20～25 g。

五月花:早熟。

清早花:早熟。

早茶山条子花:早熟。

权子花(茶子花):见邵东县。

倒剑花:迟熟。

(2)甘肃省

①庆阳市

北黄花菜:根系绳索状,深棕色,叶自基生,互生二列,12～16片,叶长65～120 cm,宽1.2～1.8 cm、花莛高85～170 cm;上部分枝2～3个,每莛有花蕾10～24个,花蕾长8.5～12.5 cm,筒部1.8～2.8 cm,黄色,顶端带有黑紫色斑点,花药紫色,平均重2.2 g。干菜为2500～2800条/kg,平均产量525 kg/hm²,最高900 kg/hm²,在当地一般4月下旬至6月中旬采摘。该品种人工栽培极少,主要野生于子午岭次生森林中。

马蔺黄花(马莲黄花、大黄花、宽叶黄花):甘肃省庆阳地方品种。叶长 80～120 cm,宽 2～3.5 cm。花蕾顶端带黑紫色,长 11～15 cm,重约 5.1 g;花被裂片较线黄花稍短,长 8.5～12 cm。干菜每千克 1588～2078 条。每亩产干菜 100 kg。

线黄花:甘肃省庆阳地区农家品种,中熟品种,花期 6—9 月,栽培面积占到总面积的 70％。植株生长势强,叶长 70～100 cm,宽 1.5～2.5 cm,开展度小。在当地夏季干旱的条件下每个花薹上能着生花蕾 20～30 个,其中有效者约 15 个。花蕾较大,长 12～16 cm,重 5.7 g,花被管长 2.5～4 cm,花被裂片长 9.5～12 cm,顶端带黑紫色。干制后身条细长,肉厚,色泽黄白发亮,每千克有 1250～1838 条,商品价值高。平均每亩产干菜约 120 kg,最高 200 kg。

短棒黑嘴黄花(火黄花):因其花蕾较短且稍粗,顶部有黑色斑点而得名。叶互生二列,共 8～10 片,叶片长 80～130 cm,宽 1.5～2.0 cm,花薹高 100～130 cm,上部分枝 2～3 个,分枝角度较大,分枝长 14～17 cm。每薹有花蕾 30～35 朵,花蕾长 10 cm,筒部长 2.5～3 cm,花蕾短而粗,嘴部有黑色斑点。花色淡黄,花药糊色。一般亩产 40～50 kg,高者达 100 kg。栽培面积很小,只在镇原县的平泉、曙光、屯字等乡的农户中有零星种植。

高薹黄花:因花薹特高而得名。叶互生二列,共 12～14 片,叶长 120 cm,宽 2.0～2.5 cm。花薹高达 180 cm,上部分枝 3～4 个。每薹有花蕾 30～35 朵,花蕾长 13 cm,筒部长 3 cm,嘴部有黑色斑点,花蕾黄色而带翠绿色,花药紫色。单产一般为 40～50 kg,高者达 100 kg。栽培面积很小,只在镇原县的孟坝乡和庆城县的冰淋岔乡个别农户中有种植。

四月花(小黄花):因在农历四月间开花而得名。又因其叶片短细、株形矮小,又名为小黄花。叶互生二列,共 12 片,叶长 70 cm,宽 1 cm,叶背脊不明显。花薹高 50～60 cm,每薹只有 1 个分枝,长 2～6 cm。每薹只有 4 个花蕾,极少有生 5 花蕾者。花蕾长 8～10 cm,筒部长 1.5 cm,嘴部有褐色斑点。花色金黄,花瓣 6 片,花药黑褐色。根为绳索状,有较长的根茎,尖端出土生成另一单株。因产量极低,种植者极少,只见于西蜂附近的个别农户的庄院内。

野生黄花:为子午岭天然林中野生的一种黄花。叶互生二列,共 12～14 片,叶长 120 cm,宽 1.5～2.0 cm。花薹高达 160～180 cm,上部分枝 3 个。每薹有花蕾 15～20 朵,花蕾长 12～13 cm,筒部长 3 cm,嘴部有黑色斑点,花蕾黄色,花药紫色。单产一般为 40～50 kg。分布于子午岭南部正宁县的西坡、中弯、李家店一带的林下草丛中。近年来在个别农户中有少量种植。

荆州花:见邵东。

沙苑金针菜:见大荔。

大乌嘴:见宿迁。

白花:见邵东。

大同黄花:见大同。

渠县黄花:见渠县。

蟠龙花:见浙江缙云。

②泾川

马莲黄花:见庆阳。

冲里花:见祁东。

(3)陕西省

以大荔县为例。

沙苑金针菜(大荔沙苑花、大荔花):陕西大荔县主栽品种。早熟品种,6 月上、中旬开始采摘,花期 40 天。花薹高 1～1.3 m,每薹着花 20～30 朵,多的可达 60 朵。花蕾金黄色,长 10 cm。

每亩产干菜 150～200 kg。味清香,品质好。植株长势强,耐旱,抗病。

(4)江苏省

①宿迁

小黄壳:早熟型,抗旱耐渍,适应性强,株形中等,叶片直立,叶宽 1.7 cm,开展度 50 cm 左右,分蘖强,葶高 70～90 cm,分枝 4～6 个,每葶蕾 30 多个,一般蕾长 10～12 cm,单花重 3 g 左右,肉质薄淡黄,干菜香口味好。6 月 11 日前后现蕾,6 月 18 日前后采花,7 月底结束。一般亩产干菜 100～150 kg,高的可达 200 kg。抗病虫程度较强。虽然产量较低,但上午采花,在大忙时有利调剂劳动力。另外,它在宿迁西部,比在东部表现好,蕾长达 13.5 cm,单重 3.2 g。这个品种很适宜零星种植。

大乌嘴:江苏省主栽品种之一。早熟品种,小满出葶,芒种盛蕾,夏至开始采收,采收期约 50 天。植株分蘖快,栽后 3～4 年进入盛产期。花葶粗壮,高 1.3 m,5 个分杈较长。花蕾多而肥大,肉质厚,花蕾长 12 cm,颜色黄绿,嘴部有较大的黑紫色斑块,干制率高。每亩产干菜 150～250 kg,高的可达 250～350 kg。植株抗病力强。

大菜(丁庄大菜):是大乌嘴中选育的变异品种,中熟型,株形中等,叶片半直立,开展度 60～70 cm,叶片宽 2.2 cm,分蘖一般,根系发达。葶高粗壮 130～150 cm,分枝 6～8 个,蕾长 14 cm 以上,单重 4.4～4.6 g,肉质厚,色泽诱人,花期集中,6 月 12 日前后现蕾,6 月 22 日前后采花,7 月下旬初结束。早晨采花,抗病虫害程度较强。这个品种过去是主栽品种,因花大质量好很有名气,但因它落蕾较重,产量不及大乌嘴,优质又得不到优价,影响群众种植的积极性,如能从栽培上解决落蕾问题,或选择其他品种杂交,该品种是很有前途的。

大八杈(小八杈):中熟型,株形中等,叶片半直立,开展度 60～70 cm,叶片宽 2 cm,分蘖中等,无根果。葶高 120～140 cm,分枝 6～8 个,常见为 7 个。6 月 15 日前后现蕾,6 月 22 日前后采花,7 月下旬结束。蕾长 12 cm 左右,单重 3 g 左右,一般亩产 100～150 kg,高产可达 200 kg。抗病虫害程度较强。

秋八尺:晚熟型,株形较大,叶片直立,开展度 60～70 cm,葶高 140～160 cm,采花时间 6 月底。花期仅 30 天左右,抗病虫害程度较好,这个品种种植很少。

高葶黄花:见庆阳。

茄子花:见邵东。

大五杈:早熟紫花。

②淮安

大乌嘴:见宿迁。

小黄壳:见宿迁

(5)四川省

以渠县为例。

渠县黄花:四川省渠县地方品种,主产区为渠县、巴中和重庆等地。早熟品种,6 月上旬开始采摘,持续 35～40 天。植株生长势强,高约 90 cm,叶片宽而短,披针形,长 75～110 cm,宽约 2 cm,叶基层层紧密抱合,每株有 15～20 片叶,深绿色。花葶长 100～110 cm,横径 0.2～0.5 cm,顶端分枝 5～6 个,每葶着花蕾 20～40 个。花蕾长 11～12 cm,横径 0.8～1 cm,先端稍粗大,绿色,花冠浅绿色、花蕾粗大,嫩脆,加工后色泽好。每亩产干菜 125～150 kg。耐干旱,抗逆性强,不易落蕾。

青龙花:从渠县黄花变异优选而来。形态与渠县黄花大体相似,花蕾较渠县黄花略短而粗壮,花柄只有 1 cm 左右,雄蕊多大 18～24 枚,花朵香气更浓,肉头更厚,外形美观,是渠县黄花的新秀品种。

（6）河南省

以淮阳为例。

陈州金针:也叫棒子菜、笨黄花。河南省淮阳县普遍栽培。株高 72 cm,叶片长 113 cm,宽 2.2 cm,色绿。花薹高约 114 cm,上端丛生花蕾 26～36 朵。花蕾黄色,长 12 cm,品质好,每亩产干菜 200～250 kg。

（7）山西省

以大同市为例。

大同黄花:山西省地方品种,主要产于大同地区,栽培历史悠久,是山西省名特产之一。中熟品种,6 月下旬开始采收,持续 40～50 天。株型较直立,叶绿色,长带形,长约 98 cm,宽 2.8 cm。花葶长约 125 cm,每个花薹着生花蕾 35～42 个。花蕾小棒槌形,长 12～15 cm,粗 1.2 cm,单蕾鲜重 5.1 g。干制品金黄色,蕾长肉厚,味道清香,脆嫩可口,品质极佳。每亩产干菜 250 kg,制干率 20%。适宜大同市及其他相似生态地区种植。

（8）云南省　见于下关地区。

（9）山东省　以新泰市汶南镇为例。

四月花:见祁东、庆阳。

还有五月花、六月花等。

（10）其他省区

①安徽省

歙县黄花:安徽地方品种。花葶高 60～100 cm,一个花葶着生花蕾 15～35 个,花蕾浅黄绿色,将开放时长约 10 cm,花筒长 2 cm,花被淡黄色,品质较好。

砀山金针菜:安徽淮北地方品种。叶片绿色,长 50～60 cm,宽 1～2 cm。花葶高 100～140 cm,1 个花葶着花 7～10 朵,花蕾橘黄色,开放时长 10 cm,花被金黄色,较肥厚,香味浓,品质佳。

②浙江省

青顶花:又叫绿顶,浙江省缙云县农家品种。栽培面积占该县黄花菜总面积的 80%。早熟种。叶深绿色,叶较直立,叶脉粗硬。花葶粗壮,高 80～90 cm,分权多,呈鸡爪状。6 月上旬开始采收,7 月中旬结束,花蕾肥大,肉厚,长 7.5 cm,横径 1.2 cm,重 4.5 g。蕾的外色金黄色,顶端浅绿色,内瓣深金黄色,品质中等。晴天 6.5 kg 鲜蕾出干花 1 kg,雨天 7～8 kg 鲜蕾出干花 1 kg。根系发达,耐旱、耐湿、耐瘠薄,抗病力强。产量稳定,每亩产干菜约 250 kg 左右。

蟠龙花:又名盘龙种,产浙江缙云县。早熟品种,6 月上旬开始采摘,持续 35～40 天,株型紧凑,叶片深绿,叶片粗长。花薹高 80～90 cm。花葶粗壮,长 9 cm 左右,上有褐色斑点,嘴部带青色,制干后呈黑褐色,色泽较差。每亩产干菜 150～300 kg。适应性强,耐瘠、耐旱、抗病。

③福建省

德化县:种植品种如"十八格"。

建阳市:种植品种如冲里花。

建宁县:种植品种有台东 6 号(台商引进),花期早、植株前期长势好;高山一号花期较迟、较耐旱、后期长势佳。这 2 个品种田间综合表现为花形端正、色泽淡金黄、风味好等特点,适宜在福建省闽北地区推广种植。

高山一号(台商引进),特点一是管理容易,繁殖力强,种植1次可生长20~30年,稍加培肥土壤管理,也能孕育花器而有收成。二是容易种植。较耐瘠薄,土壤栽培,少病虫害。加工后的成品呈金黄色或深黄色,做菜肴清脆可口,别具风味。三是商品性好,效益高。由于其成品色泽与口感较好,价值比大陆普通的金针菜售价高。因此市场销路广。目前台湾高山金针菜只供外销,远销港台及东南亚国家,其经济效益较高。且供不应求,年销售量约3000 t左右。由于货源短缺,推销于国内市场较少。

④重庆市 云阳黄花是重庆市云阳县地方品种,主产万州地区各县。叶披针形,绿色,长约80 cm,宽1 cm许。花茎长约1.2 cm,横径约0.5 cm,花葶上分生6条侧枝,每一侧枝着生5~6朵花,每个花葶陆续着生花蕾30~40朵。花蕾长约15 cm,花柄长约4 cm,浅黄色。花蕾味鲜美,微甜,加工后颜色好。根系发达较耐旱,每亩产干菜100~150 kg。

虎嗷金针菜:花瓣肉质肥厚,色泽浅黄或金黄,条身紧实粗壮,条色均匀,有光泽,无青条干菜,香味浓郁,无酸味。

此外,在贵州省石阡县、广东省海丰县、江西省、内蒙古自治区和台湾省均有黄花菜种植。

2. 品种分类多样化 国内外对黄花菜做了不少的研究,但是在植物学分类上仍然存在一些问题。目前对品种的分类尚无定论,山东农业大学草坪研究所制定了五级标准,按照染色体数目分为二倍体和四倍体;按照株型大小分为大株型、中等株型、小株型;按照绿期长短分为休眠群、常绿群和半常绿群;按照花期的早晚分为早期开花、中期开花;按照花部的特征分为大型花、小型花和微型花。

国内还有一些其他类型的分类。

(1)按照植物形态特征分类 民间命名黄花菜很随意,不规范,且较混乱。调查发现,同种异名、异种同名问题较为严重,有人以黄花菜的花蕾、花被、叶片、花葶、根系等植物形态特征和经济性状为主要依据,将黄花菜分为马莲黄花菜、线黄花菜、小花黄花菜、高葶黄花菜、火黄花菜、北黄花菜。

(2)按照成熟时间分类 黄花菜按成熟时间可分为早、中、迟熟三大类型。早熟品种有四月花、早茶山条子花、五月花和清早花等;中熟品种有短箭中期花、高箭中期花、猛子花、白花、黑嘴花、茶子花、炮竹花、冲里花、青叶子花、粗箭花、长把花、棒槌花、金钱花和长嘴子花等;迟熟品种有细叶子花、倒箭花和大叶子花等。

(3)按照加工特性分类 按加工特性可分为制干品种和鲜食品种,其中莉子花、茶子花、猛子花、荆州花和长嘴子花等因其花蕾长度中等、色泽金黄、水分含量中等,加工成干菜后,花蕾直而整齐、质厚而软、呈淡黄色、味清香,具有较高的商品价值,因此适宜于加工成干菜品种;大乌嘴、蟠龙花、四月花和白花等因其植物秋水仙碱含量较其他品种低,花蕾大质地厚、花瓣组织松而脆、鲜食味甜而香、适口性好,因此适宜做鲜菜品种;细叶子花、野花、小花等品种因秋水仙碱含量高,适宜于做提取植物秋水仙碱原科,用于治疗痛风性关节炎的急性发作。

(4)按照颜色分类 黄花菜属于萱草属,拥有丰富的颜色种类,在园艺上可以作为观赏性植物,常用的观赏品种有半常绿粉红、半常绿小黄花、半常绿白花。半常绿粉红,花色为粉色,花喉黄绿色,花瓣边缘略皱,瓣上脉络清晰,花径9 cm,花葶高为63 cm左右,在上海花期为6月初至6月底,花期持续时间较长,冬季半常绿,生长健壮。半常绿小黄花,黄色小花花径7 cm,花葶高为60 cm左右,晚花期,在上海花期为6月底至7月下旬,此品种较耐热,冬季半常绿,生长健壮。半常绿白花,在光照强烈处几乎为白色,花喉黄绿色,花径12 cm,花葶高为60

cm 左右,晚花期,在上海花期为 6 月底至 7 月下旬,此品种也较耐热、冬季半常绿,生长健壮。

（二）中国黄花菜种质资源研究概况

1. 分类及资源研究　湖南农学院刘志敏等(1989)进行的黄花菜品种资源聚类分析初探中,应用聚类分析的方法对 17 个黄花菜的普通栽培品种和野生品种进行了聚类分析,认为野生种湖北野黄花与栽培品种之间在亲缘关系上相差甚远,对调查数据进行正规化处理,采用绝对距离法得出各品种间的距离,在 6.27 距离水平上单独分为一类。四川街县花,湖南邵东的四月花与山西大同花归于一类,在某种程度上说明这个品种在进化过程中有着相近似的趋势。湖南祁东的猛子花与甘肃庆阳的线黄花来自两个完全不同的地理位置、土壤气候条件的地区,但在较低距离 1.52 下归于一类说明这两个品种在亲缘关系上很接近,进化程度相类似,这在生产引种过程中有指导意义。距离的大小说明了各品种间亲缘关系的远近,这对指导育种工作非常有利。祁东县农业科学研究所以白花与祁东四月花作亲本进行杂交,选出了优于双亲的品种,聚类图上这两个品种只有在 2.6 的距离下才能归于一类,说明性状差异较大,亲缘关系较远,有一定的杂优利用潜力。

刘永庆等(1990)曾对所搜集的 36 个栽培和野生黄花进行了植物学、生物化学、遗传学以及细胞学诸方面综合分析研究。结果表明,所有试材的染色体 $2n=2x=22$;湖南、湖北野黄花是长管萱草(*Hemerocallis fulua* L. var. *disticha* Donn);建宁一号、建宁二号,以及原认为分别归属于北黄花菜(*H. flava* L.)与小黄花菜(*H. minor* Mill)的马莲花与小黄花均是黄花菜(*H. citrina* Bar.);黄花菜与长管萱草的系统发育过程基本一致,进化水平较低;黄花菜盛苗结束期叶片过氧化物酶同工酶酶谱清晰稳定,栽培品种间所存在的多型现象可用作品种鉴定。

胡雄贵等(2003)采用聚胺凝胶垂直平板电泳技术,对湖南邵东 8 个黄花菜品种的过氧化物酶同工酶,酯酶同工酶和淀粉同工酶进行了酶谱测定,并对其同工酶谱带进行分析和比较,结果表明:供试 8 个品种均有一条共同特征谱带,同时又蕴含着丰富多态性,因而根据谱带表型可以有效地鉴定黄花菜品种。

洪亚辉等(2003)利用 RAPD(随机扩增多态性 DNA)技术,采用从 18 个 10 碱基随机引物中筛选出来的 4 个引物对 9 个不同黄花菜品种的总 DNA 进行扩增,运用特殊谱带,建立了黄花菜的不同品种间的分子标识表,并根据结果进行了品种间基因型相似系数分析,对黄花菜的品种遗传改良提供了相应的分子依据。

颉敏昌(2012)介绍了甘肃省庆阳市 6 个黄花菜品种,具体是马连黄花菜,线黄花菜,小花黄花菜,火黄花菜,高莛黄花菜,北黄花菜。

福建省农业科学院亚热带农业研究所郑家祯等(2018)对 28 份国内栽培的黄花菜资源的 19 个形态学特征进行了遗传多样性分析,并且利用 SCoT 分子标记技术对这些黄花菜资源和 3 份新资源进行遗传多样性分析,结果表明:农艺性状分析显示种质间数量指标的变异程度较大,10 个数量指标的变异系数为 14.5%~37.2%,其中最大的为分蘖数(37.2%),其次为叶宽(35.5%),说明这 2 个性状的变异程度较大,性状分离明显;叶长(14.5%)最小,说明叶长在种质间较为稳定,变异程度小;基于 28 份黄花菜资源特征和特性的观测数据,对质量性状和数量性状进行分类,根据各材料间的相似性系数,进行聚类分析。结果表明,在相似系数为 0.54 处可以很好地把资源分为两类,I 类包括 14 份黄花菜资源,全部为橙红色花的资源,主要来自台湾、福建、河北和四川 4 省,可细分为 A 类和 B 类。橙红色花资源主要特征为株型直立、叶色绿色、不感锈病、耐霜冻、假二歧型花序、无香味、不结籽,花期 5 月中旬至 9 月下旬;而 II 类也包括 14 份黄花菜资源,均为黄色花,主要来自河北、湖南、山东和四川 4 省,可细分为①、②、③类群,在②类群中五月花和六月花的相似系数为 1.00,位于整个聚类图的最基部,认为是同一品种。黄色花资源主要特征为株型直立、叶色绿色、部分感锈病、大部分不耐霜冻、圆锥形花序、大部分有香味、部分有结籽,花期 4 月下旬至 8 月下旬,形态学不能区分的五月花和六月花两份资源,利用 SCoT 标记技术可以很好地区分。由此可见,形态学和 SCoT 分子标记均可作为黄花菜遗传多样性分析的工具,但是 SCoT 标记技术更加快速、更加灵敏、更加准确。

株高分析结果表明,邢台 2 号、六月花、四月花、白花、渠县花、长泰花、五月花、十八格、猛子花、诏安花、邢台 1 号、上杭花、仙游花、邢台 4 号、金针早、冲里花、早四月、达州野花等 18 个资源的株高比台东 6 号高,株高差异极显著;紫云山 2 号、泰安 2 号、祁珍花台东 6 号等 3 个资源株高与台东 6 号株高差异不显著,对照相当;莆田花、邢台 1 号、高山 1 号、紫云山 1 号、荔枝海 2 号、荔枝海 1 号等 6 个资源的株高比对照低,差异极显著。从株幅表现来看,十八格、长泰花、邢台 4 号、四月花等 4 个资源的株幅比对照台东 6 号宽,差异极显著,六月花株幅与对照差异显著,五月花株幅与对照相当,未达显著水平;其余 21 个资源的株幅比对照小,差异极显著。从叶长表现来看,长泰花、十八格、五月花、猛子花、六月花、四月花、紫云山 2 号、荔枝海 1 号、渠县花 Q、邢台 4 号、紫云山 1 号、邢台 1 号等 12 个资源的叶长比对照长,差异极显著;金针早、早四月、冲里花、白花、祁珍花、达州野花等 6 个资源的叶长与对照相当,差异不显著,其余 9 个资源的叶长均比对照短,差异极显著。从叶宽的表现来看,邢台 2 号、诏安花、十八格、长泰花、荔枝海 1 号、猛子花、紫云山 2 号、紫云山 1 号、白花、邢台 4 号、荔枝海 2 号、上杭花、仙游花等 13 个资源的叶宽比对照宽,差异极显著,邢台 3 号的叶宽比对照窄,差异极显著,其余 13 个资源的叶宽与对照相当,差异不显著。从分蘖数表现来看,猛子花、高山 1 号、十八格、长泰花、渠县花、邢台 4 号、上杭花、白花、四月花、六月花、五月花等 11 个资源分蘖数比对照多,差异极显著;早四月、金针早的分蘖数与对照差异显著;邢台 2 号、冲里花、仙游花、莆田花、荔枝海 1 号等 5 个资源的分蘖数相当,差异不显著;其余 9 个资源的分蘖数比对照少,差异极显著。从主茎叶数的表现来看,邢台 2 号、上杭花、诏安花、十八格、长泰花、仙游花等 6 个资源的主茎叶数比对照多,差异极显著,紫云山 2 号、紫云山 1 号、荔枝海 1 号、渠县花、泰安 2 号等 5 个资源的主茎叶数与对照相当,差异不显著;高山 1 号、荔枝海 2 号、莆田花、白花等 4 个资源的主茎叶数与对照差异显著;其余 12 个资源的主茎叶数比对照少,差异极显著。

以台东 6 号为对照,对 27 份黄花菜资源的花薹长、花蕾长、花蕾粗、单个花重等进行显著性分析。结果表明,高山 1 号、达州野花、紫云山 2 号、莆田花等 4 个资源的花薹长比对照台东 6 号相当,差异不显著;祁珍花、荔枝海 1 号、荔枝海 2 号、紫云山 1 号等 4 个资源的花薹长比对照台东 6 号短,差异极显著;其余 19 资源的花薹长比对照台东 6 号长,差异极显著。从花蕾长来看,上杭花、仙游花、早四月、金针早、达州野花等 5 个资源花蕾长度与台东 6 号相当,差异不显著;莆田花的花蕾长度比台东 6 号略短,差异显著;其余 21 个资源的花蕾长度比台东 6 号长,差异极显著。从花蕾粗来看,邢台 1 号、荔枝海 1 号 2 个资源的花蕾粗比对照台东 6 号粗,差异极显著,紫云山 2 号、诏安花 2 个资源的花蕾粗与对照台东 6 号相当,差异不显著;其余 23 个资源的花蕾粗比对照台东 6 号细,差异极显著。从单个花重的分析结果来看,邢台 1 号、祁珍花、邢台 4 号、邢台 2 号、冲里花、邢台 3 号、猛子花、四月花、泰安 2 号、五月花、六月花、渠县花等 12 个资源的花重比对照重,差异极显著;白花、上杭花等 2 个资源的花重比对照略重,差异显著；紫云山2号、荔枝海1号、紫云山1号等3个资源的花重比对照轻，差异极显著；其余10个资源的花重与对照相当，差异不显著。

2014年由中国农业科学院蔬菜花卉研究所主持编写的《黄花菜种质资源描述规范和数据标准》出版。该标准根据优先采用现有数据库中的描述和描述标准、以种质资源研究和育种需求为主，兼顾生产与市场需要、立足中国现有基础，考虑将来发展，尽量与国际接轨的原则。对黄花菜种质资源的收集、整理和保存，数据标准和数据质量控制规范的制定，以及数据库和信息共享网络系统的建立做了详细规范。在黄花菜种质资源描述规范中详细定义了黄花菜分类、种质资源来源、基部信息、形态特征和生物学特性、品质特性、抗逆性、抗病虫性、生育周期、商品花蕾9方面内容。特别是在形态特征和生物学特性方面，株形、株高、株幅、主分蘖叶数、叶形（窄条、宽条）、叶刺毛、根形（纤细根、块根、肉质根）、花序类型（总状、假二歧状、圆锥）、花蕾长、花瓣色（黄绿色、褐色、紫色）、花蕊色（黄绿色、褐色、紫色）、抽薹性、抽薹率、育性（不育、可育）、形态一致性、抽薹期（50%植株开始抽薹的日期）、始花期（30%植株开第一朵的日期）、末花期（群体内植株开花结束的日期）、花蕾收获始期（群体内30%植株开始第一次采收商品花蕾的日期）、花蕾收获末期（最后一次采收商品花蕾的日期）等都做了明确定义，可为黄花菜种质资源收集、整理和保存等基础工作，创造良好的资源和信息共享环境和条件。

表1-2对于黄花菜的引种及育种工作有很大帮助。

2. 育种研究 1993年，湖南农学院植物研究室周朴华等（1993）以产区地方良种"长嘴子花"为供试材料，通过组织培养诱发多倍体，促使黄花菜的组织和器官巨型化，选育出同源四倍体黄花菜"HNAC-大花长嘴子花"新品种，此品种具有生长势强，耐干旱，产量高，遗传稳定性好，育种期短和品质优等特点，其百蕾干重49.8 g，超过国家一级标准6.4 g，游离氨基酸含量和赖氨酸含量大幅度提高。

李爱华等（1998）为探讨同源四倍体黄花菜部分不育和结实率低的原因，以同源四倍体黄花菜新品系HAC-大花长嘴子花为材料，观察其花粉母细胞减数分裂行为。结果表明：在减数分裂不同时期出现异常现象，双线期和终变期见到四价体、三价体、二价体、单价体；中期Ⅰ，后期Ⅰ和末期Ⅰ均出现落后染色体，后期Ⅰ见到染色体桥和断片；中期Ⅱ，后期Ⅱ和末期Ⅱ有染色体不同步分离以及不等分裂等现象；四分体时期还出现多分体以及多核现象。由此可见，同源四倍体减数分裂不正常是造成四倍体黄花菜部分不育的细胞学原因。

刘金郎（2005）对黄花菜不同品种杂交亲和力研究结果表明：茉莉香与沙宛金针正交和反交的亲和力基本相同；马莲黄花与渠县黄花、沙宛金针、小黄花等杂交组合中，以马莲黄花为父本亲和力高；线黄花与沙宛金针、渠县黄花，红花萱草与马莲黄花等杂交不亲和；茉莉香和小花黄花的自交亲和力高，而渠县黄花、线黄花、沙宛金针和马莲黄花等4个品种的自交亲和力依次下降。

河南省淮阳县金农实业有限公司刘广安等（2006）完成了黄花菜新品种（陈州金针）选育及快繁技术研究与应用，该品种早熟，6月中上旬现蕾，比其他品种提前20天；现蕾集中，现蕾期40天，比其他品种缩短30~60天；高产稳产，亩产鲜黄花菜2092 kg，对照比增产49%；营养丰富。据农业部农产品检测中心检测，含糖38.6%，粗蛋白质11.8%，粗灰分4.8%，氨基酸7.8%，维生素$B_2$0.2%，烟酸3.9 mg/100 g，胡萝卜素24.0 mg/kg，铁0.02 mg/kg；风味独特，久煮或油炸后依然清脆爽口；抗逆性强，高抗病虫危害；生产周期长，15~20年；适宜鲜销；适应性广。

表1-2 黄花菜种质资源数据标准

序号	代号	描述符	字段名	字段英文名	字段类型	字段长度	字段小数位	单位	代码	代码英文名	例子
1	101	全国统一编号	统一编号	Accession number	C	8					V12C0010
2	102	种质圃编号	种质圃编号	Genebank number	C	8					Ⅱ 12C0010
3	103	引种号	引种号	Introduction number	C	8					19940024
4	104	采集号	采集号	Collecting number	C	10					199908 3425
5	105	种质名称	种质名称	Accession number	C	30					荆州花
6	106	种质外文名	种质外文名	Alien name	C	40					Victory
7	107	科名	科名	Family	C	30					Liliaceae
8	108	属名	属名	Genus	C	40					Hemerocallis（萱草属）
9	109	学名	学名	Species	C	50					Hemerocallis citrina Baroni（黄花菜）
10	110	原产国	原产国	Country of origin	C	16					中国
11	111	原产省	原产省	Province of origin	C	6					湖南
12	112	原产地	原产地	Origin	C	20					祁东
13	113	海拔	海拔	Altitude	N	5	0	m			1021
14	114	经度	经度	Longitude	N	6	0				12136
15	115	纬度	纬度	Latitude	N	5	0				3609
16	116	来源地	来源地	Sample source	C	24					美国
17	117	保存单位	保存单位	Donor institute	C	40					中国农业科学院蔬菜花卉研究所
18	118	保存单位编号	保存单位编号	Donor accession number	C	10					Ⅱ 12C0010
19	119	系谱	系谱	Pedigree	C	70					无性系 8231/无性系 8681
20	120	选育单位	选育单位	Breeding institute	C	40					湖南农业大学

续表

序号	代号	描述符	字段英文名	字段类型	字段长度	字段小数位	单位	代码	代码英文名	例子
21	121	育成年份	Releasing year	N	4	0				1989
22	122	选育方法	Breeding methods	C	20					系选
23	123	种质类型	Biological status of accession	C	12			1. 野生资源 2. 地方品种 3. 选育品种 4. 品系 5. 遗传材料 6. 其他	1. Wild 2. Traditional cultivar/Landrace 3. Advanced/improved cultivar 4. Breeding line 5. Genetic stocks 6. Other	地方品种
24	124	图像	Image file name	C	30					Daylily. Jpg
25	125	观测地点	Observation location	C	16					湖南省祁东市
26	201	生长期	Growth period	N	4	0	年			3
27	202	株型	Plant type	C	6			1:半直立 2:直立	1:Semi-erect 2:Erect	半直立
28	203	株高	plant height	N	5	1	cm			140.5
29	204	株幅	Plant width	N	5	1	cm			50.8
30	205	分蘖数	Number of tillering	N	4	0	个/株			4
31	206	主分蘖叶数	Number of leaf on main tillering	N	4	0	片			20
32	207	叶色	Leaf color	C	4			1:浅绿色 2:绿色 3:深绿色	1:Light green 2:Green 3:Dark green	浅绿色
33	208	叶形	Leaf shape	C	8					窄条
34	209	叶长	Leaf blade length	N	4	1	cm			25.6
35	210	叶宽	Leaf blade width	N	4	1	cm			2.1

续表

序号	代号	字段名	字段英文名	字段类型	字段长度	字段小数位	单位	代码	代码英文名	例子
36	211	叶刺毛	Leaf pubescence	C	4			1:无 2:疏 3:密	1:None 2:Sparse 3:Dense	疏
37	212	根形	Root shape	C	8			1:纤细根 2:块根 3:肉质根	1:Thin roots 2:Earthnut 3:Fleshy taproot	块根
38	213	主花葶长	Main scape length	N	4	1	cm			110.6
39	214	主花葶粗	Main scape diameter	N	4	1	cm			2.3
40	215	单花葶蕾数	Number of buds on single scape	N	4	0	个			15
41	126	花序类型	Anthotaxy type	C	8			1:总状 2:假二歧状 3:圆锥	1:Raceme 2:Pseudodichasium 3:Conic	总状
42	217	花蕾形状	Bud shape	C	8			1:针形 2:棒槌形	1:Needle shape 2:Wooden club shape	针形
43	218	花蕾长	Bud length	N	4	1	cm			14.2
44	219	花蕾粗	Bud diameter	N	4	1	cm			1.6
45	220	单花蕾重	Bud weight	N	4	2	g			2.20
46	221	蕾色	Bud color	C	6			1:浅黄色 2:黄色 3:黄绿色	1:Light yellow 2:Yellow 3:Yellow green	黄绿色
47	222	蕾尖色	Bud top color	C	6			1:黄色 2:橙色 3:紫色	1:Yellow 2:Orange 3:Purple	紫色

续表

序号	代号	描述符	字段名	字段英文名	字段类型	字段长度	字段小数位	单位	代码	代码英文名	例子
48	223	花瓣色	花瓣色	Petal color	C	6			1:黄绿色 2:褐色 3:紫色	1:Yellow green 2:Brown 3:Purple	黄绿色
49	224	花瓣数	花瓣数	Number of petal	N	4	0	个			6
50	225	花蕊色	花蕊色	Pistil color	C	4			1:黄绿色 2:褐色 3:紫色	1:Yellow green 2:Brown 3:Purple	褐色
51	226	蒴果长	蒴果长	Fruit length	N	4	1	cm			1.8
52	227	蒴果直径	蒴果直径	Fruit diameter	N	4	1	cm			1.1
53	228	蒴果色	蒴果色	Fruit color	C	4			1:紫色 2:褐色	1:Purple 2:Brown	褐色
54	229	果柄长	果柄长	Length of fruit end	N	4	1	cm			0.8
55	230	抽薹性	抽薹性	Bolting nuture	C	4			1:不抽薹 2:抽薹	1:None-bolting 2:Bolting	抽薹
56	231	抽薹率	抽薹率	Rate of bolting	N	4	1	%			90.40%
57	232	育性	育性	Fertility	C	4			1:不育 2:可育	1:Sterile 2:Fertile	可育
58	233	种子发育	种子发育	Seed development	C	4			1:瘪 2:饱满	1:Empty 2:Normal	饱满
59	234	单蒴果种子粒数	单蒴果种子粒数	Number of seeds in fruit	N	4	0	粒			15
60	235	种子千粒重	种子千粒重	1000-seed weight	N	5	2	g			20.26
61	236	种皮色	种皮色	Seed coat color	C	4			1:褐色 2:黑色	1:Brown 2:Black	褐色
62	237	单产	单产	Yield	N	6	0	kg/hm^2			1000

续表

序号	代号	描述符	字段名	字段英文名	字段类型	字段长度	字段小数位	单位	代码	代码英文名	例子
63	238	形态一致性	形态一致性	Uniformity in morphology	C	12			1:一致 2:连续变异 3:不连续变异	1:Uniform 2. Continous variant 3. Uncontinous variant	一致
64	239	繁殖方式	繁殖方式	Propagation type	C	6			1:分株 2:种子	1:Ramet 2:Seed	分株
65	240	播种期	播种期	Sowing date	D	8					20060516
66	241	定植期	定植期	Transplanting date	D	8					20061012
67	242	抽薹期	抽薹期	Bolting date	D	8					20060510
68	243	始花期	始花期	First flowering date	D	8					20060608
69	244	末花期	末花期	Last flowering date	D	8					20060920
70	245	花蕾收获始期	花蕾收获始期	First bud harvest date	D	8					20060531
71	246	花蕾收获末期	花蕾收获末期	Last bud harvest date	D	8					20061011
72	247	种子收获期	种子收获期	Seed harvest date	D	8					20060910
73	301	水分含量	水分含量	Water content	N	4	1	%			93.6
74	302	维生素C含量	维生素C含量	Vitamin C content	N	5	2	10^{-2} mg/g			33.52
75	303	粗蛋白含量	粗蛋白白量	Crude protein content	N	4	1	%			2.3
76	304	可溶性糖含量	可溶性糖含量	Soluble sugar content	N	4	1	%			2.3
77	305	用途	用途	Usage	C	4			1:菜用 2:药用 3:观赏	1:Vegetable 2. Medicine 3:Ornament	药用
78	306	核型	核型	karyotype	C	20					
79	401	指纹图谱与分子标记	指纹图谱与分子标记	Finger printing and molecular markers	C	40					
80	402	备注	备注	Remarks	C	30					

甘肃省庆阳市农业科学研究院颉敏昌等 2011 年 11 月 1 日利用神舟八号飞船搭载马莲黄花菜种子 460 粒,借助太空宇宙射线、微重力、高真空、强辐射等因素诱变黄花菜种子,2011 年 11 月 17 日返回地面。2012 年春开始地面选育工作,播种后出苗 76 株,成活 36 株,栽植第 3 年结蕾开花,出现多个变异材料,其中优良变异材料 2 个,进行组织培养扩繁 668 株,再经过 4 年观察,遗传性状相对稳定的变异材料 1 个(暂命名为金蕾二号)。该品种分蘖力强,抽生花薹比未搭载马莲黄花菜多,每日可采花蕾数量明显增多,产量比对照提高 5.7%,采收期缩短,田间对叶枯病、锈病的抗性强于对照。

2014 年颉敏昌等完成的黄花菜种质资源征集及特晚熟品种选育项目,通过对国内 30 多个黄花菜主产区品种资源调查,搜集引进了 133 个黄花菜品种,其中主栽优良品种 16 个,建立起黄花菜种质资源圃。1984 年从马莲黄花品种自然变异株中选出了晚熟新品系金蕾一号,其花蕾采收期推后 10～15 天,采收期延长 4～18 天,其丰产、品质、抗逆性表现优良。干菜平均亩产 71.1 kg,比对照马莲黄花增产 2%～3.5%,既避开了夏收农忙时节,又避开秋收、秋播,恰好适合庆阳黄花菜产区气候特点、农业产业结构和劳动力资源状况的需要。

以农家种东庄黄花为母本、地方种冲里黄花为父本构建黄花菜种内杂交群体,对杂交后代的花葶高度、花朵直径、花蕾长度、花蕾宽度、单个花蕾鲜质量等农艺性状进行测定及遗传力分析。冲里×东庄群体的单个花蕾鲜质量变异系数较大,花葶高度与花朵直径的遗传力较高。种内杂交群体花蕾长度、花蕾宽度、单个花蕾鲜质量中存在一定的超亲现象。

第二节　中国黄花菜生产布局

一、黄花菜的起源和分布

张世杰等(2018)介绍,黄花菜在中国有着 2000 多年的栽培历史。萱草属主要分布在东亚至俄罗斯西伯利亚地区。其分布区北起俄罗斯北纬 50°～60°之间,南至缅甸,印度,孟加拉国,西缘为俄罗斯境内乌拉尔山脉以东的西伯利亚平原,东至千岛群岛。

郑家祯等(2018)介绍,黄花菜原产于亚洲及欧洲,中国是原产地之一。中国黄花菜种植面积大,栽培范围广阔,主要分布在湖南、陕西、江苏、甘肃、安徽、浙江、四川、河南、山西、云南、福建和台湾等省,是黄花菜种质资源最丰富的国家。湖南省祁东县是黄花菜原产地和全国最大的黄花菜种植基地,其总产量占全国的 70% 以上,祁珍花、猛子花和白花为其主栽品种。山东省新泰市汶南镇是中国黄花菜第一镇,四月花、五月花和六月花为其主栽品种;四川省渠县被国家命名为"中国黄花之乡",早四月、渠县花和金针早为其主栽品种;福建省德化县黄花菜通过国家农产品地理标志登记,十八格为其主栽品种。

《中国植物志》记载,黄花菜产于秦岭以南各省区(包括甘肃和陕西的南部,不包括云南)以及河北、山西和山东。生于海拔 2000 m 以下的山坡、山谷、荒地或林缘。

二、中国黄花菜产区

全国黄花菜共有 5 大产区,分别是甘肃省庆阳市、湖南省衡阳、宁夏回族自治区吴忠、山西省大同市和陕西省大荔县。目前全国黄花主要种植区域面积总计达到 100 余万亩,其中山西大同 26 万亩,湖南衡阳 18 万亩,甘肃庆阳 31 万亩,陕西大荔 8 万亩,宁夏吴忠 8.1 万亩,四川渠县 3 万亩。黄花菜种植分布见表 1-3。

表 1-3　全国黄花菜分布情况

省(自治区、市)	地市	区、县	统称
湖南	衡阳市	祁东县	祁东黄花菜
	邵阳市	邵东县	邵东黄花菜
甘肃	庆阳市	庆城县	庆城黄花菜
		正宁县	庆阳黄花菜
		环县	环县黄花菜
		合水县	合水黄花菜
		镇原县	镇原黄花菜
	平凉市	泾川县	泾川黄花菜
山西	大同市	云州区	大同黄花菜
		浑源县	恒山黄花菜
		广灵县	广灵黄花菜
		天镇县	天镇黄花菜
	晋城市	阳城县	析城黄花菜
		沁水县	七须黄花菜
	忻州市	静乐县	静乐黄花菜
陕西	渭南市	大荔县	大荔黄花菜
	西安市	高陵区	耿镇黄花菜
四川	达州市	渠县	渠县黄花菜
	巴中市	巴州区	大罗黄花菜
宁夏	吴忠市	红寺堡区	红寺堡黄花菜
		盐池区	盐池黄花菜
河南	周口市	淮阳县	淮阳黄花菜
		扶沟县	酱黄花菜
	新乡市	延津县	肉丝黄花菜
福建	泉州市	德化县	德化黄花菜
	宁德市	周宁县	周宁黄花菜
	三明市	大田县	芳林黄花菜
	龙岩市	武平县	武平早
云南	大理州	下关镇	下关黄花菜
	红河州	建水县	建水黄花菜
山东	泰安市	新泰镇	汶南金芭蕾黄花菜
河北	张家口市	沽源县	沽源黄花菜
	保定市	阜平县	阜平黄花菜
江苏	宿迁市	沭阳县	悦来黄花菜
		宿豫区	丁庄大菜

省(自治区、市)	地市	区、县	统称
浙江	丽水市	缙云县	缙云黄花菜
	台州市	仙居县	仙居黄花菜
	衢州市	龙游县	龙游黄花菜
湖北	随州市	曾都区	随州黄花菜
	孝感市	汉川市	汉川黄花菜
	恩施州	利川市	利川黄花菜
江西	抚州市	崇仁县	崇仁黄花菜
	九江市	都昌县	都昌黄花菜
贵州	毕节市	黔西县	黔西黄花菜
内蒙古	赤峰市	红山区	内蒙黄花菜
	锡林郭勒盟	苏尼特右旗	苏尼特黄花菜
		西乌珠穆沁旗	西乌旗黄花菜
黑龙江	佳木斯市	桦川县	佳木斯黄花菜
	伊春市	西林区	蒜香木耳黄花菜
	鸡西市	滴道区	滴道黄花菜
辽宁	铁岭市	清河区	铁岭黄花菜
广西	贺州市	八步区	田螺黄花菜
广东	河源市	紫金县	紫金黄花菜
重庆	铜梁区	蒲吕镇	岚峰黄花菜
	璧山区		璧山黄花菜 大路黄花菜
	秀山县		秀山黄花菜
安徽	黄山市	歙县	歙县黄花菜

(一)宁夏红寺堡黄花菜

红寺堡区种植的黄花菜品种主要是从甘肃引进的"大乌嘴",也叫"大金桥"。受黄土高原独特的气候条件和地理环境影响,红寺堡区所产黄花菜色泽黄亮、条长肉厚、营养丰富、久煮不烂、品质上乘。红寺堡区地处中部干旱带,土壤呈中性或微碱性,质地沙壤,结构疏松,通透性好;冬季寒冷漫长,春暖迟、夏热短、秋凉早,日照充足、光能丰富、昼夜温差大,有效积温高,干旱少雨、蒸发强烈,对黄花菜生长非常有利。针对这一独特的地理和气候优势,红寺堡将黄花菜作为扬黄灌区作物结构调整、农民增收致富的首选作物,作为群众脱贫致富的优势主导产业来抓。全区建成黄花菜生产基地 6 万亩,大部分集中在太阳山镇,约 2.3 万亩。

(二)宁夏吴忠黄花菜

宁夏吴忠黄花菜种植面积 8.1 万亩,主要产区盐池县。盐池县位于宁夏中部干旱带,年降水量不足 300 mm,年蒸发量 2892 mm。全年晴天多,阴雨天少,为黄花健壮生长创造了有利的气候条件,特别是降雨少、蒸发快,对黄花菜天然晾晒极为有利。盐池县 2006 年首次在扬黄灌区引入黄花种植,2010年开始规模化发展,面积迅速扩张到近4万亩,但因水资源制约和运行机制欠佳,目前留床面积不足1万亩。

(三)甘肃庆阳黄花菜

甘肃庆阳是久负盛名的黄花菜之乡,素有"西北特级金针菜"之誉。庆阳黄花菜之所以如此著名,这与当地的水土和栽培技术有关,庆阳地处甘肃东部、境内丘陵起伏,塬坝纵横,土质肥沃,雨量适中,气温较高,光照充足,自然条件十分适宜黄花菜生长。

庆阳黄花菜种植面积31万余亩,近年来,黄花菜产业作为庆阳市发展的支柱产业之一。另外,由于黄花菜的投入少、产量高,市场价格远高于其他农产品,农村家家户户都有在田间地头、房前屋后种植的习惯,黄花菜的种植面积快速增长。

得天独厚的自然条件使得庆阳所产黄花菜条长色鲜、久煮不散、肉厚味醇、色泽黄亮,营养非常丰富,品质在全国同类产品中名列前茅,是黄花菜中的极品。黄花菜作业属于劳动密集型产业,生产主要依靠大量使用劳动力,对技术的要求不高,目前庆阳黄花菜的生产仍以千家万户为主。

庆阳黄花菜的品质在全国名列前茅,从20世纪80年代起,黄花菜就成为庆阳市出口创汇的拳头产品。多年来远销欧美、日本、东南亚各国,产品供不应求,是全国农副产品外销创汇的重要商品,具有较大的发展潜力。现已注册的黄花菜商标有庆针牌、华蕾牌、蓓蕾牌等,均具有较好的品牌效应,畅销国内外,大大提升了庆阳黄花菜的知名度,提高了其市场竞争力,增加了农民的经济效益,增强了黄花菜栽培的积极性。

(四)湖南黄花菜

1. 湖南祁东县黄花菜　湖南省祁东县的黄花菜是全国的黄花菜主产区,2002年获得国家"黄花菜原产地"称号。祁东的黄花菜种植面积达16.5万亩。祁东县黄花菜产区集中在以官家嘴镇为中心,覆盖黄土铺、步云桥2个镇的拓展范围。全县年产干黄花菜8万t,年销售额10多亿元,已经成为祁东农业经济的主要来源。

祁东县黄花菜品种主要有早、中、迟熟三大类型超20个品种,早熟型有四月花、五月花、清早花、早茶山条子花共4种;中熟型有猛子花、白花、茄子花、权子花等共20种;迟熟型有倒箭花、细叶子花、中秋花、大叶子花4种。近年由于鲜黄花市场行情看好,特早熟四月花和迟熟冲里花等品种的栽培面积呈逐年上升趋势。

2. 湖南邵东黄花菜　湖南省邵东县素有"黄花之乡"的美誉。2017年,邵东县种植黄花菜约6万亩。邵东地处湖南中部,属亚热带地区,气候温和、雨量充沛,光照和土壤条件很适宜黄花的生长。据清代嘉庆二十五年的《县志》记载,早在嘉庆年间,这里就大面积种植黄花菜。邵东出产的黄花菜,被列为全国八大名贵蔬菜之一,经中国医学科学院测定,邵阳黄花菜中蛋白质、脂肪、碳水化合物、钙、磷、铁、胡萝卜素、核黄素的含量,都高于西红柿等常见的蔬菜。

(五)山西大同黄花菜

到2020年,大同市黄花种植面积达26.1万亩,进入盛产期面积8.45万亩,鲜干菜产量分别达17.8万t、2.6万t,总产值9亿元,覆盖全市除平城区、云冈区外其他8个县区。其中云州区17.8万亩,阳高县1.5万亩,广灵县2.5万亩,天镇县1.6万亩,浑源县1万亩,灵丘县1.4万亩,左云县0.1万亩,新荣区0.1万亩。已开发菜品、饮品、食品、功能产品等四大系列100余种产品,全产业链产值已达18.4亿。

(六)陕西大荔县黄花菜

近年来,大荔县委、县政府积极引导农民发展壮大黄花菜种植这一特色产业,目前大荔黄花菜栽培面积已达 8 万亩,为西北地区第一生产大县。陕西大荔县位于渭南东部,东临黄河,黄花主要产于沙苑一带,这里土质肥沃松软,排水性能好,极适宜黄花生长。当地农民在花蕾未开的时候采摘,再经过笼蒸、晾晒或烘干等过程,使黄花干鲜适度,长期保存,大荔黄花针长、色佳、肉厚、味香、营养丰富,配以荤菜香而不腻。

(七)闽南区黄花菜

闽南地区地处福建省南部,属亚热带季风性湿润气候,年平均温度 20 ℃、降水量 1000～1700 mm、日照 2000～2300 小时,无霜期达 330 天以上,非常适合黄花菜的生长。闽南地区是福建省黄花菜传统种植地区之一,黄花菜种植面积约 2 万亩,占全省种植面积的 70% 以上,种植区域主要分布在泉州市的德化县和永春县、漳州市的长泰县和华安县等地。其中,德化县黄花菜种植面积最大(约 1 万亩),种植区域相对集中,已形成一定的种植规模。德化黄花菜注册的"十八格"为福建省著名商标,其产品为农业部认定的无公害农产品。

(八)四川渠县黄花菜

2014 年底,渠县种植黄花 5700 hm²,年产干花 1.3 万 t,产值 5.2 亿元。渠县黄花主导品种有金针早、渠县花、猛子花、冲里花等,主要分布在望江、清溪、屏西等 20 个乡镇。近年来,在渠县省级新农村建设示范片的望江乡、清溪场镇、屏西乡、射洪乡、青龙乡、有庆镇、中滩乡、渠南乡等 8 个乡镇 24 个村建黄花核心示范片 2300 hm²,其中"望江—青龙"万亩黄花基地和"清溪—射洪"万亩黄花基地先后被认定为四川省现代农业万亩示范区。以清溪、望江、屏西为核心的"西部黄花产业带"已逐渐形成。

(九)河南淮阳黄花菜

淮阳黄花菜之所以名贵,主要是菜蕾肥大,菜条丰润,每根鲜菜条平均重达 4.4 g,干菜条达 0.5～0.6 g。干菜色泽金黄,糖分多,油分大,干而不碎,富有弹性,味鲜纯美,营养丰富,别具风味。淮阳黄花菜之所以风味独特,得益于得天独厚的自然条件、土质条件和栽培条件。品质特有,为其他产区所不及,故畅销中外,在国内、国际市场上,具有很强的竞争力。

(十)江苏宿迁黄花菜

宿迁黄花菜在中国黄花菜生产中占有一定地位,有独特性也有代表性。最早出现在江苏省宿迁县明代万历五年(1577 年)编成的《万历志》上,其次见于李时珍明代万历六年(1578)编成的《本草纲目》。自古以来江苏宿迁、陕西大荔、甘肃庆阳、湖南祁东、邵阳为中国黄花菜四大主要产区。宿迁丁嘴、大兴一带因品种、土质好,花大、肉厚、色黄、质优,在商品流通中被称作宿迁丁庄大菜,在中国港澳地区、东南亚市场享有盛誉。20 世纪 80 年代宿迁县总产量 250 万 kg。

宿迁黄花菜按花型花色分属于两个种,在明代记载的红花菜早已不见于栽培,现代田野间能见到的红紫色小花野生金针菜和作为品种资源保存的"早熟紫花",可能就是红花菜的后裔。宿迁品种资源比较丰富,已征集到的有六个。当地农民对当地品种按花时分为伏菜和秋菜两大类,在两大类中再分早花晚花。伏菜是指花期自夏至前后到立秋前结束。秋菜指花期长到立秋以后。早花指上午采菜,晚花指下午采菜,如大菜属伏菜早花,乌嘴属秋菜晚花。宿迁自古以来种植的品种,基本是按株型花型定名的,例"大菜"花型大,"秋八天"植株高,"大八权"分枝多,"小黄壳"花型小色泽黄、"大乌嘴"花的顶端呈褐色。现在主栽品种是大乌嘴,部分是小黄壳,其他极少数混杂在田间。

三、中国北方高原地区黄花菜产区

黄花菜适应性强,栽培简单,全国各地均有分布。黄花菜种植产区的分类主要分为集约种植和非集约种植,黄花菜在全国种植面积在逐年增大,规模化和集约化的程度越来越高,其中湖南祁东和邵阳、山西大同、甘肃庆阳、陕西大荔、河南淮阳为中国黄花菜的主要产地。据2017年统计,甘肃庆阳是目前全国最大的黄花菜产区,目前种植面积发展较快的还有位于宁夏中部干旱带高效节水示范区的红寺堡区,该区是国内优质黄花菜产区,目前面积发展到6万余亩。除河南淮阳、宁夏红寺堡在平原种植外,其余地方基本都在山坡丘陵地种植。黄花菜种植历史悠久,发展前景良好,但除上述优质主产区外,其他地区无系统标准化种植,品种单一,缺乏统一质量标准,黄花菜的产品质量不稳定。

一般来说,南方地区因气候湿润,比北方干旱地区产量更高,平均每亩产鲜花 1600 kg 左右,干花 150 kg。但是季节性降雨,会影响南方黄花菜的亩产量,且亩产量的变幅较大。其鲜花采摘大多集中在 6—7 月份的冬小麦成熟期,时间长达 40 天左右,遇阴雨天气,鲜菜不能及时采摘晾晒而霉烂,将会大大影响黄花菜的产量和品质。在西北地区,光照充足、昼夜温差大,黄花菜的品质往往比南方更好。

(一)大同市

据记载,早在北魏建都平城时期,大同就有黄花菜栽培。初为采凉山的野生黄花引入宫廷园林作观赏植物,后逐渐为人食用。明朝嘉靖年间,大同开始广泛栽培并食用黄花菜,距今已有 600 余年。大同市云州区种植历史悠久,品牌价值高,种植经验丰富。1975 年被山西省政府确定为黄花生产基地县,2003 年通过国家 A 级绿色食品认证,2005 年"大同黄花"商标通过国家工商局原产地保护认证。2017 年创建国家黄花种植与加工标准化示范区。全市创建绿色食品原材料(黄花)标准化生产示范基地 2300 hm²。黄花绿色食品认证 8100 hm²,认证产品21 个,其中云州区 7300 hm²,其他县区 700 hm²。黄花有机食品认证 200 hm²,认证产品 2 个。"大同黄花"产品多次荣获国家优势名牌产品、著名品牌产品、畅销产品、信得过产品,中国国际农产品交易会金奖等荣誉。

大同市属温带半干旱气候,日照充足,昼夜温差大。火山喷发形成的富锌富硒土壤条件,特别适宜黄花生长。黄花菜具有色泽金黄、蕾长肉厚,味道清香,脆嫩可口的特征。大同黄花营养丰富,富含蛋白质、脂肪、碳水化合物,特别是钙、磷、铁、胡萝卜素、硫胺素、烟酸等含量很高。100 g 干黄花含蛋白质 14.1 g、脂肪 0.4 g、碳水化合物 60.1 g,在多种营养成分上居各种蔬菜之首。与其他产区相比,大同黄花菜的品质优势十分明显:一是角大肉厚,大同黄花菜本身条形就大,加上采摘时间在开花当日,条形明显比由于气候原因、种植习惯等提前 1 天采摘的其他产区黄花菜大。其干花长度 12 cm 左右,百花干重 50~80 g,分别达到和超过了优质黄花菜标准;且肉质肥厚,花被裂片长与蕾长的比值可达 0.72,超过优质标准 0.65;二是含糖量高,由于大同地区气候冷凉、光照充足、昼夜温差大,大同黄花菜的糖分含量远高于湖南、江苏、浙江、四川等产地的黄花菜,采摘时常常因糖分高而粘手;三是天然绿色,由于主产地位于大同火山群下,土壤肥沃富硒,且空气和水源没有污染,加上采摘期间正逢干旱期,雨水很少,多数通过传统的自然晾晒法晒干,使大同黄花菜营养丰富,是真正的富硒食品和纯天然绿色食品;

四是耐贮性好,干制大同黄花菜在阴凉干燥处存放 1 年也不变色,耐贮优势十分明显,其他产区的干制黄花菜存放 3 个月后就会逐渐发红变暗。

黄花为多年生宿根作物,管理简便,病虫害轻,投入较少,一次栽种多年受益。大同黄花菜产量高,一般每亩产鲜菜 1750 kg,干黄花菜 250 kg,按鲜黄花 3 元/500 g、干黄花菜价格 15~20 元/500 g 计算,亩收入 9000~11000 元,扣除水费、肥料、人工、秧苗费等各项费用 5800 元,亩纯收入 3200~5200 元。目前全市已有 127 户 572 贫困人口因种植黄花实现脱贫。

近年来,大同市委、市政府和云州区委、区政府先后出台了一系列政策和措施鼓励和扶持黄花菜产业发展。2011 年,大同县委、县政府把黄花菜确立为"一县一业"的主导产业和脱贫攻坚的支柱产业,针对种植、采摘、加工、销售等生产环节,制定了土地流转、资金扶持、技术服务、招商引资等一整套政策。农户每新种 1 亩黄花菜补贴 500 元,2017 年以后,贫困户每新种 1 亩黄花菜补贴 1000 元;连片种植 13.3 hm² 以上的,免费打井,配套水、电、路、渠;种植 10 亩以上的农户和 500 亩以上的村,帮其铺设晾晒场。气象局在采摘季节免费为种植户发布天气预报,保险公司开设了自然灾害保险和目标价格保险业务,且政府给予一定补贴,降低了种植风险,保证了农户的收入。

政策措施紧扣黄花菜种植、加工、销售等关键环节,极大地调动了农民、合作社、企业投身黄花产业的积极性,有力地促进了大同黄花菜产业的快速健康发展。到 2019 年底,大同市黄花菜种植面积达到 1.53 万 hm²,仅云州区黄花菜种植面积达到 1.13 万 hm²,覆盖全区 10 个乡镇,形成了 1 个 2 万亩片区乡镇,9 个 1 万亩片区乡镇,109 个黄花种植专业村,95 个黄花专业合作社,15 家黄花菜加工、销售龙头企业,形成了龙头企业＋合作社＋基地＋农户的发展模式,"一区一业"发展格局基本成型,为全面打赢脱贫攻坚战、调整产业结构、建设美丽乡村、全面实现小康奠定了坚实的产业基础。

习近平总书记在大同市考察时指出,黄花菜是大产业,希望把黄花产业保护好、发展好,做成大产业,做成全国知名品牌,让黄花成为乡亲们的"致富花"。以习近平总书记视察山西重要指示精神为指导,以实施乡村振兴战略为总抓手,以农业供给侧结构性改革为主线,大同将进一步健全黄花产业、生产、经营"三大体系",强化完善扶持政策,保护好品牌,不断延长产业链,拓展价值链,提升黄花产业经济效益,保护好、发展好黄花特色优势产业,把黄花产业发展成农民稳固脱贫的主导产业,推进乡村振兴的支柱产业。在保护好现有的 26 万亩标准化种植基地和产业基础上,推进黄花产业提质增效发展。以云州区为重点,以黄花全产业链发展为目标,以产学研结合、一二三产业融合为路径,科学规划布局,加快设施建设,完善配套服务,形成集种植、加工、研发、产业融合于一体黄花产业集群。到 2023 年,全市预计黄花种植面积达到 30 万亩,产业产值达到 15 亿元,产业纯收入每人每年 5000 元,占到农民收入 30％以上。

示范推广绿色、有机标准化种植,全面实施标准化生产,创建全国黄花产品质量检测中心,制定检测项目和质量标准是大同黄花产业发展的目标和方向。在黄花种植基地全部使用喷灌节水灌溉。加强黄花产地环境质量监测,对土壤、水质、空气质量等进行定期和不定期监测,加强对安全用药的监管,确保黄花基地达到无公害、绿色食品标准化生产要求,保证各项营养指标与质量安全。

加强黄花产业技术指导,产业发展要坚持走"绿色化、特色化、标准化"发展之路,紧盯生产、加工各个环节,从市场准入准出、品质分级标准制定、品牌评价制度等方面建设覆盖全产业链的区域公用品牌管控体系,保证黄花系列产品品质和档次。要大力发展互联网＋智慧农业,加强农产品质量追溯体系建设。

加大黄花基地和产品"三品一标"认证力度,加强黄花品牌注册、国际质量体系认证等工作,不断提高黄花产品质量安全水平和市场竞争能力。多渠道、全方位宣传"大同黄花"全国百强区域公共品牌,提高知名度和影响力,使"大同黄花"成为"大同好粮"的拳头品牌。要建立稳定的"大同黄花"品牌长效投入机制,从产品生产、品牌设计塑造、统一标识、统一包装等各方面塑造"大同黄花"品牌形象。

(二)甘肃省

甘肃省庆阳黄花菜已有 2000 多年栽培历史,是中国黄花菜生产五大主产区之一,也是世界黄花菜主产区之一。甘肃黄花菜主产区为陇东地区。庆阳市是全国面积最大的黄花菜生产基地,黄花菜在其所辖 8 县区均有分布,产量占甘肃省的 90% 以上,总产量曾经占全国的 40%,这主要是独特地理气候环境为其生产提供了保证。到 2019 年 10 月底,庆阳市黄花菜栽植面积达到 2.23 万 hm^2,当年产量(干品)达到 2.35 万 t(占世界黄花菜产量 10.05 万吨的 20%),总产值达 7.5 亿元之多。近年来,庆阳市黄花菜种植面积稳定在 3 万 hm^2 左右,平均单产提高到 1350 kg/hm^2,呈现出产销两旺的发展势头。在当地旱塬区,春末夏初农村家庭蔬菜较少,以大路菜为主,自种精细蔬菜 6 月以后才可收获上市,而黄花菜是淡季"菜篮子"的有益补充。

庆阳传统栽植黄花菜品种马兰耐寒耐旱、抗逆性强、产品条长肉厚,产量高、养分含量高,其干物质积累多、肉质紧实、口感脆嫩、久煮不烂,蛋白质含量一般均高于 14%,总含糖量高于 42%,粗卵磷脂含量高于 0.75%,黄酮含量高于 53%,钙、铁、磷、维生素等含量均超过国内其他产地黄花菜内在指标。

庆阳黄花菜主要分布为:庆城县 1.02 万 hm^2,镇原县 0.66 万 hm^2,合水县 0.65 万 hm^2,西峰区 0.21 万 hm^2,环县 0.19 万 hm^2,宁县 0.15 万 hm^2;华池县、正宁县生产面积较小,产量较低。

甘肃的平凉市大部分县区也有一定面积的黄花菜分布。近年来在兰州、白银、武威等地,黄花菜作为城市绿化品种及田园特色蔬菜也逐步兴起。

根据 2006—2016 年《甘肃农村年鉴》资料分析,近些年,甘肃省黄花菜种植面积先是出现整体萎缩局面,而后一直处于徘徊状态,2015 年较 2005 年减少了 31.38%;总产量稳中有增,2015 年较 2005 年增长了 17.11%;产值总体呈稳步上升趋势,2015 年较 2005 年增长了 1 倍多。这表明黄花菜单产提升比较明显,产品市场价格逐步攀升,市场需求量呈现上升态势。同时,全省蔬菜种植面积显著增加,2005—2015 年增长了 72.07%;蔬菜产值上升更加明显,增长了 3.12 倍。而 2005—2015 年间,黄花菜种植面积占蔬菜总面积的比例下降十分明显,从 2005 年的 13.82% 下降到 2015 年的 5.52%;黄花菜产值占蔬菜总产值的比例也有所下降,从 2005 年的 2.10% 下降到 2015 年的 1.03%。

庆阳盛产的黄花菜是闻名全国的优质土特产品,多年来远销欧美、日本、新加坡、马来西亚、泰国、印度尼西亚和中国港澳地区。1984 年,该市黄花菜栽培面积为 1600 hm^2,约占全国栽培总面积的 16%。20 世纪 90 年代后,国内外黄花菜市场价格不断攀升,庆阳市把黄花菜列为"六个百万亩"工程之一,当地农民利用一切可以利用的土地,在房前屋后、地角地畔都种上黄花菜,栽培面积逐年增加,许多农户依靠种植黄花菜发家致富。

陇东地区黄花菜主要品种有马莲黄花、小黄花、火黄花、线黄花和小叶黄花 5 种,以马莲黄花、小黄花、线黄花为主,种植面积占 90% 以上。这些品种都是古老的地方品种,虽然对当地生态环境适应性较强,但由于缺乏提纯复壮,整体生产力有下降趋势,加之一些农户为了抢占市场早上市,尚未达到采收标准而提前采收的情况时有发生,致使产量、质量均明显下降。自 20 世纪 80 年代末至 21 世纪初,黄花菜单产长时间徘徊在 723.60~1216.8 kg/hm^2,平均产量为 942.45 kg/hm^2,与湖南、陕西等地一般单产 1500～2250 kg/hm²、高产田突破 3750 kg/hm² 的生产水平相比,明显偏低。高产优质新品种引进、选育力度不够,成效不显著,现有品种也不适应机械化采收的需要。

(三)宁夏回族自治区

宁夏吴忠市是全国五大黄花菜产区之一,黄花菜种植面积稳定在 1.07 万 hm²(16 万亩),约占全国种植面积的 17%。黄花菜核心产区主要分布在中部干旱带的盐池县、红寺堡区、同心县扬黄灌溉区,其中,盐池县种植面积 0.54 万 hm²,年产鲜黄花菜 2.8 万 t,干黄花菜 0.4 万 t;红寺堡区种植面积 0.48 万 hm²,年产鲜黄花菜 2.2 万 t,干黄花菜 0.3 万 t;同心县及其他地区种植面积 0.1 万 hm²,年产鲜黄花菜 370 t,干黄花菜 53 t。黄花菜种植品种以大乌嘴、大金条为主。在宁夏已经建成千亩以上规模化种植基地 46 个、万亩以上基地 3 个,每亩平均纯收入 3000 元左右;有黄花菜种植户 1.28 万余户、企业及合作社 68 家,建设晾晒场 80 万 m²、冷藏保鲜库 1.95 万 t。2020 年,黄花菜鲜菜产量近 11 万 t,折制干菜产量近 1.42 万 t,黄花菜鲜菜收购价为每千克 3.5～4.0 元,干菜收购价达到每千克 30～32 元,实现产值约 7.5 亿元。预计到 2022 年,吴忠黄花菜鲜菜产量将超过 20 万 t,干菜产量将超过 3 万 t,干菜直接产值将超过 10 亿元。

宁夏地处黄土高原、蒙古高原和青藏高原的交汇地带,大陆性气候特征十分典型,盐池县、红寺堡区、同心县干旱少雨、蒸发量大、日照充足、昼夜温差大、阴雨天气少、土壤疏松通透,这样的气候条件适宜有灌溉条件的地区种植黄花菜,利于采摘期黄花菜的晾晒。所产黄花菜色泽金黄、个体肥硕、油大脆嫩、久煮不烂,菜条长达 10～12 cm,其干制品已成为黄花菜中的优质产品。

(四)河南省

淮阳县位于河南省东南部,地处周口市中心,得天独厚的土壤和气候孕育了淮阳黄花菜七针花蕊的优良品质,淮阳因此被命名为"中国黄花菜之乡"。2008 年 2 月,被国家质检总局认定为"国家地理标志保护产品",被国家工商总局注册为"原产地证明商标"。采取政府扶持,以奖代补,以点带面形式,全县的黄花菜种植面积逐步由最初的不足 1000 亩恢复到 3 万亩基地,辐射带动周边 8 个黄花菜合作社,20000 户黄花菜种植户。产量由以前的每亩 750 kg,增加到现在的 2500 kg,亩产值达到 7500 多元。

(五)陕西省

陕西省大荔县是黄花菜最适生长区,也是全国四大黄花菜产区之一。其黄花菜栽培历史悠久,所产黄花菜针长、色黄、肉厚、味香,伸缩性强,耐挤压,被誉为"西北特级黄花菜",在国内外享有盛名,远销香港、东南亚、日本和欧美,2013 年 3 月获得国家地理标志商标。目前,陕西大荔全县黄花菜种植面积达 6 万亩,亩产鲜菜 1750 kg 左右,可制干菜 250 kg,亩效益可达 1 万元。全县黄花菜总产量 1.5 万 t,产值达 6 亿元,形成 2 个万亩镇 30 个专业村,从事黄花菜生产、加工、销售的人员达到 5 万多人,是西北地区最大的黄花菜生产基地,黄花菜现已成为当地农民增收致富的支柱。

大荔黄花菜地理标志产品保护范围为陕西省大荔县沙底乡、张家乡、苏村乡、下寨镇、官池镇、八鱼乡、羌白镇、石槽乡、韦林镇、西寨乡 10 个乡镇现辖行政区域。海拔 340～360 m,土壤类型为黄沙绵土和沙滩地,质地为沙壤,土层厚度 ≥80 cm,土壤 pH 值 6.5 至 8.5,有机质含量 ≥1.0%。

在品种方面,自 2012 年以来,大荔县农技中心先后从湖南祁东县引进冲里花(祁珍花)、白花、猛子花 3 个品种,从甘肃省庆阳引进马兰黄花、线黄花、火黄花、高葶黄花 4 个品种,但是除了猛子花和高葶黄花在 6 月上旬采摘外,其他 5 个品种不能和大荔黄花菜错期采摘。大荔黄花菜为中熟品种,因此可引进湖南的四月花、五月花等早熟品种提前采收,引进湖南的荆州花、长嘴子等晚熟品种延迟采收,错开采收期。另外,一些抗性强、品质优和产量高的黄花菜优良品种,如山西大同黄花菜、河南淮阳金针(棒子花)、四川渠县黄花菜(青龙花)、江苏宿迁丁庄大菜,都值得引进观察,以便选育出更多适合大荔发展的早、中、晚熟品种。

参考文献

洪亚辉,张文,彭克勤,等,2003. 黄花菜不同品种的 RAPD 分析[J]. 湖南农业大学学报(自然科学版),29(6):496-499.

胡雄贵,洪亚辉,张学文,等,2003. 不同黄花菜品种同工酶分析[J]. 湖南农业大学学报(自然科学版),29(6):506-508.

孔红,王庆瑞,1991. 中国西北地区萱草属花粉形态研究[J]. 植物研究(1):85-90.

李爱华,何立珍,1998. 同源四倍体黄花菜减数分裂行为及其育性的探讨[J]. 湖南农业大学学报(自然科学版),24(1):14-17.

黎海利,2008. 萱草属部分种和栽培品种资源调查及亲缘关系研究[D]. 北京:北京林业大学.

李永平,贾民隆,梁峥,等,2020. 3 种萱草属植物染色体核型分析[J]. 山西农业科学,48(1):32-34,86.

刘广安,付强,王婷美,等,2006. 黄花菜新品种(陈州金针)选育及快繁技术研究与应用[Z]. 国家科技成果.

刘金郎,2005. 黄花菜不同品种杂交亲和力研究[J]. 北方园艺(5):64-65.

刘永庆,沈美娟,1990. 黄花菜品种资源研究[J]. 园艺学报(1):47-52,85.

刘志敏,胡晓华,赵飞强,1989. 黄花菜品种资源聚类分析初探[J]. 湖南农学院学报,15(2):33-39.

任毅,高亦珂,朱琳,等,2016. 萱草属种质资源多样性研究进展[J]. 北方园艺(16):188-193.

任阳,刘洪章,刘树英,等,2017. 萱草属植物研究综述[J]. 北方园艺(20):180-184..

《山西植物志》编辑委员会,2004. 山西植物志[M]. 北京:中国科学技术出版社.

吴征镒,2004. 中国植物志[M]. 北京:科学出版社.

向长萍,李锡香,2014. 黄花菜种质资源描述规范和数据标准[M]. 北京:中国农业科学技术出版社.

颉敏昌,2012. 庆阳市黄花菜品种资源及栽培技术[J]. 甘肃农业科技(1):53-55.

熊治廷,陈心启,洪德元,1997. 中国萱草属数量分类研究[J]. 植物生态学报,35(4):311-316.

杨润芝,2018. 黄花菜生物学特性研究与应用[J]. 河南农业(28):13.

张少艾,李洁,1995. 萱草属植物的种质资源研究[J]. 上海农学院学报,13(3):181-186.

张世杰,张志国,2018. 萱草属植物的起源、分布、分类及应用[J]. 园林(5):5-9.

张杨珠,陈涛,2008. 湖南省主要黄花菜品种生长发育和养分吸收规律研究[J]. 作物研究,2:95-100.

赵建萍,2002. 优异黄花菜品种资源马蔺黄花[J]. 中国种业(11):44.

郑家祯,李和平,赖正锋,等,2018. 国内菜用黄花菜种质资源遗传多样性分析[J]. 福建农业学报,33(10):1030-1038.

周朴华,何立珍,1993. 黄花菜不同外植体形成的愈伤组织再生苗观察[J]. 武汉植物学研究(3):63-68,104.

周裕荣,曾维萍,1995. 黄花菜根系活力及营养物质的周年变化研究[J]. 西南农业大学学报(3):224-227.

朱华芳,罗玉兰,胡永红,等,2009. 萱草属部分种和园艺品种的 SSR 多态性分析[J]. 上海交通大学学报(农业科学版),27(2):143-148.

朱云华,2010. 萱草属(*Hemerocallis* spp.)种质资源亲缘关系及种内杂交新种质选择[D]. 南京:南京林业大学.

第二章 黄花菜生长发育

第一节 生育进程

一、生育期

黄花菜为多年生草本植物,既有多年生生长发育的特点,在一年内又有不同的生育时期。

(一)黄花菜一年中的生育过程

在长江流域一带,黄花菜一年能发生两次叶片。第一次是在2—3月,从短缩茎上萌发出叶片,5—6月抽薹,6—7月花薹不断增长并陆续现蕾,这次长出来的植株称为春苗,是黄花菜花蕾形成与收获的时期。花蕾采收完毕后,地上部分的花薹和叶片逐渐枯死,随即从茎基部又陆续发出新叶,称为秋苗(又称为冬苗),在一般情况下秋苗不抽薹开花,到冬季遇霜逐渐枯死,地下部分能耐较长时间的严寒,在−10 ℃以下较长时间也不致冻死,到第二年春天又再萌发春苗。从黄花菜春苗的全生育期来看,早熟种最短约130天,中熟种在170~200天,晚熟种在200天以上。

(二)一生中生长发育过程

一般生长15~30年,最长可达50年以上。一生经历幼苗期、幼株期、成株期和衰老期。种植后1~2年植株分蘖少,较少开花;3~4年后植株始收花蕾,之后进入盛产期,可连续采收7~8年。采收10年后,因分蘖多,节位升高,根系分布浅,逐渐进入衰老期,花蕾减少,采收期缩短,产量降低,需再次分株更新。

二、生育时期

在黄花菜生育期中,根据植株的形态变化,可以人为地划分为一些"时期"。李进等(2019)结合山西省大同地区实际,把黄花菜在1年中生育时期分为5个时期,即春苗生长期、抽薹现蕾期,开花采收,冬苗生长期、休眠期。

(一)春苗生长期

春苗生长期是指黄花菜幼苗萌发出土到花薹开始显露前。一般当月平均温度达5 ℃以上时,幼叶开始出土,叶片生长适温15~20 ℃,此期长出16~20片叶。随着温度的升高,叶片迅速生长。不同品种间,苗期天数和活动积温不同,四月花与荆州花的苗期在40天以上,活动积温450 ℃·d以上;马莲黄花苗期长达71~73天,活动积温需550 ℃·d以上。黄花菜萌芽后到抽薹前,叶片迅速生长,尤以3—5月份生长最快,5月底至6月下旬抽薹后,同化物质大多供给花薹生长,叶片数目及大小增长缓慢。春季每个分蘖抽生的叶片数目为16~20片,随品种、土壤、气候及肥水管理而异。叶片少的,如重阳花、白花仅约 15 片,多的如茄子花可达 22 片。春苗是黄花菜营养生长的盛期,它主要为当年开花制造营养。因为春苗生长的好坏直接关系到当年的产量,所以开春后早追肥、灌水,促进春苗早发旺长,是增加当年产量的关键所在。

(二)抽薹现蕾期

抽薹现蕾期一般指黄花菜花薹露出心叶到花蕾开始采收,大约 1 个月的时间,为抽薹现蕾期。花薹通常于 5 月中下旬开始抽生。花薹初抽生时先端由苞片包裹着,呈笔状,渐长后发生分枝并露出花蕾。从出现花蔓到开始开花,约需 25 天。在每个花蔓上用肉眼能看到的花蕾数,开始很少,仅 3~5 个,以后逐渐增多,到开始开花时花蕾数可达 58 个以上,这时花薹先端还在不断地分化小花蕾。黄花菜抽薹现蕾期对水分很敏感,缺水时抽薹延迟,花薹少而细,有的不抽薹,同时花蕾也小,并大量脱落。5 月上旬充足灌水,使根层土壤全部湿润,对促进花薹发生有重要作用。

(三)开花采收期

黄花菜从开始采收到结束所需的时间,依不同品种和管理情况,变动于 30~60 天之间。一般早熟种与晚熟种时间短,中熟种时间长,肥水条件好的,花期可以延长。采收期间,花芽还在不断地分化和发育,开花期的长短,直接关系到产量的高低,所以仍需及时灌水、追肥。一个长约 2 cm 的花蕾,距离开花的时间需 7~8 天。初期花蕾生长很慢,开始 3~4 天,每天伸长 0.1~0.5 cm,但于开花前 3~4 天,则生长迅速,每天伸长达 2 cm 左右,故严格掌握采收期,做到适时采收十分重要。采收最好是在花蕾裂嘴前 2 小时左右进行,这时采收的产量高,品质好。

(四)冬苗生长期

黄花菜抽出花薹后,花薹下部的腋芽陆续萌发生长的苗子谓之冬苗。冬苗的旺盛生长是在花蕾采收完毕,特别是当春苗提早枯萎,或受到机械损伤后,极易大量萌发。一般认为,春苗生长的好坏直接关系到当年的产量,而冬苗主要将光合作用制造的有机物贮积于根和短缩茎内,供来春发芽生长。所以冬苗生长的好坏,主要影响明年的产量。

(五)休眠期

霜降后黄花菜植株的地上部枯死,进入休眠期。休眠期应注意在地面雍土(培蔸),防止短缩茎露出地面;同时做好冬灌,为来年春苗早发快长奠定基础。一般黄花菜根状茎上每个分枝的当年生根状茎的顶芽于第二年 7—10 月份开始分化成花芽,第三年 5 月份抽生花薹,6 月份开始采收,9 月份果实成熟。秋后在花薹基部产生离层,自然枯黄脱落。所以,从一个叶芽原基出现到分化花芽,开花结果,完成整个生育期,共需 3 年时间。其间分为花芽未分化期、生长锥开始分化为花序原基期、花序总轴形成期及雌雄蕊形成期四个时期。

方平(2004)、罗志勇等(2017)等分析黄花菜的生育特性和干物质积累规律时,根据春苗的生长发育特点,把黄花菜生育时期分为幼苗期、抽薹期和结蕾期 3 个时期:

幼苗期是指从幼苗出土到花薹显露这个周期,旬均温 5 ℃以上时幼苗开始出土,叶片生长最适温度为 15~20 ℃,在此期间黄花菜植株会长出 16~20 片叶。

然而,不同品种的出苗时期及苗期长短亦有不同。据湖南省邵东县农业局 1982 年观察,以细叶子花出苗最早,在 1 月 18 日即出苗。最早熟的四月花则到 2 月 18 日才出苗,与中熟种荆州花相近。若以苗期天数与活动积温来比较,四月花与荆州花的苗期在 40 天以上,活动积温在 450 ℃·d 以上,晚熟品种细叶子花则与中偏早的茶子花、炮筒花等相接近,苗期长达 71～73 天,活动积温在 550 ℃·d 以上,比四月花、荆州花积温多 100 ℃·d 左右。由此看出不同品种的出苗先后及苗期长短与熟性没有相关性。

从叶片萌发到抽薹前期,黄花菜的叶片迅速生长,抽薹后大多数同化物质供应花薹生长,植株进入生殖生长阶段,叶片数目与大小逐渐减少直到停止。据观察在长沙地区黄花菜不同品种的叶片增长,均以 3 月到 5 月生长较快;随着抽薹的先后,叶片生长逐渐缓慢。其中四月花抽薹最早,尽管其出苗较迟,到 5 月底叶片基本停止增长,中熟种的茶子花与茄子花到 5 月底仍在缓慢生长,而成熟种细叶子花出苗最早,叶片的生长一直要到 6 月下旬才明显减慢,叶片生长期最长。春季每个分蘖抽生的叶片为 16～20 片左右,据各地材料报道,不同品种抽生的叶片数不等,同时叶片的数目与土壤当年气候条件及培肥管理技术都有一定的关系。

抽薹期是指从花薹露出心叶到开始采摘花蕾这个周期。从 5 月中、下旬起,不同品种陆续从植株侧 8～9 片叶的叶腋间抽生出花薹。花薹抽生之前一个多月,在叶芽基部一侧已显现出乳状凸起,花薹缓慢生长。据观察 4 月初将叶片剥除,四月花已显现 2.5 mm 长的花薹,茶子花的花薹长度约为 2.0 mm。因此有人主张将这一段时间称为孕薹期。

从现有观察的资料来看,这一时期早熟种最短,中熟种次之,晚熟种最长。花薹露出心叶后迅速生长,一直到采收前期仍在缓慢生长。这时薹的生长与幼蕾的分化数有关。黄花菜进入采摘以后,花薹还在不断生长,据周更新(1985)观察五月花、高垄子花、紫兰花、茄子花等品种,以紫兰花的花薹的增长最明显。据测定茄子花采摘期内花薹的增长与花蕾数目的分化增多呈正相关,其相关程度可达极显著水平。不同熟性品种的抽薹时间与薹期长短表现出一定规律。据 1982 年观察,早熟品种四月花薹期为 24 天,比中熟种荆州花抽薹早 29 天,薹期短 5 天,比晚熟种细叶子花抽薹早 38 天,薹期短 8 天。

结蕾期是指从开始采摘花蕾到全部采摘完毕这个周期,这一时期的长短决定者黄花菜产量的高低。从湖南省邵东县所栽各品种来看,一般早熟种与晚熟种采收期均较短,为 35～40 天。中熟种采收期可长达 60 天以上,当肥水条件好时还可能延长。但由于后期花蕾数减少,再要蒸晒等很不方便,已没有商品价值。晚熟种一般蕾期为 40 天左右,蕾期的长短受天气情况影响较大。花蕾充分长大到开花,一般要经过松苞、破嘴然后开放。各品种开花时间一般为下午 5 时左右,少数品种时间较早,如五月花在下午 4 时就可能开放。天气变化对开花时间有一定影响,连续晴天开花时间延迟,连续雨天开花期会明显提早,当雨后连续晴 2～8 天,开花期又恢复正常。

另外,张建文等(2019)以黄花菜品种茄子花和大花萱草品种宿迁 3 号 2 个萱草属植物为试材,研究其花器官在自然衰老过程中的阶段划分,将黄花菜在花蕾阶段进一步划分为初蕾期、中蕾期和成蕾期 3 个时期,将开花阶段划分为开口期、初开期、盛开期、始衰期、衰败期和落花期 6 个时期。

三、生育阶段

一年中黄花菜分为 3 个生育阶段:2 月至 3 月中旬为萌芽期,3 月中旬至 5 月下旬为展叶期,是营养生长阶段;5 月下旬至 6 月中旬为抽薹期,是营养生长向生殖生长过渡阶段;6 月中旬至 7 月上旬为萌蕾开花期,7 月上旬至 8 月上旬为采后枯叶期,8 月上旬至秋季初霜前为秋季展叶期,霜后到翌年 1 月为休眠期,如图 2-1 所示。各阶段主要栽培措施包括栽培方式、栽培技术及病虫防治。

时期		苗期	生育时期	生育阶段	图示
2月		春苗	苗期	萌芽期	
3月	上旬				
	中旬			展叶期	
	下旬				
4月	上旬				
	中旬				
	下旬				
5月	上旬				
	中旬		薹期	抽薹期	
	下旬				
6月	上旬				
	中旬			萌蕾开花期	
	下旬		蕾期		
7月	上旬				
	中旬			采后枯叶期	
	下旬				
8月	上旬	秋苗		秋季展叶期	
	中旬				
	下旬				
9月					
10月					
11月			休眠期		
12月					
1月					

图 2-1　黄花菜生育时期和生育阶段对应关系

四、黄花菜性器官的分化与形成

程沛霖等(1983)观察研究,黄花菜的性器官分化可分为花芽未分化期,生长锥开始分化花序原基期,花序总轴形成期,雌雄蕊形成期。

(一)花芽未分化期

黄花菜根状茎的生长形式为合轴分枝式,顶芽循序转变成花枝,结束其生命过程。所以,黄花菜的花芽就是由根状茎上每年形成的分枝顶端的芽分化成的。一般每个分枝的当年生根状茎段的顶端有1~2个发育饱满的芽,其中居顶芽位置的芽生长充实而较大,即顶芽。在顶芽的一侧,有时还有一个发育较饱满的侧芽。营养和管理差的田块侧芽较少。顶芽在第2年的7—10月开始分化为花芽。从头一年在当年生分枝顶芽上出现叶芽原基时起到第2年顶芽生长锥开始膨大这一阶段,就是黄花菜花芽的未分化期(图2-2)。侧芽在有空间和肥水条件好的情况下,第

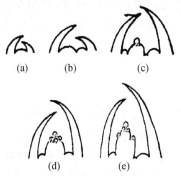

图 2-2　黄花菜花芽的分化过程(程沛霖 等,1983)
(从(a)至(e)为显微镜下观察到的花芽生长过程)

二年也能分化为花芽,但多数侧芽随同其着生的根状茎段一起隐存下来(图 2-3)。

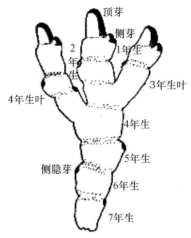

图 2-3　黄花菜的侧隐芽

(二)生长锥开始分化花序原基期

这个时期可分成两个阶段:第一个阶段从 7 月下旬至越冬休眠。其特征是顶芽生长锥开始膨大到花序原基出现。黄花菜花序原基出现最早在 7 月 26 日左右,当时植株在地面上具有功能的叶片已达 11～13 片。花序原基是由顶芽生长锥分化的,顶芽生长锥分化花序原基时和产生叶芽时比较,在形态上的差异不甚明显。在解剖镜下观察,仅见花序原基阶段较营养生长锥时期显著隆起并较大(图 2-2b)。进一步分化的结果是花序原基的生长锥不断向上生长,但到越冬前停止生长,这时花序原基的形状如牛奶头型,其生长锥呈一个水晶圆亮的珠状体(图 2-2c)。它旁边的侧芽(叶芽)略比花序原基稍高些。此时,顶芽从外形上已由上尖下圆的锥形变为平而扁的饱满芽了。第二个阶段是在翌年开春后,越冬芽破土而长,其特征是随着植株的迅速生长,花序原基也逐渐长高,并在其生长锥的周围开始分化有 5～6 个圆珠状体。这个阶段的分化高峰在 3 月 24 日到 4 月 5 日,花序原基从 0.04 cm 长到 0.14 cm,苗高在 10 cm 以上。

根据观察黄花菜的花序原基,最初出现在 7 月下旬。但在采摘终期已到 8 月上、中旬,一些管理粗放的植株,花芽开始分化相应延迟,一般到 8 月下旬至 9 月上旬才开始膨大。所以,各黄花菜植株间,它们在当年的分化程度相差也较大。另外,每年因雨水的多少及气温的高低,其花芽分化的时期也有提前或推迟现象。所以,当黄花菜植株经霜冻全部枯黄后,还可根据越冬芽的外形及饱满程度来鉴别它的分化程度,即饱满芽呈上部扁平、下部圆满、生长充实,其分化程度就越高,叶芽呈上尖下扁的锥形且生长细弱,中间芽是将要开始分化或分化程度较差的花芽。在田间管理上,当黄花菜采摘结束不久到越冬前,应追施一次化肥或已充分灌制好的农家肥,做到壮芽精施、弱芽多施、看芽施肥,可大大促进黄花菜的主芽多分化成花芽。另外,冬前在其根部拥土能有效地防止黄花菜根状茎逐年抬高而造成生长势衰退,甚至过早更新。

(三)花序总轴形成期

随着植株的继续生长,花序原基在这一时期开始是横向生长加速,膨大如椭圆形。其顶部的每一个珠状体的细胞分裂加速,并向外迅速分化形成第一分枝苞片。在分枝苞片的腋间又向外分化出一个小突起,这个小突起就是分枝原基图。这在 4 月 12 日的样株中首次出现,株高 20.3 cm,花序原基高 0.3 cm。随着花序原基迅速向上生长,一片片的分枝苞片和一个个的分枝原基相继形成,节间也渐渐明显,到5月上旬花序总轴初告完成,一般有2~7个分枝。

黄花菜在这个阶段是营养生长最快的时期,其植株在地上已生长具有功能的叶多在10片以上。同时,也是花序原基的分化高峰期。对每株黄花菜来讲,当年能有几个分枝,有多少花蕾这时已成定局。为了保证黄花菜的丰收,除进行锄草松土等管理外,要早灌头水,以保证黄花菜在休眠后,及早返青时土壤中有充足的墒情,促使苗齐苗壮。尤其在深井灌区,常因井水水温过低,迟灌往往造成地温明显下降,返青期推后或幼叶叶尖发黄。适宜的灌期应在早冻午消时最好。"立夏"前后灌2水,结合灌水再根据黄花菜田块的肥、瘠,市场供应化肥品种的不同,每亩追施4~7.5 kg尿素,可促使黄花菜多抽生有效花葶。

(四)雌雄蕊形成期

到5月10日当黄花菜植株在地上具有功能的叶片达到11~12片时,花葶已迅速长高,各分枝也加快伸长,分枝顶端的锥状隆起这时开始向外分化形成一个很小的三角形苞片,在小三角形苞片的腋间又分化出一个小突起,这个小突起就是花蕾原始体,进一步分化的结果是花蕾原始体顶端周围的细胞分裂十分活跃,逐渐使其顶部四周膨大呈三嘴形凸起形成雏蕾。在5月17日的样品里花葶高3.6 cm,花蕾就更多了。随着分枝的不断生长,其生长锥陆续分化出一片片小三角形苞片,在每个小三角形苞片的腋间又分化出一个个花蕾原始体。据观察一个分枝最多可分化形成花蕾14朵以上。5月31日花葶平均高已达27 cm。这时在最先发育长成的花蕾中,雌雄蕊及子房已完全形成。据观察其发育过程是:花被是由花原基顶端四周的细胞分裂向上生长形成的。花被为2轮6片,外轮3片厚而较窄,内轮3片薄而较宽,花被基部合生呈筒状。子房是因花原基在形成花被时,由于花原基顶端中央部分组织逐渐下陷,并经过细胞分裂而发育成子房。子房3室,每室具多数胚珠。柱头原基是由子房顶端突起部分进一步分化,并逐渐伸长为细长的柱头。雄蕊是由花被和子房之间的组织分化出一条条纵向的条状突起,由这些条状突起进一步发育成花药和花丝,花粉一般在花朵开放前3~4天成熟,雄蕊着生于花被管的上端,共有6枚,每枚花丝上具有一枚花药,花药背着或近基着。一般在5月下旬到7月下旬花器陆续形成,6月上、中旬开始采收。花期30~65天。黄花菜的花序为聚伞花序,有2~7个分枝,11~73朵花蕾。结蒴果、矩圆形、室背开裂。种子黑色发亮,每个果实内有种子3~7粒,种子有棱角,形如荞麦籽。这个阶段在管理上要经常注意保持土壤湿润疏松,做到看苗施肥,在黄花菜采收初期,结合灌水,再追施一次化肥,有显著的增产效果。在田间调查管理精细的田块,每株花葶每天能采摘1~3朵花蕾,平均蕾长为15 cm,重达4 g,在管理粗放、瘠薄的旱地,每株花葶隔1~3天才采摘1朵花蕾,平均蕾长仅12 cm,单蕾重约3.1 g。为了防治黄花菜的落蕾,还可在采收期进行叶面喷磷、赤霉素等农药,要认真做到适时采摘,随采摘随加工,确保丰产丰收。

对黄花菜器官分化与形成方面的研究,不同学者也进行了相关的研究。周朴华等(1993)认为花药长度、花粉粒大小可作为判断花粉母细胞减数分裂过程及花粉粒发育阶段的形态学指标;他们通过研究黄花菜花粉母细胞分裂和花粉粒发育,发现花粉母细胞的胞质分裂为连续型;四分体为两侧对称型,在小孢子发生过程中,花粉母细胞的壁发生变化,从粗线期开始逐渐沉积胼胝质,四分体散开时胼胝质溶解。黄花菜成熟花粉为二细胞花粉,属双核型花粉粒,营养核呈变形虫状,生殖细胞停留在分裂前期。

吴新莉等(1990)曾从黄花菜花粉粒中分离出生殖细胞,在含多种附加物以及花药作饲养物的K或MS琼脂糖培养基中进行离体培养,部分细胞发生一次核分裂,形成二核细胞,其中少数诱导了二次核分裂,形成3~4个核细胞,个别细胞中似乎同时发生胞质分裂形成二细胞结构。显微观察表明,生殖细胞呈纺锤、椭圆和圆球等形状,它们均能启动核分裂,但以圆球形细胞效果最佳。第一次核分裂有均等与非均等分裂两种方式,二者出现的概率相近。这是分离的生殖细胞在培养条件下启动发育的首次报道。郝建华等(1996)介绍,在被子植物中,珠心作为母体孢子体组织的重要组成部分,孕育子代发育的起点——大孢子,又进一步滋养和哺育着大孢子发育成雌配子体以至形成种子。

申佳恒等(2005,2006)利用常规石蜡切片技术对黄花菜大孢子和小孢子的发生及雌、雄配子体发育进行了研究,发现黄花菜花药壁发育为单子叶型,小孢子母细胞减数分裂的胞质分裂为连续型,小孢子四分体排列为左右对称型和四面体型;成熟花粉为二细胞型,花粉为椭球形,具有一个萌发沟。生殖细胞呈现前期至早中期核形态,双珠被,薄珠心,倒生胚珠,珠心表皮下的雌性孢原直接发育为大孢子母细胞,减数分裂产生线形四分体,合点端大孢子为功能大孢子。雌配子体发育为蓼型,记录了雌、雄配子体发育的对应关系。成熟胚囊里,反足细胞早期退化,助细胞无钩状结构并具发达的丝状器以及中央细胞内没有明显大液泡是黄花菜胚囊发育的重要特征。另外,他们还对黄花菜受精过程进行了详细的研究,发现授粉后1~2小时花粉在柱头上萌发长出花粉管,只有生殖细胞进入花粉管内;花粉管在花柱道内生长历经20~22小时,生殖细胞分裂形成2个精子;花粉管在子房室中轴胎座表面生长历经2~4小时,授粉后26~28小时花粉管进入1个助细胞,释放2个精子;精卵融合经历4~6小时,形成合子,精核与次生核融合经历2~4小时,形成初生胚乳核;自花粉在柱头萌发至合子形成,受精过程持续总时间为29~36小时,合子分裂发生在授粉后39~48小时。这些研究结果对黄花菜遗传育种与分子育种具有重要意义。

赵月婵(2012)利用电子显微镜技术对黄花菜的成熟胚囊以及受精后胚囊的超微结构特点进行研究,研究结果表明:(1)助细胞的退化进程。早期的胚囊两个助细胞同时存在,并在形态上没有区分。花粉管进入一个助细胞后,此助细胞开始退化,细胞核呈不规则状,靠经卵细胞一侧,核内染色质凝集成高度螺旋缠绕的染色质,出现大量的脂类物质,细胞器退化只剩轮廓,依稀可分辨内质网和线粒体。当此细胞细胞质高度不透明时,另一助细胞开始退化,其退化过程与前一退化的助细胞相同。在助细胞、卵细胞和中央细胞之间有不透明的电子致密体。丝状器仍旧存在,但形态已变小趋于靠近珠孔端,且内部电子透明体增多。宿存助细胞到合子后期才会退化完全。(2)受精前、后的卵细胞,卵细胞的代谢水平较助细胞低。卵细胞合点端的细胞壁受精前呈蜂窝状,卵细胞核位于合点端,核仁明显,无明显的核液泡的存在。受精前的卵细胞没有明显的大液泡,但有大量的小液泡的存在,细胞器呈绕核周分布的状态,线粒体和造粉质体较多,在液泡旁还伴有大量的脂滴,其他细胞器少见。合子的细胞壁的建成是个渐进的过程,从蜂窝状的壁到完整的壁。受精后合子进入休眠期,核仁变小,极性减弱,细胞趋于圆球形,且形状变小呈代谢不活跃状态。(3)受精前、后的中央细胞,受精前大多数中央细胞的极核已融合为次生核,次生核靠近卵细胞的合点端。核仁有大而浓密的显微区和明显的颗粒区,无明显的核液泡的存在。细胞质呈绕核分布状态,其他主要有质体、脂体、内质网、线粒体和高尔基体,以及绕核分布的小液泡。次生核受精后形成初生胚乳核。初生胚乳核的核膜呈不规则状态,胞质中的细胞器数量增加,质体数量减少,脂体数量大量增加,线粒体内嵴明显,表明细胞处在代谢活跃的状态。

甘肃庆阳、陕西大荔、山西大同、湖南祁东、江苏宿迁、浙江缙云是中国黄花菜六大主产区(赵晓玲,2015)。各地农艺工作者为了促进黄花菜产业的发展,对其栽培模式和技术进行了广泛探索,并取得了一定的成效(龚丽霞 等,2012;彭国强 等,2014)。但是,黄花菜种苗的生产目前仍采用分株、芽块、切片等传统繁殖方法,不仅繁殖系数低、速度慢、周期长,还容易造成品种退化,难以满足种苗大规模生产的需求,限制了黄花菜产业的快速发展(张秀珊 等,2006)。植物组织培养技术能在无菌条件下将离体的植物器官、组织、细胞等,在人工配制的培养基上,经过脱分化和再分化形成完整的植株(闫钊,2015)。与传统的繁殖方式相比,植物组织培养技术不仅能极大地缩短种苗的生产周期,大幅度增加繁殖系数,还能保持母本的优良性状,降低发生变异的概率,有利于实现种苗的快速繁殖、品种提纯,甚至工厂化生产(刘振祥 等,2007)。以黄花菜为材料进行比较系统的细胞工程研究,可为黄花菜优良品种的快速繁殖奠定一定的理论基础。

周朴华等(1993)对黄花菜不同外植体愈伤组织的形成和植株再生进行了研究,结果表明,出愈率是花柄＞花茎＞叶片。愈伤组织在 MS＋6-BA(2 mg/L)的培育基上出现致密愈伤组织颗粒,经增殖→分割→增殖的程序逐渐形成"球状体"似的愈伤组织。叶片、花茎形成的球状体经 20 代继代培养,再生能力没有减退,苗形态正常,根尖细胞染色体数目为 $2n=2x=22$。该球状体经秋水仙素处理获得多种形态的四倍体苗和少数重复加倍现象。花柄球状体再生苗中出现了叶片花瓣状或类似花蕾状的形态异常苗,其频率与花柄所处的花期及花蕾大小有密切关系。再生异常苗的球状体继代培养,或者由异常苗叶片重新形成的球状体仍然再生异常苗。花柄球状体经秋水仙素处理,获得的变异株其染色体数目类型较多。因而不宜用花柄作黄花菜快速繁殖的外植体。苏承刚等(1999)以根状茎为外植体进行组织培养,再生的黄花菜幼苗长势强,但只有取春季刚长出的幼嫩根状茎,才易于培养。赵国林等(1989)、朱靖杰等(1996)、唐世建等(2003)以花器官为外植体进行组织培养,发现花茎、花柄、花蕾都能形成完整的黄花菜植株,但花器官的取材受到开花季节的限制,难以实现种苗的大规模工厂化生产。

半粒法不仅不受季节的限制,而且能够成功诱导出愈伤组织和完整植株,是一种比较简单实用快速的植株再生方法。韩志平等(2018a,2018b)以大同黄花菜为材料,采用半粒法取其种子的胚芽端,接种在普通 MS 培养基上诱导愈伤组织,然后在 MS＋6～BA(2 mg/L)＋NAA(0.1 mg/L)培养基上诱导分化成芽,继代培养后抽生叶片,最后在 1/2MS＋NAA(0.2 mg/L)的生根培养基上壮苗生根。结果表明:接种的种子胚芽端约 1/2 分化成芽并抽生叶片,其中部分诱导生根形成了完整的黄花菜幼苗。这也证明了半粒法操作简便、经济实用,可应用于大同黄花菜的快速繁殖(图 2-4,图 2-5)。其组培苗的发生途径为:胚芽端→胚轴突出→分化出芽→抽生叶片→诱导生根→幼苗。

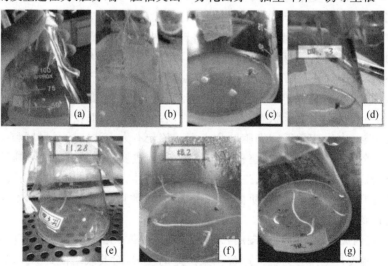

图 2-4　黄花菜种子组织培养不经愈伤组织直接发育为芽的各阶段生长情况
(a)为材料的胚轴突出;(b)为突出部分发育为淡黄色的芽;(c)为芽从淡黄色变为绿色;
(d)为芽开始抽叶;(e)为叶片生长旺盛;(f)为诱导生根;(g)为根的继代生长

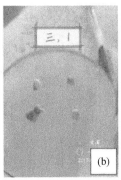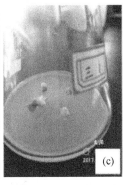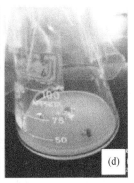

图 2-5　黄花菜种子组织培养只形成愈伤组织不分化为芽的各阶段生长情况

(a)为接种；(b)为愈伤组织的诱导；(c)为愈伤组织的生长；(d)为愈伤组织的继代。

第二节　环境条件对黄花菜生长发育的影响

黄花菜的生长发育过程既受自然因素的影响，也受到人为因素的影响。

一、自然因素对黄花菜生长发育的影响

(一)温度的影响

1. 出苗的三基点温度　生产中黄花菜的繁殖方式多样，有播种种子繁殖、分株繁殖，扦插繁殖等。

种子出苗的三基点温度，即最低温度、适宜温度、最高温度。在最适温度下，作物生长发育迅速而良好；在最高和最低温度下，作物停止生长发育，但仍能维持生命。如果继续升高或降低，就会对作物产生不同程度的危害，直至死亡。

黄花菜喜温暖的天气，非常怕寒冷，但黄花植株的地上和地下部分对温度的感应不同。地上部分不耐高温，也不耐低温，地下部耐 $-10\ ℃$ 低温。春苗收花后，南方高温来临便自行萎黄；北方遇低温霜冻便全部枯萎。但地下部分的根系和短缩茎耐寒力极强，在 $-45\ ℃$ 的严寒地区，仍可安全越冬。春天天气回暖气温在 $5\ ℃$ 时，幼苗就会生长，叶片最适宜生长的温度是 $15\ ℃$ 以上，花蕾最适宜生长的温度是 $30\ ℃$。抽薹开花期间，温度若较高，昼夜温差较大，则植株生长旺盛，抽薹粗壮，花蕾着生多。黄花花芽分化后，适宜的温度对花芽发育和花茎伸长影响很大。如果低于 $18\ ℃$，抽薹受阻，$20\ ℃$ 以上时，温度越高，花茎生长速度越快，但超过 $30\ ℃$ 时，花茎生长发生异常，表现为花茎细弱。冬天进入休眠期，地上的叶子就会全部枯死。但是地下的根部茎部可以承受 $-38\ ℃$ 的低温。

秦雅娟等(2020)根据多年(2010—2019 年)实地观测，发现当平均气温达到 $5\ ℃$ 左右时，黄花根状茎上的腋芽开始萌动出苗。叶丛生长的最适合温度 $14\sim20\ ℃$，抽薹适温 $20\sim30\ ℃$，开花适温为 $25\sim30\ ℃$。晋北黄花主产区日平均气温达到 $5\ ℃$ 及以上的日期，平均为 4 月 6 日，最早出现在 2014 年 3 月 22 日，最晚出现在 2010 年 4 月 30 日。近 10 年日平均气温达到 $5\ ℃$ 及以上的日期呈提前趋势，10 年提前 18 天，与全球气候变暖一致，随着春季变暖，黄花菜萌

动期呈提前趋势。萌动期提前,相应的其他发育期亦提前,有利于黄花菜提前上市,增加农民收入。

2. **积温效应** 黄花菜的不同品种间,所需活动积温不同。如四月花与荆州花的活动积温在 450 ℃·d 以上,晚熟品种细叶子花则与中偏早的茶子花、炮筒花等相接近,活动积温在 550 ℃·d 以上,比四月花、荆州花积温多 100 ℃·d 左右。

(二)光照的影响

1. **日长(光周期)的影响** 黄花菜是长日植物,即只有当日照长度超过临界日长(14～17 小时),或者说暗期必须短于某一时数才能形成花芽的植物。其花芽分化和开花需要长日照条件。黄花菜又是 C_3 植物,通过卡尔文循环完成光合作用的暗反应。花期的长日条件有利于光合作用的进行和光合产物的积累。在生产中可以通过种植日期的调整,使其花芽分化和花期处在长日条件下。

黄花菜对光照强度适应范围广,在树冠下半阴处也能正常生长,故可作果园、桑园的间作物。但黄花属长日照植物,强光有利于光合作用和养分的积累,促进花蕾的形成。阳光充足时生长繁茂,早熟高产。尤其是盛花期,阳光充足,花蕾形成的多而粗壮。秦雅娟等(2020)等多年研究发现,黄花菜主要生育期光照时数平均为 1234.7 小时,最大出现在 2016 年为 1291.9 小时,最小出现在 1114.7 小时,近 10 年黄花主要生育期日照总时数呈增加的趋势。日照时数增加,有利于黄花光合作用,以及花蕾形成,若采摘期光照充足,有利于黄花菜晾晒收获。

2. **光照强度的影响** 李军超等(1995)研究结果表明,黄花菜植株能够在相对光照强度为 12%～100% 的条件下正常生长发育,且不影响经济产量。随着生境相对光强降低,植株花葶高度增加;单叶面积增大,单株叶片数量减少;总生物量增量减小;地上部分生物量与地下部分生物量的比值升高;光合速率日变化的差异较复杂。

(三)水分的影响

黄花菜是一种喜水作物,抽薹前一般需水较少,抽薹是大量需水的临界期,到开花(尤其是盛花期)需水最多。如果缺水,花蕾萎缩、变黄、脱落,严重时叶片枯黄,如供水充足,花蕾多、发育快,花蕾大而肥,开花的时间也会提前,产量也高。但水分过多对生长也不利,如遇连阴雨或地势低洼,排水不良或地下水位过高,容易发生病害死苗。平地种植黄花,既要保证及时灌溉,又要注意雨季开沟排水。黄花虽是喜水作物,但有较强的耐旱力,即使种植在瘠薄干旱的山坡地,也能良好生长,在 40～60 天的伏旱情况下,地下部分仍能成活,只是地上部分叶片萎黄。

黄花菜的根部非常发达,特别是其肉质部,不仅可以储存营养还可以大量储存水分,因此只要是在其生长过程中有水分,就会存贮下很多的水分。另外,黄花菜地上的部分也有很强的保水性,尤其是叶子长得非常窄的黄花类型,比那些叶子宽大的类型耐旱性更强,在一些水分不多的地方就可以生长;开花的时候,黄花菜对水量的要求特别大,此时水分不足就会造成花蕾变得萎缩、枯萎、变黄甚至掉落。但土壤里的水分过多也会阻碍根部呼吸,且易产生病虫害,此时需要做好田间积水的排水工作。

秦雅娟等(2020)多年研究结果表明,近 10 年黄花主要生育期总降水量呈增多趋势,有利于黄花菜的生长发育及产量的形成。赵晓玲(2010)进行了黄花菜抽薹期、蕾期灌水量对黄花菜生长发育和花蕾产量的影响研究。结果表明:甘肃陇东旱塬地区黄花菜抽薹期和结蕾期灌水,可以促进叶片、花葶和花蕾生长,降低了落蕾率,有效花蕾增多,单花蕾鲜重增加,鲜花蕾的总产量增加。经济灌水量以 1350 m^3/hm^2 为宜。

（四）土壤的影响

黄花菜种植要选择 pH 值为 7 左右的土壤,其幼苗经常会受到盐碱的伤害,随着幼苗的不断生长,其耐盐碱力也不断提高,当土壤中的含盐量为 0.6％时,高粱等作物是基本不能生长,但黄花菜却可以。另外,黄花菜发达的根部还可以抑制土地中盐分的不断上升,以此来减轻盐碱的危害。

黄花菜对土壤有较强的适应能力。微酸性和微碱性(pH 值 5～8.6)的红壤、黄壤均可栽植。平川、山坡、河沟旁、房前院后、田埂、二阴下湿地都可种植。黄花要求土壤疏松、土层深厚,以利形成强大的根系。种植前要深翻、深刨、施足有机肥料。各类土壤对黄花的生长发育影响也不同。在沙性土中,一般表现早熟、不稳蕾,产量偏低;在黏性土壤中成熟偏晚,不易落蕾,经济性状较好。以中性壤种植最好。

（五）肥料的影响

黄花菜是喜肥作物,当肥料充足时植株生长旺盛,易获高产。氮肥不足时植株矮小、色淡、分蘖少,营养生长不良;氮肥过量,营养生长旺盛,有的叶片宽达 3 cm,但花芽难以形成,分化的花蕾少而小。因此,氮肥需多施,但不宜过量。氮素充足时,可促进植株健壮生长,叶片增大,叶绿素多,光合作用强,产量高。磷元素充足时,促进根系生长,增强分蘖能力,有利于从营养生长转入生殖生长,增强萌蕾能力,并可提高抗旱、抗寒、抗病能力,增加产量,提高品质。钾供应充足时,组织坚韧,生长健壮,抗病力强,中后期能使花葶抽生整齐粗壮,花蕾发育长而肥大,萌蕾力增强,延长收采期,增强品质。黄花菜肥料施用应以有机肥为主(尤以人粪尿最佳),氮、磷、钾适当配合,这可防止叶片疯长。且在黄花的整个生育阶段“四肥”(春苗肥、催芽增蕾肥、壮蕾肥、冬苗肥)要严格把关,缺一不可。生产实践证明,每产 50 kg 干菜,需纯氮 5～6.5 kg,五氧化二磷 3～4 kg,氧化钾 4～5 kg。氮、磷、钾三要素之比例为 1∶0.6∶0.8。如亩产 250 kg 干菜,需补施纯氮 25～32.5 kg,纯磷 15～20 kg,纯钾 20～25 kg(万惠恩,2003)。

黄花菜生长发育受到肥料种类、施用方法以及施用量等因素的影响。张守信等(1989)连续 3 年对全村不同土壤,不同品种,不同菜龄的 15 亩黄花菜田,进行了喷施稀土(农乐)的试验示范。结果表明,在黄花菜生长旺盛期(5 月中旬),每亩喷施 50 g 硝酸稀土元素,能使黄花菜大幅度增产,平均每亩增产成品干菜 14.57 kg,增产 13.1％,每千克干菜按 5 元计算,亩增值 72.8 元,经济效益十分可观。

王盼忠等(2007)的研究表明,在晋北高寒地区,土壤缺钾比较普遍,在土壤缺钾较重的情况下,黄花菜追施钾肥具有明显的增产效果,可提高黄花菜植株的抗逆性,增加花蕾数,降低落蕾率,提高黄花产品质量,黄花菜以亩施硫酸钾 10 kg 的增产效果最佳,对于不同的土壤,养分含量不同,钾肥的使用量应该视具体情况而定。孙楠等(2006)利用田间试验方法,研究了两种不同镁含量的复合肥对黄花菜生长和产量的影响,结果表明,两种含镁复合肥对促进黄花菜生长发育,提高黄花菜产量和抗病能力均具有良好效果,其中含镁量较高的镁肥 II 增产效果更优,比不施肥处理增产 57.4％,比施氮磷钾处理增产 32.8％,比含镁较低的镁肥 I 增产 14.5％。

张国伟等(2019)通过田间试验研究不同施氮量对金针菜产量、品质和钾的吸收利用的影响,结果表明,增施氮肥提高了金针菜不同生育阶段的钾吸收量,以抽薹到现蕾期钾吸收量增量最大。与不施氮肥相比,施氮肥 50 kg/hm²、100 kg/hm²、150 kg/hm² 和 200 kg/hm² 处理下的钾吸收量分别增加 21.0％、67.6％、86.0％和 103.8％,处理间差异达到显著水平。施氮改变了不同生育时段的钾吸收比例,使返青到抽薹期的钾吸收比例降低,抽薹到现蕾期的钾吸收比例升高,其中施氮肥 200kg/hm² 处理下效果最显著。增施氮肥降低了现蕾期生育后期钾浓度的下降速率,其中,不施氮肥、施氮肥 50kg/hm²、100kg/hm²、150kg/hm² 和 200kg/hm² 处理下表示钾浓度降低趋势的 b 值分别为 0.0051、0.0048、0.0045、0.0044 和 0.0042。随施氮量增加,钾吸收的边际效应呈先升高后降低趋势,而钾的生产效率呈直线降低趋势。施氮肥 100kg/hm²、150kg/hm² 处理的金针菜积累的干物质和钾量在花蕾中的分配比例较高,钾浓度和钾累积量动态特征参数比较协调,利于产量形成,且维生素 C、氨基酸、可溶性糖、黄酮和多酚含量相对较高;施氮肥 200 kg/hm² 处理导致金针菜产量增幅下降,氮素钾吸收边际效应和钾的生产效率降低,但秋水仙碱含量最高;低于施氮肥 100 kg/hm² 时,干物质和钾的总吸收量及经济系数较低,不利于高产形成。总而言之,供试条件下,施用氮肥 100～150 kg/hm² 可减缓金针菜生育期后期钾吸收的下降,提高钾吸收边际效应、钾的生产效率和金针菜的品质。

高嘉宁等(2019)通过"3414"肥效试验,研究黄花菜栽培种植的最佳施肥量,结果表明,合理的氮磷钾配施不仅能促进单株黄花菜生长发育的协调,而且能够显著提高其鲜花中的大黄酸和大黄酚含量;施用氮磷钾肥对黄花菜产量的增产效果明显,产量最高为 1727.73 kg/亩,比不施肥处理增产 457.90 kg/亩,增产率达 36.06%;施用氮、磷、钾肥对黄花菜产量影响的大小顺序为氮＞磷＞钾,氮肥增产效果最显著,磷肥次之,钾肥最差。推荐的氮、磷、钾肥最佳施用量分别为 13.69 kg/亩、31.53 kg/亩和 26.40 kg/亩,获得的产量为 1678.98～1763.31 kg/亩。

二、栽培措施的影响

不同栽培措施对黄花菜生长发育影响不同。

杨小利等(2008)对陇东黄花菜越冬不同材料覆盖下的生长特性进行研究,结果发现,采取越冬覆盖措施具有明显的增温保墒效应,其中地膜覆盖可有效提高土壤温度,降低土壤水分在黄花菜非生长季无效消耗,加快黄花菜发育进程,黄花菜长势较好,但产量低成本高;而秸秆覆盖可有效抑制春季土壤温度过快回升,减少土壤水分蒸发,延长黄花菜采摘期,产量高成本低。因此,在陇东地区黄花菜栽培中应推广秸秆覆盖技术,减少传统种植方式。

段金省等(2008)利用 2004—2006 年连续的田间试验资料,分析了传统种植方式下黄花菜的生长发育特性,同时比较了保护地栽培黄花菜和大田栽培黄花菜的水热效应和生长特性。结果表明:地膜覆盖增温保墒效应明显,黄花菜发育期提前,长势较好,但产投比较低;而秸秆覆盖可有效抑制春季土壤温度过快回升,减少土壤水分蒸发,延长黄花菜采摘期,产投比较高;采取越冬覆盖措施可减少非生长季土壤水分无效消耗,增加保墒作用,减轻春旱对黄花菜生长的影响,但地膜覆盖成本较高,经济效益较差,在生产上应该大力推广成本较低的秸秆覆盖种植技术,不但能够预防春旱危害,而且经济效益显著。

赵晓玲(2015)研究了不同栽培方式对土壤含水量,黄花菜生长和鲜蕾产量的影响。试验结果表明,每亩栽培 5000 株时,不同栽培方式土壤含水量,黄花菜生长和鲜蕾产量总体表现是单垄栽培＞宽窄行栽培＞等行距栽培;宽窄行集中连片栽培,增加宽行距,缩小窄行距,等行距栽培增大行距,缩小株距,黄花菜生长势均较好,鲜蕾产量高。建议利用田边地界单垄栽培黄花菜或用窄行距 0.4 m,宽行距 1.2 m,株距 0.17 m 的宽窄行集中连片栽培。

周玲玲等(2017)以金针菜早熟品种三月花和中晚熟品种大乌嘴为材料,在设施和露地栽培条件下,比较分析了光照强度,空气温度,空气湿度的变化对金针菜植株生物学性状,花蕾产量和品质的影响。结果表明:设施栽培的光照强度显著低于露地栽培,平均透光率为 52.0%,

但空气温度比露地栽培显著提高,设施栽培下金针菜现蕾期比露地栽培提前 15 天以上,实现提早上市。设施栽培的全天最大温差为 23.4 ℃,比露地栽培高出 11 ℃;两个品种金针菜花蕾中可溶性糖含量分别为 45.718 mg/g、61.796 mg/g,比露地栽培分别提高了 22.17%、34.07%;维生素 C 含量分别为 3.625 mg/g、3.845 mg/g,比露地栽培分别提高 28.14%、12.53%;设施栽培显著提高了金针菜的品质。设施栽培下 2 个金针菜品种的产量略高于露地栽培,但二者无显著差异。

余宏军等(2017)通过对庆城县黄花菜栽培技术多年的探索,开发了旱地黄花菜双色长寿地膜覆盖栽培技术,大幅度提高了旱作黄花菜的产量和产值,平均每亩可产干菜 246 kg。该技术适于年降水量在 350~500 mm 的干旱、半干旱无灌溉条件的川台、塬地、梯田地栽培。

林志辉(2018)采用裂区试验设计,研究梯壁上黄花菜不同栽植密度和不同经营措施对黄花菜和油茶生长发育的影响。结果表明,油茶林梯壁栽植黄花菜,不同黄花菜经营措施对黄花菜、油茶生长发育都有影响,但影响程度存在差异,对黄花菜影响较大,对油茶影响较小。黄花菜种植以密度 30 cm×30 cm,采用较集约经营措施较为适宜,对黄花菜和油茶生长发育都有利。

张国伟等(2019a,2019b)以露天栽培为对照,研究不同栽培方式(1 膜,地膜覆盖;2 膜,地膜+大棚膜;3 膜,地膜+大棚膜+拱棚膜;日光温室)对金针菜产量、品质形成和氮素累积分配的影响。结果表明,与露天栽培相比,1 膜、2 膜、3 膜和温室处理增加了金针菜生长环境的空气温度,空气湿度和地温(增加效果表现为 3 膜>温室>2 膜>1 膜),分别诱导金针菜提早现蕾 4~5 天、15~16 天、22~25 天和 19~22 天。种植模式通过调控金针菜氮累积量的动态变化而影响产量,1 膜处理下金针菜产量较低,现蕾较迟,氮累积动态特征值与露天处理差异较小;3 膜处理下金针菜现蕾最早,但是产量和品质性状均较差,氮素快速累积的起始时间和终止时间最早,快速累积持续时间最短,干物质和氮在生殖器官中的分配比例较低,最终产量,氮肥偏生产力和氮素利用效率均较低;2 膜和温室栽培处理下金针菜现蕾较早、产量较高、品质较优、干物质和氮素在生殖器官中的分配比例较高,氮累积量动态特征参数比较协调,氮肥偏生产力和氮素利用效率较高,为最优种植模式。

黄宗安(2020)对龙眼茶林下种植黄花菜进行研究,发现种植第 1 年平均产鲜蕾 7608 kg/hm²,第 2 年平均产鲜蕾 14648 kg/hm²,第 3 年平均产鲜蕾 22656 kg/hm²。种植黄花菜 1.1 年即可全部收回造林抚育投资并开始获得纯利润;3 年可获得产品总盈利 147464 元/hm²。种植后前 3 年,每投资 1 元平均每年可产生 0.71 元的直接经济效益。在龙眼茶林下套种黄花菜比未套种林分当年平均树高、平均地径、平均冠幅分别提高 10.7%、5.9%、22.1%,明显促进龙眼茶的生长,同时还能吸纳当地富余劳动力就业,减轻环境污染和水土流失,有效提高土地利用率,综合经营效益显著。

张清云等(2020)对宁夏中部干旱带黄花菜最佳的移栽密度开展相关研究,结果表明,合理的种植密度能促进叶片长度和宽度的增长,随移栽密度的增大,叶片长度和宽度呈现减小的趋势;不同移栽密度对黄花菜的抽薹数、花蕾数、单蕾重量以及产量都有明显的影响,合理的密植有利于黄花菜的生长和产量的提高。不同的移栽密度对黄花菜的品质也有一定的影响,合理的密植有利于提高黄花菜营养成分的含量,移栽密度不宜过大或过小。从不同移栽密度,产量性状以及营养成分变化的整体分析看,黄花菜移栽行距 1.4~1.5 m,移栽密度为 4450~4760 株/亩时,其产量和品质均最佳。

何红君等(2021)对宁夏红寺堡地区黄花菜进行研究,发现黄花菜在连续种植 7~9 年后,根系开始出现"毛蔸"(衰老)现象。若将黄花菜"毛蔸"剪除 1/4,对黄花菜生长影响较小,产量增加 384 kg/hm²,其营养成分含量蛋白质、胡萝卜素、铁和硒的含量最高,分别为 12.36 g/100 g、

1.72 mg/100 g、160 mg/kg、0.0232 mg/kg,说明适度剪除毛茸,进行复壮更新,有利于黄花菜产量的提高和品质的改善。通过研究还发现,黄花菜在生长期间,采用任何除草方式对其株高的生长都会产业一定的影响,但进行机械除草和人工除草对黄花菜叶长和叶宽的生长有一定的促进作用,且机械除草营养成分脂肪、胡萝卜素和硒含量分别为 1.4 g/100 g、1.83 mg/100 g 和 0.0190 mg/kg,明显高于药剂除草和不除草的含量。

三、其他措施的影响

周裕荣等(1996)等用 ^{32}P 示踪法研究了黄花菜对磷的吸收、分配与变化规律。结果表明,植株对 ^{32}P 吸收量为秋苗期>春苗期>抽薹期>盛蕾期>抽薹前期;吸收的磷大多分布于根系,叶片中含量很少;纤细根是吸收无机磷并将其转化为酸溶性磷的主要器官;在黄花菜分株移栽时,保留部分纺锤根和不同生长期增施磷肥,对增产有重要作用。

陈明伟等(2002)等采用 10% 蚜虱净 1500 倍液和 3000 倍液、40% 扑病佳 1000 倍液、5% 菌毒清 500 倍液以及清水,分别浸黄花菜种苗 5 min、30 min、6 h、12 h 和 24 h,结果表明供试农药品种、浓度和浸种苗时间对黄花菜发芽无影响,与不浸种苗的对照比较,可促进出苗和生长,提高成活率,但与清水浸种苗的相比,差异不明显。

曹辉等(2007)等采用水培试验,对重瓣大花萱草(*Hemerocallis fulva* var. *florepleno*)、玫瑰红萱草(*Hemerocallis fulva* var. *rosea*)、黄花菜(*Hemerocallis citrina*)和大花萱草(*Hemerocallis hybrida*)在 NaCl 质量分数分别为 0.0%、0.2%、0.4%、0.6%、0.8% 和 1.0% 的水溶液下的生长及相关生理变化进行研究,结果表明:4 个萱草材料在 0.2%～0.6% 的 NaCl 胁迫下,叶片伤害指数较小,根的生长只受到了轻微的抑制,胁迫后第 20 天,平均新根数≥3.67 条;在 0.8%～1.0% NaCl 的胁迫下,叶片伤害指数较大,根系生长受到严重的抑制,并且还表现出了一定的基因型差异。在 1.0% 的盐(NaCl)胁迫下,随着胁迫时间的延长,萱草叶片中丙二醛(MDA)含量和质膜外渗率基本呈逐渐增加的趋势。

尹新彦等(2014)为了研究植物生长调节剂对黄花菜花期和产量性状的影响,在抽薹期,对黄花菜喷施植物生长调节剂。结果发现,3 种植物生长调节剂对黄花菜花期影响较小,但对其产量性状的影响较大。与同组其他处理相比,GA3 浓度为 200 mg/L 和 6～BA 浓度为 500 mg/L 2 个处理花蕾鲜重、长度和着花数均差异显著;NAA 在一定程度上增加了花蕾的鲜重,但花蕾畸形,着花数减少。

毕银丽等(2018)于陕北黄土沟壑采煤沉陷区内布设试验小区,对黄花菜(*Hemerocallis citrina* Baroni)接种丛枝菌根真菌(*arbuscular mycorrhizal fungi*,AMF)—摩西管柄囊霉菌,研究 AM 真菌对黄花菜生长和土壤养分的影响。结果表明,黄花菜种植 3～5 个月后,接种 AM 真菌显著提高了黄花菜株高,冠幅及其根系菌根侵染率、菌丝密度。与不接种对照区相比,接种 AM 真菌后黄花菜叶片的光合速率,可溶性糖含量和过氧化氢酶活性分别提高了 51%、12% 和 79%。接种 AM 真菌处理区黄花菜根际土壤的电导率、有机质、碱解氮和速效钾含量等均显著高于对照区,细菌数量和磷酸酶活性的菌根贡献率分别达 77% 和 24%。表明采煤沉陷区扰动土壤接种 AM 真菌具有增强土壤微生物活性,改善土壤肥力和提高黄花菜植株抗逆性的作用。

韩志平等(2018a,2019b)采用沙培法,以正常营养液为对照(CK),用不同浓度(50 mmol/L、100 mmol/L、150 mmol/L、200 mmol/L 和 250 mmol/L)NaCl 溶液浇灌大同黄花菜,研究 NaCl 胁迫对大同黄花菜生长、膜脂过氧化以及有机渗透调节物质含量的影响。结果表明,随 NaCl 浓度提高,黄花菜根长和根系鲜质量先增大后减小,其他生长指标则逐渐显著降低,同时地上部含水量变化较小,根系含水量明显增加;黄花菜叶片叶绿素 a、叶绿素 b 和类胡萝卜素含量随 NaCl 浓度提高均明显降低;随 NaCl 浓度提高,黄花菜叶片丙二醛含量和 POD 活性逐渐显著增加,抗坏血酸含量在胁迫后 20 天明显增加,25 天时呈先增加后降低的变化趋势,并在 150 mmol/L NaCl 胁迫下达到最大值;SOD 活性在处理后 10 天先增加后降低,在 200 mmol/L NaCl 处理下达到最大值,15 天后随 NaCl 浓度提高而显著增加;随 NaCl 浓度提高,叶片脯氨酸含量逐渐显著增加,可溶性糖含量明显降低,可溶性蛋白含量在短期内逐渐增加,在胁迫 15 天后呈先增加后降低的变化趋势,在 150 mmol/L NaCl 下达到最大值。研究还发现,NaCl 胁迫对黄花菜叶片光合色素合成的抑制和过氧化伤害程度均随浓度增加而增大;植株自身抗氧化能力和渗透调节能力在盐胁迫下明显提高,一定程度上缓解了盐胁迫对其植株的伤害,但仍不足以消除胁迫带来的不利影响,使得黄花菜植株生长受到显著抑制;黄花菜对 NaCl 胁迫的耐性较强,植株在 250 mmol/L 高盐胁迫下仍能存活。

周玲玲等(2020)以黄花菜"茄子花"品种为供试材料,以蔗糖、大蒜汁、柠檬汁为基础保鲜剂,分别添加不同的植物生长调节剂 IAA、GA3、KT、2,4-D、NAA 和 6-BA,对比清水对照,研究其对黄花菜切花寿命与理化指标的影响。结果表明基础保鲜剂可延长黄花菜切花瓶插寿命,促进花蕾生长,瓶插寿命比对照长 2 天,但落蕾严重,花瓣变窄,不易开放。50 mg/L GA3 处理可延长黄花菜切花瓶插寿命,促进花蕾伸长和开放,减少水分胁迫和膜脂氧化程度,保鲜效果最优。

参考文献

毕银丽,孙江涛,王建文,等,2018. AM 真菌对采煤沉陷区黄花菜生长及根际土壤养分的影响[J]. 生态学报,38(15):49-55.

曹辉,于晓英,邱收,等,2007. 盐胁迫对萱草生长及其相关生理特性的影响[J]. 湖南农业大学学报(自然科学版),33(6):690-693.

陈明伟,周检军,许云和,2002. 农药液浸种苗对黄花菜生长的影响[J]. 湖南农业科学(1):24,28.

程沛霖,王开贞,1983. 黄花菜花芽分化的初步研究[J]. 中国蔬菜,1(3):17-19.

段金省,李宗,周忠文,2008. 保护地栽培对黄花菜生长发育的影响[J]. 中国农业气象,29(2):184-187.

方平,2004. 黄花菜的生长发育特点及施肥技术[J]. 河南农业(1):14.

高嘉宁,张丹,吴毅,等,2019. 氮、磷、钾配施对黄花菜产量及 2 种蒽醌类活性成分含量的影响[J]. 天然产物研究与开发,31(9):147-154.

龚丽霞,刘金成,陈美珍,2012. 黄花菜无公害栽培技术[J]. 福建农业科技(3):57-58.

韩志平,李进,王丽君,等,2018a. 大同黄花菜组织培养试验初报[J]. 种子,37(11):75-78.

韩志平,张海霞,刘冲,等,2018b. NaCl 胁迫对黄花菜生长和生理特性的影响[J]. 西北植物学报,38(9):1700-1706.

郝建华,柳丽荣,1996. 金针菜珠心、珠被的发育研究[J]. 甘肃科技,12(6):11,17.

何红君,王茹,刘王锁,2021. 不同毛苞剪除强度对黄花菜产量及品质影响研究[J]. 青海农林科技(1):96-98.

黄宗安,2020. 龙眼茶下套种黄花菜的效益分析[J]. 林业勘察设计,40(03):30-33.

李进,韩志平,李艳清,等,2019. 大同黄花菜生物学特征及其高产栽培技术[J]. 园艺与种苗,39(05):5-10.

李军超,苏陕民,李文华,1995. 光强对黄花菜植株生长效应的研究[J]. 西北植物学报,15(1):78-81.

林志辉,2018. 油茶林梯壁黄花菜植物篱种植技术研究[J]. 现代农业科技,3(13):63-64,66.

刘振祥,廖旭辉,2007. 植物组织培养技术[M]. 北京:化学工业出版社.

罗志勇,陈淑平,黄晓芳,等,2017. 湖南黄花菜主栽品种的生长发育特性和生物质积累规律[J]. 湖南农业科学(10):15-17.

彭国强,蒋如意,2014.祁东县坡改梯项目区发展黄花菜产业模式的做法[J].中国水土保持(8):25-26.

秦雅娟,李晓效,李子龙,2020.晋北黄花菜生长特性及气象环境条件变化特征[J].现代农业研究,27(1):95-96.

申家恒,申业,王艳杰,等,2005.黄花菜受精过程的研究[J].园艺学报,32(6):1013-1020.

申家恒,申业,王艳杰,等,2006.黄花菜大孢子和小孢子的发生及雌、雄配子体的发育[J].园艺学报,33(1):41-48.

苏承刚,张兴国,张盛林,1999.黄花菜根状茎组织培养研究[J].西南农业大学学报,21(5):33-39.

孙福华,2006.黄花菜病害防治[J].新农业(06):42-43.

孙楠,曾希柏,高菊生,等,2006.含镁复合肥对黄花菜生长及土壤养分含量的影响[J].中国农业科学,39(1):95.

唐世建,刘杰,洪亚辉,等,2003.黄花菜组织培养在工厂化繁殖中的应用[J].湖南农业大学学报(自然科学版),29(6):492-495.

万惠恩,2003.黄花菜产量高"四肥"关把牢[J].农村实用科技信息(8):16-17.

王盼忠,徐惠云,2007.使用钾肥对黄花菜生长发育的影响[J].蔬菜(7):42-43.

吴新莉,周嫦,1990.分离的黄花菜花粉生殖细胞在培养条件下的核分裂[J].植物学报(英文版),32(8):577-581.

闫钊,2015.植物组织培养技术应用研究进展[J].中国园艺文摘(11):83,120.

杨小利,段会省,赵建厚,等,2008.陇东黄花菜越冬不同材料覆盖下的生长特性及气候效应研究[J].干旱地区农业研究,26(6):207-211.

尹新彦,高超利,储博彦,等,2014.植物生长调节剂处理对黄花菜开花的影响[J].安徽农业科学(9):2550-2551.

余宏军,蒋卫杰,王本辉,等,2017.黄花菜双色长寿地膜覆盖免耕栽培技术[J].农村百事通,1(11):31-32.

张国伟,王晓婧,周玲玲,等,2019a.施氮对设施栽培金针菜产量、品质和钾吸收利用的影响[J].植物营养与肥料学报(5):871-879.

张国伟,王晓婧,周玲玲,等,2019b.栽培方式对金针菜产量,品质和氮素吸收利用的影响[J].江苏农业学报,35(1):171-177.

张建文,崔虎亮,史晓露,等,2019.2种萱草属植物花器官衰老的阶段划分及抗氧化指标的变化[J].山西农业科学,47(5):84-88.

张清云,龙潪普,安钰,等,2020.移栽密度调控对黄花菜产量及品质的影响研究[J].宁夏农林科技,61(1):15-17.

张守信,刘金海,赵继保,1989.黄花菜喷施稀土能增产[J].河南农业科学(3):14.

张秀珊,柴向华,朱饱卿,等,2006.黄花菜的组织培养和快速繁殖[J].中国农村小康科技,6(6):59,74.

赵国林,李师翁,1989.黄花菜离体花梗愈伤组织发生与器官再生的细胞学观察[J].植物学报,31(6):78-80,90.

赵晓玲,2010.陇东旱塬黄花菜抽薹期和结蕾期灌水量的研究[J].农技服务,27(01):23-24.

赵晓玲,2015.不同栽培方式对土壤含水量、黄花菜生长和花蕾产量的影响[J].长江蔬菜(6):26-28.

赵月婵,2012.黄花菜(HemerocalliscitrinaBaroni)胚囊受精前后的超微结构观察[D].哈尔滨:哈尔滨师范大学.

周更新,1985.黄花菜品种特性的初步观察[J].中国蔬菜(01):43-47.

周玲玲,张黎杰,姜若勇,2017.设施和露地栽培对金针菜产量和品质的影响[J].上海农业学报(3):105-108.

周玲玲,余翔,田福发,等,2020.植物生长调节剂对黄花菜鲜切花薹保鲜效果的影响[J].江西农业学报,32(4):43-48.

周朴华,何立珍,1993.黄花菜不同外植体形成的愈伤组织再生苗观察[J].武汉植物学研究,11(3):253-258.

周裕荣,陈明莉,1996.黄花菜对^{32}P的吸收运转及分配研究[J].西南大学学报(自然科学版),18(5):416-420.

朱靖杰,张桂和,赵叶鸿,1996.黄花菜的离体培养中胚状体的发生和再生苗植株形成的研究[J].海南大学学报(自然科学版),14(4):321-324.

第三章　黄花菜实用栽培技术

第一节　常规栽培技术

一、黄花菜繁殖方式方法

一般有种子繁殖、分芽繁殖、分株繁殖、切片育苗繁殖、扦插繁殖等。

（一）种子繁殖

种子是种子植物特有的延存器官，种子繁殖常用于黄花菜新品种选育的工作中，这是因为种子繁殖培育的幼苗前2年不开花，不能采取花蕾上市。在育种工作中，好的黄花菜品种选取方法是从生长健壮、观赏性较高且无病虫害的植株上选取黄花菜果实，以果皮变黄顶端有裂口但还未干燥时采集的粒大饱满种子作为供试材料（孙颖 等，2019）。

潘登等（2002）给出了种子繁殖的一般步骤：（1）育种；（2）选地整地；（3）种子处理；（4）播种方法；（5）播种时间；（6）幼苗管理。具体方法是：在能结种子的品种内选择花葶粗壮、花蕾多、品质好、无病害的植株做母本，在开花盛期每葶留4～5个发育良好的花蕾，让其开花结实。其他花蕾仍照一般采摘，这样对产量影响较少，并使留下的果实有充足的养分供应，让种子发育良好。待蒴果发白转黄时，变黄褐色，顶端稍裂开，即可采收，后熟两天，可脱粒晒种，备用，可在当年9月或第二年4月播种。播种前需要对种子进行处理，将饱满的黄花菜种子放入盆中，用60℃的温水浸泡搅拌至30℃停止，继续浸泡2小时后将水沥出，放在30℃左右温度下催芽10个小时，即可下种（潘登等，2002；万惠恩，2004）。

吴青春（2002）介绍，在黄花菜育种过程中，优质的种子对于培育壮苗十分关键，因此在黄花菜出现花蕾期间10天左右留一枚不采摘花蕾，这样每株大约留三个蒴果（可产百余粒种子），同时也不太影响产花的数量，仍然每株可产8～12枚。当蒴果发白转黄时，种子开始成熟，上部开裂，即可采收，后熟两天，可脱粒晒种，干后备用。黄花菜最佳播种时间为8月上旬，可提前一年的苗龄，出土的幼苗可以安全越冬。

在黄花菜栽培中，利用种子繁殖进行播种，是一种常见的方式。曹振岭等（2006）、刘春英等（2010）先后介绍，黄花的果实为蒴果，呈钝三棱形，在3个心室里结实，一般早熟品种每个蒴果里有饱满的优良种子10～30粒。在不同的地方栽培黄花菜，由于自然气候、土质肥瘠、温度高低、出苗先后等条件不一，蒴果成熟有先有后。当蒴果生长到由乳黄色变成灰黑色、蒴果上部裂口时即可采收。黄花菜播种育苗地必须选择在土质肥沃的地块，否则，必须加入充分腐熟的农家杂肥或已经腐烂好的木耳、蘑菇生产用过的废弃料，掺入土中充分混拌均匀，搂平后做成1～1.2 m宽的小畦，长度根据种子量多少而定。播种时间多在4月中旬至6月份，也可在秋季上冻前播种，原则上宁早勿晚。播种前首先在畦面上开沟，深3～5 cm、行距15 cm、株距

1 cm,3～5 粒种子为 1 簇。播后稍镇压,而后覆土。覆土厚度 2～3 cm,有条件的浇透水。春季育苗时可覆盖塑料薄膜,以提高地温,促使幼苗生长,但要注意温度变化,以防高温时灼伤幼苗。试验表明,春季播种 10 天左右即可出苗,秋季播种的翌年 4 月中旬出苗。

朱自学(2007)根据优质黄花菜地上部分特征特性,选择生长健壮、无病虫害、栽植 5～8 年的黄花菜作为河南部分地区黄花菜育种材料。初花期每个花葶上留 4～6 个粗壮花蕾不采摘,让其开花结实留作种子,其余花蕾继续采摘。这样对产量影响较小,并使留下的花蕾有充足的养分供应,使种子发育良好,同时留作采种用的花蕾,初花期每隔 6～9 天可喷 1 次氨基酸 2000 倍液,喷 2～3 次,待蒴果变黄褐色,顶端稍裂口时,种子开始成熟,这时摘下果实,后熟 1～2 天,晒干后脱粒贮藏备用。

孙颖等(2019)报道,以北黄花菜种子为试验材料,采用测量观察和生理试验方法,对其进行形态特征观测、生活力测定和萌发试验,对种子的萌发过程中生理指标的变化规律进行了研究分析。结果表明,当年新收获的种子,其种皮透水性良好,当吸水 48 小时左右时,吸水率达到最大值。常温下种子储存时间越长,其生活力越低。新收获的种子发芽率为 88.6%,常温贮藏 1 年后为 61.4%,2 年后仅为 53.9%。与新采收种子相比,贮藏 1 年后种子淀粉、蛋白质含量均低,品质降低,淀粉转化率不高,因此贮藏后种子可利用的可溶性糖萌发期间一直较低。同时,POD、SOD、CAT 酶经过常温贮藏较长时间后,活性显著降低,导致种子抑制脂质过氧化水平能力下降,机体活力降低。发芽率的显著下降与酶活性的显著降低直接相关。

褚焕宁等(2017),为了提升杂交种后代的繁殖速度,以黄花菜种子为材料,经过不同的预处理和消毒处理后接种于 MS 培养基上进行无菌萌发,培养 7 天后统计种子的污染率和发芽率;分不同生理苗龄建立适宜的炼苗体系。结果表明,浸泡 24 小时后剥去黑色革质外种皮和茸毛状内种皮,露出白色胚乳的预处理方式种子的污染率最低,为 6%,萌发率最高,为 80%;70% 酒精 30 s＋0.1% 升汞消毒处理 5、10 min,种子的污染率均较低,分别为 8% 和 6%,消毒 10 min 种子的萌发率低于消毒 5 min 种子;植株自然高度在 6 cm 以上的,移栽 20 天后统计的成活率为 100%。

(二)分芽繁殖

黄花菜的茎节间缩短、呈肉质状、埋于地下,在每个肉质茎上着生许多小的凸起称为隐芽簇,每个隐芽簇含有 6 个隐芽,交替排列在肉质茎的两侧,隐芽一般不萌发,只有在主侧芽受到损伤时,隐芽才会萌发长出新的个体。分芽繁殖就是根据黄花菜的这一特性,把肉质根状茎按照隐芽的分布,人工用刀切开,通过培养或种植使隐芽萌发长出新的个体。

游德福(1999)介绍了黄花菜的切根分芽繁殖。首先,选择凉爽的秋天(春天亦可)把种植 5 年以后的黄花菜植株或密度过大需间挖的植株完整地从土里掘起,抖掉根须及泥土,按自然分蘖,把短缩茎切成一个个带芽的单株进行移栽。

范银燕等(1994)详细介绍了 4 种大同黄花的分芽繁殖方法,第一种是顶芽沙培法,用刀片切下根状茎上的顶芽,埋入铺沙苗床上,保持湿润,7 天左右可出苗;第二种是不带顶芽的根状茎横切法,具体方法是按照根状茎逐年向上延伸留下的缢痕(年痕),横切数段,比老根分株法平均提高繁殖率 7.3 倍;第三种是不带顶芽的根状纵切法:从根状茎两列"隐芽"连线的正中垂直方向自上而下纵切一刀(可按照根状茎残叶分布方向判断隐芽排列情况),使其一分为二,比老根分株法可提高繁殖率 4.7 倍;第四种是不带顶芽的根状茎纵横并切法,具体是先从根状茎两列"隐芽"连线的正中垂直方向,自上而下纵切成两半,再按其年痕分别横切数段,比老根分株方法平均提高繁殖率 12.8 倍。

王本辉等(2001)介绍了甘肃省庆阳市的黄花菜根状茎芽块繁殖技术。首先是在秋季选取无病虫害的老株丛作为种株,抖去根上夹带的土并除去老残枯根,然后轻轻将分蘖一一掰取,再将分蘖上的老残枯叶轻轻剥去,随后用修枝剪剪取芽块。先把顶端一年生根状茎段与其上着生的"顶芽"、侧芽和二年生根状茎段与其上的侧芽分别剪成 3 个芽块,然后将剩下的根状茎从两列"隐芽"连线的中间垂直方向,向下纵剪成两条,再把它剪成小块,每块长约 1 cm,剪块时每个芽块上尽量多带一些肉质根。如图 3-1 所示。

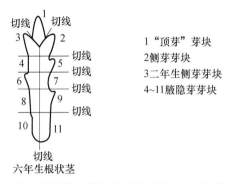

图 3-1　黄花菜根状茎芽块分割示意图(王本辉 等,2001)

孟宪福(2003)按照自然分蘖的长短粗细及芽的多少,切根分芽。对独茎纤芽的蘖,可从芽的正中直切,一分为二;对直径在 1.5 cm 以下的根蘖,按 45°的角度斜切,把主芽和侧芽分开,再以同样的角度把侧芽逐个切成小块;对直径粗 2 cm 以上的根蘖,先垂直纵切分成两半,再横切成每段带有 1~3 个芽的小块;从 3 芽并生的根蘖,先从芽中间平行开切两刀分开,再斜切成一个个小块。无论使用哪种方法切根分芽,都应使每小块带有 2~5 条肉质根,根须长 3~6 cm。分芽小块应放置苗圃中培育两个月,再进行大田移栽。

王迪轩(2003)给出湖南益阳市黄花菜种苗分芽繁殖的两种方法,一种是顶芽沙培法:用刀切下根状茎上顶芽,埋入细沙苗床,保持温度在 20 ℃左右,湿润条件下 7 天后出苗。另一种是不带顶芽的根状茎横切结合法:先从根状茎隐芽中间垂直切成 2 片,再按根状茎上的年痕分别横切,置于细沙苗床中培育。

孙永泰(2004)也介绍了黄花菜分芽繁殖的斜切法,先用刀从主芽与侧芽连接处以 45°把主芽斜切下去。然后再朝相反方向以 45°把侧芽斜切下去,以此类推。

朱自学(2007)给出了河南省黄花菜分芽繁殖方法,把生长健壮、符合黄花菜优良品种特征特性的多年生植株从母株丛中挖出,抖净泥土、扒掉枯叶、露出主侧芽,按照隐芽簇着生的位置切割成种块。

张和义等(2003)指出,黄花菜分芽繁殖的注意事项,黄花菜隐芽萌发需要良好的通气条件。因此,切块育苗时要浅覆土,以 1 cm 最优。另外,根状茎切成小块后,含营养总量少,芽出土力差,这可能也是浅覆土较优越的一个原因。黄花菜的根系在 0.15 ℃以上开始活动,但其生长的最适温度是 14~20 ℃。王有发等(1985)在甘肃省泾川县进行不同时期切块试验,指出以早秋即白露至秋分间效果最好,这时期日均温度在 14~20 ℃,土壤水分充足,环境条件与黄花菜适宜的生态条件相一致,有利于切块生根萌芽,封冻前可形成具有一定抗性的苗体。晚秋即霜降至立冬育苗,正值气温 6 ℃左右,且下降幅度大,不利于切块生根萌芽,即使萌发出部分幼芽,也会因生长时间短,封冻前苗体弱小,抗性差,冬季枯死。翌年早春即惊蛰至春分时期,气温 5 ℃左右,虽能使黄花菜萌发,但不能使其迅速生长,只有进入 5 月份后,气温才能高于 14 ℃,而使黄花菜迅速生长,所以,生长期短,效果不及早秋的好。切块后用 1‰磷酸二氢钾溶液浸蘸和堆块催芽。前者可以补充出苗发棵时对磷、钾元素的需要,后者可以创造优越的发芽生根的环境条件。栽植密度不宜过大,从既提高单位面积的出苗数,又提高原种的利用率综合考虑,每公顷 90 万株较为适宜。如每公顷 120 万株的,虽然单位面积内得到的种苗多,但因养分的竞争,个体间的相互遮光都严重,弱小苗多,且有相当一部分枯死,原种耗费大。

(三)切茎繁殖

付强等(2009)介绍了黄花菜切茎繁殖技术。整茎剥去叶鞘和茎上的叶片,剪去茎下部着生的根系。层切黄花菜每年向上盘上一个新茎,在茎节间着生一层新根。茎龄不同,出苗时间不同,一般茎龄越小出苗越快。为防止出苗早晚不一,参差不齐,采取按茎节或根层分切,同龄同层的茎集中培育。将分层切好的茎纵切成块,以确保每小块茎块中含有 2~3 个潜伏芽。规格 4 mm×4 mm 或者 3 mm×5 mm。激素处理用 15 mg/kg 的多效唑浸泡茎块 30 s~1 min,捞出、沥干。以促进次生根萌发和生长,达到早生、快长并控制苗期旺长的目的。栽植时开深度 0.5~0.8 cm 的沟,沟间距 20~25 cm。按株距 6~7 cm 点播茎块,每亩点播约 3.7 万株。

刘金郎等(2006)介绍了甘肃省庆阳市的黄花菜短缩茎切块育苗技术,将黄花菜植株从田间挖出,除去短缩茎上的泥土和叶片,按照自然分蘖切开,将每个分蘖枝的顶芽和侧芽切下,再将分蘖枝从中线切一刀成两片,将各隐芽族横切成 1/2 隐芽芽块;将每个 1/2 隐芽芽块再纵向切分为 2 个隐芽芽块,即为 1/4 隐芽芽块。

梁万青等(2018)也介绍了甘肃省黄花短缩茎分块繁殖方法,具体方法是在黄花菜采收完毕后,挖出根株,按芽片分开,将短缩茎周围的枯死叶和毛叶除去,留叶长 3~5 cm,剪去上端,再自上向下将根茎纵切成 2 片。如果根茎粗壮,可继续进行纵切,一般每株可分 2~6 株,甚至多达 10 株。注意分切时每个苗片上都需带有"苗茎",下带须根。分切后用 50%多菌灵 1200 倍液浸种消毒 1~2 小时,捞出摊晒后用细土或草木灰混合黄土拌种育苗。

(四)扦插繁殖

张和义等(2003)介绍了花葶扦插繁育方法,具体做法是黄花菜采收完毕后,从花葶中、上部选苞片鲜绿,且苞片下生长点明显的,在生长点的上下各留 15 cm 左右剪下,将其略呈弧形平插到土中,使上、下两端埋入土中,使苞片处有生长点的部分露出地面,稍覆细土保护;或将其按 30°的倾角斜插,深度以土能盖严芽处为宜。当天剪的插条最好当天插完,以防插条失水,影响成活。插后当天及次日必须浇透水,使插条和土壤密接。以后土壤水分应保持在 40%左右。约经一周后即可长根生芽。入冬注意防寒。经 1 年培育,每株分蘖数多者有 12 个,最少 5 个,翌年即可开花。

王本辉等(2007)利用塑料大棚和露地黄花菜采摘后的花葶,采用剪段、促芽、短截 3 种不同扦插育苗方式,在田园土加河沙、田园土加草木灰 2 种基质中进行扦插育苗试验。结果表明,塑料大棚黄花菜花葶剪截促芽扦插育苗是最佳扦插育苗方式。

韩志平等(2019)介绍了花葶扦插育苗方法,在黄花菜采收完毕后,选择生长健壮、无病虫害、仍保持绿色的花葶,在中、上部鲜绿苞片下生长点的上下各留 15 cm 左右剪下。为促进扦插生根,可用 20 mg/kg NAA 溶液浸泡 24 h。再将剪下的花葶上、下两端插到土中,使有生长点的部分呈弧形露出地面,或将其直接以 30°倾角斜插入土中。扦插后浇透水,以利插条生根,育苗期间土壤水分保持在 40%左右。约经 1 周即可长根生芽。经 1 年培育,每株分蘖多的达 12 个,少的 5～6 个,次年即可开花。

(五)分株繁殖

冯慧民等(2006)介绍,选择生长旺盛、花蕾多、花条长、品质好的株丛为种苗,将种苗连根掘起,从根的基部将分蘖茎掰开,除去枯叶、朽根,留叶 15 cm,幼芽在叶基内不可损伤,掰开的单株必须带有三四条纺锤形的肉质根和须根,然后移栽到大田。

卓根(2007)指出,湖南地区黄花的分株繁殖方式要注意适时定植,一般采用冬季休眠期进行分株繁殖。冬季苗枯萎后到春苗萌发前均可分株定植。选择生长旺盛、花蕾多、品质好、无病虫的丛株,挖取一部分作为种苗。种苗挖出后要进行修剪,首先将短缩茎下层的老化腐朽部分除掉,再剪除肉质根上膨大的纺锤根,只保留 1～2 个肉质根,长 6～8 cm。地上部的苗叶应剪短,保留 6～7 cm,将老化残叶剔除。修剪好的种苗,可用 800～1000 倍液的甲基托布津或 500 倍液的多菌灵稀释液浸泡 10 分钟,或全面喷洒后用薄膜覆盖半小时,加以消毒处理,可减轻大田病害发生。

颉敏昌(2012)对甘肃省庆阳市主栽黄花品种种苗的分株繁殖方式做了介绍,主要是在春季抽薹前或者秋季花蕾采收后,选取生长旺盛、花蕾多、品质好、无病虫害的株丛作母种,按自然分蘖逐个掰开,除去衰老根系和枯残的根状茎,将距短缩茎 6～8 cm 以上的老叶去掉,将肉质根剪短至 6～7 cm 后栽植,深度以短缩茎顶部入土 2～3 cm、土表露苗 4～5 cm 为宜。

闫强(2013)介绍了黑龙江地区黄花分株繁殖的方法。选择生长旺盛、花蕾多、品质好、无病虫的株丛,在花蕾采摘后到冬苗抽生前的一段时间内,挖取株丛的一部分分蘖作为种苗。挖出的部分按分蘖带根从短缩茎割开,剪除已衰老的根和块根状肉质根,并将根适当剪短,即可栽植。

梁万青等(2018)介绍了甘肃部分地区黄花的两种分株繁殖方法,一种是在母株丛一侧挖出一部分植株作种苗,剩余的让其继续生长;另一种是将母株全部挖出,重新分栽。挖苗和分苗时要尽量避免伤根,随挖随分随栽。种苗挖出后将泥土抖去,每 2～3 个芽片为一丛或一株分开,剪除根茎下部生长的朽根、老根和病根,仅保留 1～2 层新根,约留 10 cm 长即可。

韩志平等(2019)介绍,分株繁殖是生产上最常用的黄花菜繁殖育苗技术。一年四季均可进行,多在花蕾采摘后到秋苗抽生前进行,也可于春苗萌发前进行。一般每 3～5 年分株 1 次,以利植株旺盛生长。

阿布都瓦斯提·买买提等(2020)提供了新疆喀什地区露地黄花菜分株繁殖技术,在花蕾采收完毕后到秋苗抽生前挖取株丛 1/4～1/3 的分蘖作为种苗,挖苗和分苗时尽量做到少伤根,选择 3 年生以上、无病虫害、植株健壮、纯度高的品种作为分株繁殖母株。挖出分株母株后,去掉根和茎上的泥土,根据自然分蘖株数,手工分成单个植株,连根从短缩茎切分,剪去衰老根和块状肉质根,适当剪短留 10 cm 左右,即可栽植。

(六)组织培养

近年来,黄花菜的组织培养引起了研究者的关注(周朴华 等,1993;刘凤民 等,2006)。组织培养不受季节和气候的限制,生长周期短,繁殖速度快,还有利于植株种苗的规模化生产、标准化管理和自动化控制(陈世昌,2013)。

周朴华等(1993)研究了黄花不同外植体愈伤组织的形成与植株再生。结果表明,出愈率是花柄＞花茎＞叶片。愈伤组织在 MS＋6-BA 2 mg/L 的培养基上出现致密愈伤组织颗粒,经增殖、分割、增殖的程序逐渐形成"球状体"似的愈伤组织。叶片、花茎形成的球状体经 20 代继代培养,再生能力没有减退,苗形态正常。

范银燕等(1994)用山西省北部主栽品种大同黄花菜的心叶、花被筒、花薹、花丝等外植体在不同培养基上进行培养,结果表明:花薹外植体的愈伤组织诱导率最高,为51.3%;诱导愈伤组织的培养基以MS+2,4-D 2.0 mg/L最好;再生植株以MS+6-BA 1.0 mg/L+NAA 0.1 mg/L为芽分化培养基、MS+ABT 2 mg/L为根分化培养基的效果最佳。快速繁殖技术取材广,不伤母根,繁殖系数高,是加速黄花菜种苗繁育的有效途径。

岳清等(1995)通过对大同黄花菜进行离体培养,成功地得到了具有根、茎、叶的完整植株。在对大同黄花菜外植体的消毒处理中,岳清等(1995)分别取黄花菜短缩茎、心叶、花茎、花蕾为材料,洗净后置于70%酒精中浸30分钟,再用0.1%升汞溶液消毒,短缩茎10~15 min,其他6~8 min。无菌水冲洗干净,切成5 mm小块,分别接种。外植体诱导愈伤组织时,在一定浓度范围内,2,4-D和6-BA两者含量之比比其绝对含量对诱导频率的影响更大。水解酪蛋白有助于愈伤组织产生。苗分化时,以MS+6-BA 1.0 mg/L+IAA 0.1 mg/L的培养基效果最好,但多次继代后激素浓度要适当降低,使用改良培养基生根,效果明显优于常用的1/2MS培养基,其生根率可达97.4%。

张超美等(1995)对同源四倍体黄花菜愈伤进行了继代培养,以建立稳定的无性系,结果表明,同源四倍体黄花菜愈伤组织繁殖和分化能力强。松散型愈伤组织在朱靖杰等(1996)采用黄花菜的幼嫩花梗及花朵中的花瓣作材料,同时以花轴和心叶在同样条件下培养作为比较,结果表明将黄花菜的幼嫩花梗及花托培养在N6+2,4-D 2.0 mg/L+6-BA 1.0 mg/L培养基上,已经诱导出大量胚状体,在相同培养基上继代培养,建立了黄花菜胚状体无性系。成熟的胚状体,转到1/2MS+NAA 0.2 mg/L培养基上,长成了带有根系的完整植株,再生植株成功地移栽到土壤基质中,成活率达90%以上。

苏承刚等(1999)将厦门优质黄花菜根状茎冲洗后,用75%乙醇浸泡5 min,转入0.1%升汞溶液中消毒8~10 min,用无菌水在超净台上冲洗4~5次,切成长0.5 cm并纵切为2块作试材。根状茎愈伤组织诱导的适宜培养基为MS+2,4-D 1.5~1.0 mg/L+6-BA 0.1~0.5 mg/L,其诱导率达90%以上。分化芽最适培养基为MS+6-BA 1.0 mg/L+NAA 0.01 mg/L,芽分化率达100%。在无激素MS培养基中,不定芽生根率达95%以上。

李登绚等(2005)采用工厂化组培育苗技术可以达到速度快、质量好、效率高的目的。黄花菜的幼叶、花药、子房、花茎、花梗、花蕾和花丝均可作为外植体,经过培育成苗,其中以花梗的培养效果最好,但繁殖成本偏高,用于珍稀优良材料及杂交育种材料的保存和快繁比较有利。

张秀珊等(2006)以野生黄花菜无菌苗的茎段为材料,在MS+6-BA 2.0 mg/L+NAA 0.1 mg/L培养基上诱导愈伤组织及不定芽,并用这种培养基进行快速繁殖,最后在1/2MS+NAA 0.2 mg/L的生根培养基上壮苗生根形成完整植株。

刘凤民等(2006)以黄花菜的茎尖为外植体,采用附加不同激素组合的培养基进行组织培养研究,结果表明,以黄花菜茎尖为外植体进行组培快繁,可采用诱导培养基MS+6-BA 3.0 mg/L+NAA 0.1 mg/L、继代培养基MS+6-BA 4.0 mg/L+NAA 0.1 mg/L、生根培养基1/2MS+NAA 0.2 mg/L或1/2MS+IBA 0.2 mg/L的组织培养再生系统。

Li等(2010)介绍了美国黄花菜的叶片诱导愈伤的方法。在Murashige-Skoog(MS)培养基上,加入2,4-二氯苯氧乙酸(2,4-D)和苄基腺嘌呤(BA)或噻二唑酮(TDZ),随后放置0.5 cm×0.5 cm的幼嫩黄花叶段,观察发现有愈伤形成。其中愈伤诱导频率最高的培养基是含有6.79 μM2,4-D和4.55 μM或6.81 μMTDZ的培养基。继代培养基是含有5.37 μM萘乙酸

(NAA)加 2.22 μM 或 4.44 μMBA 的培养基,该培养基配方可以提高愈伤的质量,并显著提高胚母细胞的形成,以及一旦将胚芽转移到光照下的嫩芽再生。研究显示超过 70%的再生芽在缺乏植物生长调节剂的 1/2MS 培养基上产生了根。

江华波等(2014)从外植体选择、消毒、激素配方的选择等方面对黄花菜组织快速繁殖技术进行综述。研究指出,黄花菜的叶片、茎段、花茎、花药、根尖、花梗等都可作为外植体。在外植体的消毒上,常用升汞、酒精、新洁尔灭及漂白粉等消毒剂,根据外植体选择的不同,消毒程序也不尽相同。对茎尖、茎段、叶片及根尖消毒一般先用自来水洗净,用 70%酒精擦洗后,放入0.1%升汞溶液中 15 min,再用无菌水冲洗 4～6 次。对花药消毒一般采用将整个花蕾浸入70%酒精中浸泡消毒 12 min,用无菌水冲洗后接种。

铁曼曼等(2015)总结前人研究成果后指出,在外植体的不同生长期或器官的不同成熟期取材,对离体培养产生不同的影响。心叶和花瓣越幼嫩诱导效果越好,花茎作外植体最好选择开花之前的幼嫩花茎,已开花的花茎组织老化,诱导效果不理想。但是也并非所有的取材部位越幼嫩越好,以花柄作外植体时,花蕾越小的花柄再生异常苗的频率越高,而且始花期高于盛花期。以未授粉的子房为外植体时,蕾长 2～3 cm 的子房,柱头不伸长并逐渐萎缩,而蕾长 5～9 cm 的子房,子房已经形成成熟或接近成熟的胚囊,在培养基上培养到一定时候,子房能够膨大形成愈伤组织,可诱导出单倍体植株。而以黄花的花茎和叶片为外植体,取材容易,如果能提高诱导率就能为黄花的快繁奠定良好的基础。以花器官和根状茎作外植体取材在季节上受限制,但诱导效果好,若能保证多次继代后不发生变异,也能作为一种重要的繁殖方式。

韩志平等(2018)以大同黄花菜为材料,采用半粒法取其种子的胚芽端,接种在普通 MS 培养基上诱导愈伤组织,然后在 MS+6-BA(2 mg/L)+NAA(0.1 mg/L)培养基上诱导分化成芽,继代培养后抽生叶片,最后在 1/2MS+NAA(0.2 mg/L)的生根培养基上壮苗生根。结果表明,接种的种子胚芽端约 1/2 分化成芽并抽生叶片,其中部分诱导生根形成了完整的黄花菜幼苗。证明半粒法操作简便、经济实用,可应用于大同黄花菜的快速繁殖。

王静等(2019)采用单因素和正交实验方法对"三月花"黄花菜的组织培养技术进行了探索。结果显示,幼叶用 0.1%升汞灭菌 12 min 时效果最佳,外植体污染率、死亡率均为 0,14 天后外植体启动率为 62.5%。最佳愈伤诱导培养基为 MS+2 mg/L 2,4-D+0.1 mg/L 6-BA,外植体出愈率为 86.67%;愈伤组织最适分化培养基为 MS+2 mg/L 6-BA+0.5 mg/L IBA,愈伤组织分化率达到 80%,平均每块愈伤组织不定芽个数为 1.72。最佳生根培养基为 1/2MS+0.5 mg/L NAA,生根率达到 93.33%,平均每个芽苗生根数为 5.83 条,试管苗炼苗移栽后,成活率 95%. 利用该组织培养技术,幼叶外植体通过愈伤组织途径获得"三月花"黄花菜再生苗。本研究中利用组织培养技术 3 个月后就可形成组培苗,大大缩短育苗时间,增值系数约为 4。

蔡萱梅等(2020)选用黄花菜新品种"台中 6 号"的鳞茎、根尖、花梗、花丝、花蕾等 5 种外植体,进行愈伤组织的诱导及植株再生研究。结果表明,根尖污染率高,培养后褐化死亡;花丝污染率低,可以诱导出愈伤组织,但继代后逐渐死亡;幼嫩花蕾可以诱导出愈伤组织,并分化成完整植株;花梗和鳞茎可以直接诱导出植株,因此,黄花菜组织培养适宜的外植体为花梗、花蕾和鳞茎。其快繁体系为:诱导培养基 6-BA 0.5 mg/L+NAA 0.25 mg/L+2,4-D 0.5 mg/L、继代培养基6-BA 2.0 mg/L+NAA 0.1 mg/L、生根培养基 1/2MS+6-BA 0.2 mg/L+NAA 0.05 mg/L。

张琨等(2020)总结了黄花菜试管苗再生途径,一般可以分为以下 4 种类型:(1)器官型,即从器官外植体直接诱导不定芽,再生形成试管苗的方式。途径为:黄花菜外植体—不定芽—试管苗;(2)器官发生型,即器官外植体经愈伤组织途径再生形成不定芽,进而获得完整植株。途径为:黄花菜外植体—愈伤组织—不定芽—试管苗;(3)胚状体发生型,即外植体经诱导产生的愈伤组织或不定芽发育形成类胚体结构,最后以胚状体成苗的方式形成试管苗。途径为:黄花菜外植体—愈伤组织/不定芽—胚状体—试管苗。(4)球状体发生型,即从外植体诱导产生愈伤组织,后经球状体阶段而最终形成试管苗。途径为:黄花菜外植体—愈伤组织—球状体—试管苗。目前,在黄花菜组织培养的研究中,报道次数最多的是第2种试管苗再生途径,即器官发生型。但该途径中愈伤组织易发生褐化现象,且经诱导愈伤组织形成的组培苗遗传稳定性不高。经胚状体发生型途径获得的试管苗遗传性稳定,结构完整,易与母体分离,但也存在着胚状体发生频率低、发生条件苛刻等缺点。通过球状体发生型途径形成的球状体苗质量好、数量多、繁殖速度快,该途径也被视为黄花菜工厂化育苗的一种有效途径。

帅娜娜等(2021)依托"神舟八号"飞船搭载诱变马莲黄花菜种子,选获的航天黄花菜新品种(暂命名为金蕾二号)采用组织培养法扩繁种苗。对外植体采集、继代培养基、生根培养基配方等做了探讨。结果表明,金蕾二号花丝诱导出的愈伤组织最多;MS 培养基粉(不含糖和琼脂)4.74 g/L+琼脂 5.5 g/L+6-BA 0.5 mg/L+IBA 0.2 mg/L+3‰蔗糖继代培养基产生芽从和无根苗最多;1/2MS 培养基粉(不含糖和琼脂)2.47 g/L+琼脂 5.5 g/L+IBA 0.2 mg/L生根培养基所生根系最发达。

几种繁殖方式的优缺点:

分株繁殖是传统的繁殖方法,优点是生长快,第二年即可投产,第三、四年进入盛产期,缺点是繁殖系数低,生活力不强,易带病虫害。

种子繁殖优点是可集中大量地培育优良种苗,迅速扩大栽植面积,缺点是要第二年才能定植,第五、六年才能进入盛产期。同时由于黄花基因型杂合,且属于异花授粉植物,无论是进行人工自交或异交,后代的基因型都会发生很大变化,难以维持品种的优良性状。许多栽培品种由于长期采摘花蕾,以根状茎进行营养繁殖,其有性生殖作用得不到很好的发挥。且黄花存在一定的败育现象,繁殖系数更低。传统的繁殖方法在大面积推广黄花优良品种的优良方面存在很大限制。

分芽繁殖优点是可较分株繁殖提高繁殖系数 12 倍左右,缺点是操作要求太精细。

组织培养方式优点是既能保持品种的优良性状,又能达到快速繁殖的效果,为引种,实现工厂化育苗、扩大黄花的种植规模打下基础。缺点是操作过程精细且容易发生污染,与其他繁殖方式相比繁殖成本比较高。

二、黄花菜实用栽培技术

(一)选地整地

王富青(2003)介绍,黄花菜的根群分布在 30~70 cm 土层中,深的可达 1.5 m 以上。无论何种土壤或瘠薄地均可生长。

焦和平等(2004)总结,种植黄花菜应选择地势平坦、排灌良好的肥沃壤土或沙壤土。耕翻后精细整地,根据栽植形式开沟。

杨玉凤等(2004)介绍,黄花对土壤要求不严格,从酸性的红黄壤土到弱碱性土壤均可生长。但土质疏松、土层深厚的地块利于其根系旺盛发育。

侯保俊等(2007)总结栽培实践认为,黄花菜对土壤要求不严,在水地、旱地、房前屋后、地头、地畔、路边均可种植。土质以轻壤土、沙壤土为宜。但因其喜水喜肥耐盐碱，选择二阴下湿保浇地或沙壤土的水浇地最为理想。黄花菜的根系是肉质根和纤维根，深翻土壤有利于根系生长和下扎，翻地深度20～30 cm，打破犁底层，然后耧平、打埂、修渠、作畦。畦长6 m，畦宽2 m。

金冰秋等(2009)实践认为，黄花菜栽植以后，不能再进行深耕，须在栽植前深翻50 cm左右，并结合深翻每亩施500 kg优质有机肥作基肥。并按每畦1.1 m作畦，畦面宽70 cm，畦埂宽40 cm，高30 cm。黄花菜为一种久收的多年生蔬菜，高畦埂有利于以后几年有机肥、土杂肥的施入。

于天富(2013)总结，黄花对栽培环境的适应性较强，应选择地势平坦，灌溉便利，土层深厚，疏松肥沃的中、轻壤质地的土壤种植。

康华(2017)归纳，黄花菜的适应性较广，平原、山冈、土丘等都可栽植，对土壤的要求不太严格。要求能保水、保土、保肥，排灌设施齐全，才能达到高产、稳产。栽前要对土地进行深翻，翻地深度20～30 cm，打破犁底层，然后耧平、打埂、修渠，作畦，畦宽2～4 m为宜。

梁万青等(2018)实践认为，黄花菜根系发达，耐贫瘠，适应性强，无论平地或山坡都可以种植，在沙壤土、黏壤土上均能正常生长，对土壤要求不严。黄花菜栽植后可持续采收15～20年以上。为了获得高产优质的黄花菜，以土层深厚、土壤肥沃、地势平坦、排水良好、坡度小于15°的川地、塬地、台地、梯田、掌地等最为适宜。选定地块后，在前茬作物收获后及时深耕灭茬，以促进土壤熟化、增强土壤蓄水保肥能力、改良土壤结构、提高土壤肥力。开春土壤解冻后旋耕耙耱，使其耕作层无大土垡块和残茬，做到深、细、平、净，上虚下实，地面平整，以便于栽植。

刘丽等(2019)提到，黄花菜对土壤要求不严格，耐贫瘠，适应性强，不论是在黏壤土还是在沙壤土均能良好生长。肥沃土壤有利于提高产量和品质，所以宜选择土层深厚肥沃、不积水的地块。

陶星晶(2019)介绍，黄花菜喜温暖、适应性强，但地上部遇霜则枯萎；根系发达，耐旱力强；对土壤要求不严，沙土、黏土均可种植。种植时深翻土壤20～30 cm，利于根系生长，耧平土地，宜起垄1 m左右栽植，开好间沟、围沟。

王金圣(2020)介绍，黄花菜对土壤的要求比较宽泛，适应性很强，但要取得优质、高产，应选在地势平坦、土壤肥沃、疏松、透气的沙壤土或联合土栽植为宜。

黄花菜根系发达，耐贫瘠，对土壤条件要求不严格，在沙壤土、黏壤土上均能正常生长。一般沙性土中，表现早熟，不稳蕾，产量低。在黏性土中，表现成熟晚，不脱蕾，经济性状好。以中性土壤种植最好。虽然黄花菜对土壤条件要求不严，但由于其喜温喜光、好湿润、畏酸碱、怕黏渍的特性，在栽植前宜选择土层深厚肥沃、不积水、沥水较好的地块。为了获得高产优质的黄花菜，应首选土层疏松深厚、肥沃、保水保肥能力强、排灌方便的平地和坡度小于15°的缓坡地等最为适宜，栽培区域相对集中连片、无环境污染、交通方便。

黄花菜一次定植可以15年以上持续生长，所以定植前不论是坡地、平地都要深翻整地并施足基肥。整地前清洁地块，特别是要将多年生杂草的根茎清理干净，以防止来年杂草滋生蔓延。

整地质量应达到"齐、平、松、碎、净、墒"六字标准。秋苗经霜凋萎后或种植时进行整地，深翻整地时应在伏天进行，确保伏耕晒垡，翻地深度为20～30 cm，并需打碎土块，耱光整平田面，达到墒好地松。地边预留灌水渠道和排水渠道，要求旱时能引灌溉水，雨涝能排水，田间不积水。深翻土地，目的是促进土壤中微生物活动，这是有利养分的活化，可保水保墒，促进黄花菜根系生长。结合整地施底肥耙平、作畦。黄花菜耐旱怕渍水，大面积连块种植时要开好"三沟"，有利于排水放渍。开三沟采用宽窄行双排挖穴，宽行距为80 cm，窄行距为30 cm，每穴宽

20 cm,穴距 25 cm,单位面积挖 45000 穴/hm²左右。施足基肥,以有机肥为主,最好选用腐熟羊粪 25～30 t/hm²,化肥选用尿素 500～600 kg/hm²、磷肥 700～800 hg/hm²、硫酸钾 300～400 kg/hm²作基肥,结合翻地,全层施肥,并且用 1‰的敌百虫液来进行喷洒来预防害虫。

（二）选用优良品种

优良品种是实现黄花菜高产、优质的重要保证,应选择抗旱、抗寒、抗病、高产、蕾大、分蘖快、耐储存、晒干率高、品质好的品种。为了解决黄花菜因采收期集中、用工紧缺、雨水多等问题,需要选择适合于当地种植的早、中、晚熟品种进行搭配。

五大黄花菜原产地包括甘肃省庆阳市、湖南省衡阳市、宁夏吴忠市、山西省大同市和陕西省大荔县。湖南省衡阳市祁东县的黄花菜是全国最大的黄花菜产区,占全国总产量的 70% 以上,2002 年获得国家黄花菜原产地称号。湖南省邵东县素有"黄花之乡"的美誉。被列为全国八大名贵蔬菜之一。邵东县黄花菜品种资源丰富。全县现有栽培品种 31 个,且优良品种众多,其中四月花、荆州花、长嘴子花、茄子花、猛子花、白花等新良种,早熟、高产、质优等特点非常突出。

1. 猛子花　又叫大种花。

品种来源:祁东县农业科学研究所为主的科研人员选育,是湖南省祁东县的栽培品种。

熟期类型:属中熟偏迟品种,占祁东黄花菜种植总面积的 70% 左右。

特征特性:主根绳索形;叶色浓绿,较直立,叶长 60～105.5 cm,宽 2.2～2.6 cm;分蘖力中等,抽薹率 67.9%;花薹中空,粗 0.8 cm 左右,一般高 150～170 cm,有 4～5 个双权;每薹结蕾 70～80 个;易采摘;蕾长 13.27 cm 左右,粗 0.89 cm 左右,前期雨水好蕾重 3.6 g 左右,后期干旱蕾重为 2.6 g 左右;每天开花时间为下午 3 时以后,要求中午 12 时前采完;一般于 6 月中旬中开始采收,采收期一般为 70 天左右,若后期雨水多,采收期可长达 80～90 天。

产量和品质:亩产 250 kg 左右。

抗性表现:由于多年种植,其抗病性有所下降,注意防治叶枯病、叶斑病和锈病等其他病虫。

2. 祁珍花　俗名冲里花。

品种来源:此品种系湖南省祁东县农业局经济作物专家于 1978 年以黄花菜白花品种变异株为材料,采用系统选育和重点示范试验方法,于 1985 年培育而成的。

熟期类型:中迟熟黄花菜优质新品种。

特征特性:主根有部分纺锤形;叶色浓绿,较直立,叶长 73.5～104.3 cm,宽 1.7～2.5 cm;分蘖力中等,抽薹率 78%,花薹中实,薹粗 0.82 cm 左右,一般高 140～150 cm,有 4～5 个双权。2013 年 9 月 1 日考查:尚未采摘完毕的每薹结蕾 80～90 个,高达 110 个,平均 82.6 个;成熟花蕾黄绿色,蕾长 12.25 cm 左右,粗 0.95 cm 左右;每天开花时间为下午 7 时后,要求下午 5 时前采摘完毕;一般于 6 月中旬末开始采收,采收期持续 90 天左右。

产量和品质:一般亩产干(原)菜为 300～350 kg。

抗性表现:祁珍花高抗黄花叶斑病、叶枯病和锈病,耐渍、耐旱、耐寒、耐热。

3. 白花

品种来源:祁东县农科所为主的科研人员选育,湖南省祁东县的优良品种。

熟期类型:中晚熟。

特征特性:全生育期 196 天,叶平直,淡绿色,长 91～110 cm,宽 19～20 mm,花葶高 150 cm,每葶着花 60～100 朵,6月上旬开始采收,至9月初结束,长约 90 天。花蕾长 10～11 cm,粗 6～8 mm,干花浅黄色,花嘴麻红色,干制率 22%。

产量和品质:每亩产 250 kg 左右。

抗性表现:抗病虫力强,耐旱,分蘖快,落蕾少,花蕾再生力强。

4. 四月花

品种来源:祁东县农业科学研究所为主的科研人员选育。

熟期类型:属早熟品种。

特征特性:主根多长纺锤形;叶片较直立,色淡黄,长 40～115.2 cm,宽 1.5～2.3 cm;分蘖力中等偏强,抽薹率为 76.8%;花薹中实,有 5～7 个双杈,薹粗 0.64 cm 左右,一般高 100～110 cm;每薹结蕾 30～40 个,高达 50 个以上,平均 36.7 个,蕾长 10.5 cm 左右,蕾粗 0.9 cm 左右,蕾重 2.6 g 左右;每天下午 5 时开花,要求下午 3 时前采完;一般 5 月底 6 月初开始采收,采期 45～60 天。

产量和品质:壮龄期中等苗架理论产量按亩平均 2 万根薹,落蕾率 15% 计算,亩产鲜菜 1622 kg,按晴天每 6 kg,阴雨天每 7 kg 鲜菜加工为 1 kg 干(原)菜计算,亩产干(原)菜 250 kg。调查大面积一般亩产干(原)菜 150～200 kg。

抗性表现:抗病性强。

5. 荆州花

特征特性:植株生长势强,叶子较软而披散。花薹高 130～150 cm,花蕾黄色,顶端略带紫色,长 11～13 cm。下午 7 时花开始开放,花被厚,干制率高。6 月 20—30 日开始采收,可收 45～70 天。分蘖慢,分株定植经 5 年可进入盛期。

产量和品质:每亩产量 150～200 kg,高的可达 350 kg 以上。

抗性表现:叶枯病及红蜘蛛危害较轻,抗旱力强,干旱落蕾少。

6. 安民花 1 号

品种来源:由安民农技公司从猛子花、祁珍花(原名冲里花)和白花之变异株及野生种中选育,并经中国黄花菜科研基地国内 68 个品种参试的品比试验鉴定之新良种。

特征特性:分蘖力特强;安民花 1 号的薹高 90～110 cm;单薹结蕾 30～40 个,多的达 50 个以上;单蕾重 3 g 左右;花蕾未成熟前青绿色,成熟后橙黄色,晴天下午 5 时半后开花;采摘期一般 40～50 天。其主要特性为:①始采期早:安民花 1 号采蕾期为 5 月 20 日左右至 6 月底 7 月上旬。始采期比国内公认的四月花、四月白、早黄花分别早 8 天、11 天和 18 天左右。如作鲜菜上市,有利抢占市场。②旺产期快:据中国黄花菜科研基地测产:栽后第二年亩产鲜菜 1464.8 kg,第三年亩产鲜菜 1959.4 kg,比一般品种提早一年旺产。③含糖量丰:尝尝鲜蕾,安民花 1 号味甜,而其他品种有浓烈的生味。安民花 1 号加工的干菜,口感比其他品种好。

熟期类型:为早熟品种。

抗性表现:抗病性强:安民花 1 号整个生育期内几乎不感病害,只需重点防治螨类、蚜虫和蓟马。农药用量少,产品无公害。

7. 安民花 2 号

品种来源:由安民农技公司从猛子花、祁珍花(原名冲里花)和白花之变异株及野生种中选育,并经中国黄花菜科研基地国内 68 个品种参试的品比试验鉴定之新良种。

特征特性:分蘖力强;薹高一般 140～150 cm;单薹结蕾 80～120 个,高达 143 个;单蕾重 3.45 g;花蕾黄绿色,蕾形似祁珍花,晴天下午 7 时后开花;采摘期正常年分长达 135 天以上。

①产量特高。据中国黄花菜科研基地测产,安民花2号栽后第二年亩产鲜菜就达6744.1 kg,按晴雨日每6.5 kg鲜菜加工为1 kg干菜的比例折算,亩产干菜超1 t,创中国黄花菜良种特性之最。②干鲜皆宜。安民花2号采摘期为6月10日—10月20日,与祁珍花的6月18日—9月18日相比,始采早、终采迟,加之花被筒(即花柄)粗、花蕾紧实,形似祁珍花,既适宜鲜蕾上市,又适宜干菜加工。

熟期类型:为中熟偏迟品种。

抗性表现:较抗锈病。安民花2号抗病性与祁珍花一样,较抗锈病,但应加强叶斑病等病虫防治,以充分发挥其高产优质的良种特性。

8. 安民花3号系列

品种来源:由安民农技公司从猛子花、祁珍花(原名冲里花)和白花之变异株及野生种中选育,并经中国黄花菜科研基地国内68个品种参试的品比试验鉴定之新良种。

特征特性:分蘖力中等偏强;薹高有130~140 cm的,有140~150 cm的;单薹结蕾一般60~80个;单蕾重3 g左右;亩产鲜菜2000~3000 kg。其主要特性:①生育期特迟。安民花3号系列,据中国黄花菜科研基地在湖南祁东自然环境下观察:有7月1日左右始采的,采期100天左右;有7月10日左右始采的,采期90天左右;有7月20日左右始采的,采期80天左右。②开花较晚。安民花3号系列晴天开花时间均在下午6时后,作鲜菜适当嫩摘于上午采蕾,为打包、冷藏和发货留有充足的时间。

熟期类型:为国内目前唯一的特迟熟黄花菜,是运用于秋延迟鲜蕾上市的最佳品种。

抗性表现:抗逆性强,安民花3号系列高抗锈病,叶斑病和35 ℃以上高温,少用农药有利生产无公害产品并确保高产。

9. 茄子花:俗称"鸡爪花"。

熟期类型:属晚熟种。

特征特性:全生育期197天,根系多,叶散生绿色,鲜蕾长10.5 cm,蕾尖稍带紫褐色,味甜、脆,肉厚,品质较好。6月下旬始收,采收期50~60天。

产量和品质:味甜、脆,肉厚,品质较好,亩产150 kg左右。

抗性表现:抗逆力中等。

10. 长嘴子花

特征特性:因该品种要在早晨采花,又称早黄花。长势强,植株紧凑,挺直,叶宽而厚,叶色浓绿,花薹粗壮。株型较松散,分蘖力较弱。花薹高120~130 cm,花蕾长可达14~15 cm,成熟的花蕾淡黄色,蕾嘴部淡绿色,加工后整个花蕾呈淡黄色。6月下旬开始采收,9月上旬结束。

产量和品质:一般每公顷产3000~4500 kg。

抗性表现:抗叶斑病能力较弱,对叶枯病、锈病的抗性较强。HAC-大花长嘴子花湖南农学院育成的四源四倍体新品种。

11. 三月花

品种来源:是四川民邦种业科技有限公司、德阳市明润农业发展有限公司、渠县生产力促进中心选育。以山西野生北黄花为母本与渠县武坪早杂交,经2代回交,3代无性繁育优选而成。

熟期类型:品种为早熟型品种(一般于5月下旬采收)。

特征特性:幼苗深绿色,分蘖力较强。成株墨绿色,株型中散,16片叶,叶长74.9 cm,宽

1.9 cm。抽薹率 86.18％,花薹高 110 cm,花序分枝 3～5 个,单薹着蕾 19 个左右,成蕾率 86.3％。商品花蕾外观黄绿色,鲜重 3.0 g。

产量和品质:平均亩产鲜花 1048.6 kg,因超级早熟,市场价格高,亩增收益近 5 倍。

抗性表现:抗逆性强。

适宜种植地区:三月花黄花菜品种适宜在四川平坝、浅丘陵黄花适宜种植区种植。

12. 大乌嘴

品种来源:江苏省农家品种。

特征特性:分蘖较快,分株定植后 3～4 年可进入盛期。花薹粗壮,高 120～150 cm。花蕾大,干制率高。6 月上旬开始采收,可持续采收 50 天。

产量和品质:每亩干花 150 kg 以上,高的可达 250～300 kg。

抗性表现:植株抗病性强。

13. 大同黄花菜

品种来源:山西省地方品种,主产大同地区,栽培历史悠久,是山西省名特产之一。

熟期类型:早熟品种。

特征特性:平均薹高 59.2 cm,花序长 14.3 cm,分枝 5 个左右,每序 36～58 个。大同的黄花有三大优点,一是颜色鲜黄,干净无霉,叶色金光灿烂,绝少黑斑霉货。二是角长肉厚,线条粗壮,肥顾整齐。三是油性大,脆嫩清口,久煮不烂。株形较直立,叶绿色,长带形,长约 98 cm,宽 2.8 cm。花葶长约 125 cm,每个花葶着生花蕾 35～42 个。花蕾小棒槌形,长 12～15 cm,粗 1.2 cm,单蕾鲜重 5.1 g。

产量和品质:干制品金黄色,营长肉厚,味道清香,脆嫩可口,品质极佳。6 月中下旬开始采收,每亩产干花 300 kg,出干菜率 18％～20％。

抗性表现:抗逆性强。

适宜种植地区:适宜大同市及其他相似生态地区种植。

14. 沙苑金针菜

品种来源:为陕西省大荔县主栽品种,味清香,品质好。

特征特性:植株生长势强,花薹高 100～150 cm,每个花薹生 20～30 个花蕾,多的可达 50～60 个,花蕾金黄色,长 10～12 cm,6 月上旬开始采摘。长势强,花葶高 1～1.3 m,每葶着花 20～30 朵,多的达 60 朵。花金黄色,长 10 cm。6 月中旬开花,花期 40 天。

产量和品质:味清香,品质好。每亩产干菜 150～200 kg。

(三)因地选用繁殖方式方法适时栽植

焦和平等(2004)采用分株栽植,春秋栽植均可,但以秋季栽植最好。秋季以秋分至小雪为宜,春季栽植则在土壤解冻至清明节。栽植时选用株型健壮、留茬 3 年以上的宿根直接分株,保留 2/3 的原株,1/3 的分株连根带土移出作为种苗,分级栽植,保证田间整齐度。

侯保俊等(2007)一般从生长多年的老黄花地刨出 33％的老根或用切块分芽繁殖的秧苗作种苗。如用老根作秧苗,要掰芽抖土并"挑丁",即把根茎下面中间的主根、烂根去掉,留下上边一层支根,每根有一个单芽。栽植时间黄花菜除旺苗期、采摘期外均可栽植,一般春秋两季为好。春季土壤解冻在清明前后进行栽植;秋季在叶枯后封冻前进行栽植;旱地黄花根据土壤墒情决定栽植时间。栽植形式有宽窄行和等行距两种形式。宽窄行栽植法,多用于水地,旱地多采用等行距。

金冰秋等(2009)介绍,选择生长旺盛、花蕾多;花系长、品质好的株丛为种苗,将种苗连根掘起,从根的基部将分蘖茎掰开,除去老、残根及枯叶,单株带 3～4 条纺锤形肉质根和须根进行分株繁殖。

李晓林等(2011)将野生黄花菜从山上挖回来进行分栽,将泥土抖掉,剪去老根、朽根和病根,每株留一年生根 7～8 根,长约 10 cm,并将根茎四周须毛去掉,露出侧芽,然后栽植。分株繁殖法最好以春秋季进行。野生黄花菜移栽在 4 月末至 6 月初发芽前进行。移栽前施足底肥,然后深翻 20～30 cm,整平穴面。一般每公顷栽 1.2 万穴,每穴栽 8～10 株苗。行距 1 m,穴距 0.8 m,穴深 20 cm,穴内施有机肥和磷钾肥,并将肥土充分混匀。栽植深度可根据须根的长度来确定或深或浅,将土埋到秧苗顶芽上面 3 cm,压实。

于天富(2013)从多年生的老黄花地株丛中,挖出部分或全部老根,抖去泥土,并一株一株分开后,剪去根茎下部的老根、朽根、病根,保留 1～2 层新根,扒去褐色衣毛。栽植时间除黄花菜的旺苗期、采摘期、休眠期(土地封冻阶段)外,其他时间均可移栽,一般以春、秋两季为好。春栽在清明前后土壤解冻后进行,秋季在大秋作物腾地后进行。栽植形式有等行距栽植法。每畦 2～4 行,行距 1.0m,株距 20 cm,亩栽苗 3300 株;宽窄行栽植法。每畦 2～4 行,宽行 1.2 m,窄行 0.8 m,株距 20 cm,亩栽苗 3300 株。深栽浅覆土,有利于分蘖,一般深度 12～15 cm,达到根系深埋,株头微露,栽后浇缓苗水。

赵晓玲(2015)根据甘肃省庆阳市黄花菜种植经验,认为黄花菜以分株栽植为主,春秋两季均可进行,以秋季 8—9 月栽植为好,当年根系可恢复生长,第 2 年就可有一定的产量。

蒋立志等(2016)介绍,黄花菜的苗,一般从生长多年的老黄花地刨出 1/3 的老根或用切块分芽繁殖的秧苗作种苗。如用老根作秧苗,要掰芽抖土并"挑丁",即把根茎下面中间的主根、烂根去掉,留下上边一层支根,每根有一个单芽。除旺苗期、采摘期外均可栽植,一般以春秋两季为好,春栽在清明前后、土壤解冻后进行。栽植形式采用宽窄行,每畦栽 2 行,宽行距 1.3 m,窄行距 0.6 m。栽后踩实,苗子露出地表 1 cm,覆水缓苗。

张静等(2016)介绍了起挖母株、切根分芽、大田移栽的具体做法。起挖母株时,把种植时间超过 5 年的黄花菜植株,或种植密度过大的植株从田间完整地掘起,并及时除掉根须及茎部泥土与枯叶,根据根部的自然分蘖,把短缩茎掰成一个个单株;切根分芽主要根据自然蘖的长短、精细及芽的多少来实施,针对独茎独芽的蘖,直接采用正中直切;针对直径小于 1.50 cm 的根蘖,先要采用斜切分开主侧芽,倾斜度为 45°;然后使用这种斜切把侧芽切成小块;如果直径大于 2 cm,先直接垂直纵切成两半,然后横切成小块,使每段保留 1～3 个芽;根蘖如果 3 芽并生,要先从芽中间平行切两刀,再斜切成小块。以上几种切根分芽法,最终的目的都要确保每 1 小块带有 2～5 条肉质根,根须长 3～6 cm。经过分芽处理后的根蘖还需在苗圃中进行培育,2 月后再移栽到大田;大田移栽前首先要进行整地,深翻 20～30 cm,然后施加基肥(人畜粪、草木灰、堆肥等),进行定点挖穴时,要按 60 cm×100 cm 的行、株距来挖,穴深 20～25 cm。一切准备好后,才能把培养好的新植株移栽到穴内,最后进行填土,压实根部,并浇足定根水即可正常生长。

康华(2017)介绍了山西省大同市黄花菜的高产栽培技术,黄花苗一般从生长多年的老黄花地刨出 1/3 的老根或用切块分芽繁殖的秧苗作种苗,如用从母株挖出的秧苗,抖去泥土并分株,剪去根茎下部 2～3 年的老根、朽根、病根,只保留 2～3 层新根,扒去褐色衣毛即可移栽。对于栽植时间,黄花菜除旺苗期、采摘期外,均可移栽。一般以春秋两季为好,春栽在清明前后,土壤解冻后进行,秋季在大秋作物腾地后即可栽植。

梁万青等(2018)在介绍甘肃省旱地黄花菜栽培的培育壮苗问题时介绍了几种方法。①分株繁殖法:是黄花菜最常用的繁殖方法,一般有2种方式。一是在母株丛一侧挖出一部分植株作种苗,剩余的让其继续生长;二是将母株丛全部挖出,重新分栽。挖苗和分苗时要尽量少伤根,随挖随分随栽。种苗挖出后将泥土抖去,每2～3个芽片为一丛或一株分开,剪除根茎下部生长的朽根、老根和病根,仅保留1～2层新根,约留10 cm长即可。②短缩茎切块育苗法:黄花菜采收完毕后,挖出根株,按芽片分开,将短缩茎周围的枯死叶和毛叶除去,留叶长3～5 cm,剪去上端,再自上向下将根茎纵切成2片。如果根茎粗壮,可继续进行纵切,一般每株可分切成2～6株,甚至多达10株。分切时每个苗片上都需带有"苗茎",下带须根。分切后用50%多菌灵1200倍液浸种消毒1～2 h,捞出摊晒后用细土或草木灰混合黄土拌种育苗。③种子繁殖法。黄花菜种子繁殖法速度快、繁殖数量大,可以提供大面积栽培所需幼苗。黄花菜生长期,不采收花朵,每个蒴果里有饱满优良种子10～50粒不等。当蒴果由乳黄变成灰黑色,上部裂开口,即可采收。完全成熟的种子乌黑发亮,百粒重2 g左右。用种子播种育苗,必须选择土质肥沃的地块,做成1.0～1.2 m宽的小畦,于4月中下旬至6月初播种育苗。播种前首先在畦面上开沟,深3～5 cm,按行距15 cm,株距1 cm播种。种子播好后,稍镇压后覆土,覆土厚度2～3 cm,可覆盖地膜以保墒提温,促进幼苗生长,幼苗出土后,要破膜防风,以防灼伤幼苗。幼苗在育苗床内生长1年后,第2年即可起苗定植。

王金圣(2020)介绍,一般在清明(4月上旬)或白露(9月上旬)前后从大田起苗分株进行移栽为宜。适当深栽,因黄花菜的根群从短缩茎周围生出,具有一年一层、自下而上发根部位逐年上移的特点,适当深栽利于植株成活发旺,深度为10～15 cm。栽后应浇定根水。秋苗长出前应经常保持土壤湿润,以利于新苗的生长。

结合以上例证可知,黄花菜在一年中任何季节栽植都能成活,最适宜栽植季节为秋栽和春栽。黄花菜采摘完毕后到秋苗萌发前的这段时期为秋栽,秋栽时间以白露节气较好,这一时期正是黄花菜根系生长的高峰时期,植株根群量大量增加,吸收根数量增多,吸收大量营养,促进叶芽的分化,为来年分生出新的植株打好基础,一般在9月下旬到10月中旬。春栽一般是在秋苗凋零至次年春苗萌发前的休眠期移栽,春栽以立春前后栽植较好,此时移栽的苗子经过秋季发苗长根阶段,不但肥大了秋苗植株本身,还进行了叶芽分化,形成了新的个体,地下部分根群也贮藏了大量营养物质,春栽一般在4月中下旬5月初。因此,两个季节栽植的黄花菜,只要肥水管理好,翌年夏季就可抽出花葶,得到效益。东北耐寒品种黄花菜引种季节,一般春季和秋季都可以完成。春季一般在4月下旬至6月上旬,秋季从下霜开始到上冻前都可以进行。

黄花菜一般以独栽好、栽后要灌足水,特别在封冻前后要灌一次封冻水,防止发生冻害,影响其成活率。栽植前先将种苗的根剪短至5～7 cm,除掉腐烂的根和叶片,并将苗子上部的叶剪短,一般只留6～7 cm。再把修剪好的苗子用50%甲基托布津(或多菌灵)可湿性粉剂的稀释液浸泡10 min左右,拿出来晾干表面水珠即可。苗子按大小分级,分别栽植。不同品种分开栽植,同一品种大苗小苗分开栽植,以方便后期管理。适当深栽,栽深10～12 cm,土表露叶片4～5 cm。移栽前施足底肥,亩施腐熟的猪牛粪2000～2500 kg、钙镁磷肥50 kg、含腐殖酸的复合肥20 kg。因为黄花菜生长时间长,栽植时要提前搞好田间规划,一般栽植方式有两种,一种是垄作,一种是畦作,垄作宽65 cm,将土地打成65 cm宽的垄,在垄沟内施足底肥(基肥)用土混均匀后按株距30～35 cm刨穴,每穴栽植2～3株,栽植原则是深不埋心、浅不露根。畦作先施底肥,翻土耙平后人工做畦,1 m宽畦栽双行,方法同垄做。亩穴数2500～3000;栽植的密度可视土壤肥沃而定。一般肥沃土壤宜稀植,瘠薄土壤宜适当密植。

（四）合理密植

移栽黄花菜适合的季节有两个：一是早秋时期，即花蕾采摘完毕后到秋苗萌发前的这个时期；另一个时期是立春前后，从秋苗凋萎起，到翌年春苗萌发前的休眠期。以花蕾采收完毕花葶枯死后为最佳栽植期，其当年可发出冬苗，抽生新根，积累养分，翌年可抽葶投产。由于黄花菜产量高低取决于栽植密度，因此栽植前应确定合理的栽植密度和栽植方式。栽植密度应根据地势、土质和品种而定。

王利春（2014）介绍北方地区黄花菜栽植形式与密度的关系。①宽窄行穴栽时宽行99 cm，窄行66 cm，穴距60 cm。每穴3株，穴内株距24 cm，呈三角形，密度4000株/亩，这种形式有利于通风透光，便于采收。②宽窄行单株栽植时宽行30 cm，窄行50 cm，株距26 cm，这种种植形式有利于个体发育，增加分蘖。③单株等行距栽植时行距50 cm，株距33 cm，7～8年后，可隔行、隔穴间苗，这种形式有利于盛产期提前。黄花菜具有发根部位逐年上移的特点，栽植过浅，分蘖过快，过早出现"毛蔸"外露，缩短盛产年限，栽植过深，盛产期推后。一般栽植深度以12 cm左右为宜。

康华（2017）介绍山西大同地区采用宽窄行栽植，每畦2～4行，宽行距1.3 m，窄行距0.7 m，每亩留苗3500～4000株，栽后踩实，苗子露出地表1 cm，并浇水缓苗。（1）单行单株法：株距0.3～0.5 m。每亩留苗4000株。（2）单行穴栽法：穴距530.5 m，每穴呈0.2 m等边三角形，每角栽一株，每亩栽1400穴，栽苗4200株。（3）单行双株法：穴距0.4 m，每穴栽2株，每亩栽苗3500株。（4）适当浅栽，提早进入盛产期。

周录红等（2015）介绍，泾川县土壤肥力高的地块每亩种植16000穴，坡地、贫瘠地每亩种植20000穴。种植方式以宽、窄行交替为好，要求宽行100 cm，窄行60 cm，穴距40～50 cm，每穴栽分株单株2～4个，穴内单株距离10～15 cm，栽植深度以3～5 cm为宜。移栽后及时浇定根水，并用草木灰盖蔸，成活后亩用人粪尿100～200 kg对水淋蔸作定根肥。

李冬梅（2020）介绍新疆阿勒泰地区宽窄行定植宽行行距100 cm，窄行行距70 cm，穴距40～45 cm，亩栽植1700～1900穴。每穴正方形四角栽植4株种苗，穴内株距15～20 cm；等行距定植行距85 cm，穴距40～45 cm，亩栽植1700～1900穴，每穴栽植方法同宽窄行定植法。

李东炎（2021）介绍濮阳县平原土质肥沃，植株分蘖强，密度24000穴/hm²。坡地，土壤瘠薄，植株分蘖力弱，密度27000～30000穴/hm²为宜。过密单位面积总葶数虽多，但抽葶细，单株结蕾少，花蕾肉薄，产量不高。同时株行间封闭，通风透光不良，易发生病害。过稀，虽葶粗蕾壮，但总葶和蕾数减少，产量也不高。合理密植，既解决了群体和个体关系，又提高产量。栽植可丛植和条栽。单行丛植，行距80 cm，穴距40～50 cm，每穴2～4株；宽窄行丛植，宽行95 cm，窄行65 cm，穴距40～50 cm，每穴2～4株，采用这种方法，能充分利用阳光，宽行作走道，采摘方便，比较科学。条栽行距80～90 cm，株距15～20 cm，条栽对个体发育与速生早收丰产有利，进入盛产期后产量反而下降，新开发地区可与繁种相结合，盛产期将一部分株丛挖出作扩种种苗。

张清云等（2020）研究移栽密度调控对黄花菜产量及品质的影响结果表明，不同移栽密度对黄花菜的抽葶数、花蕾数、单蕾重以及产量都有明显的影响。处理4450株/亩的抽葶数达4608个/亩，花蕾数、单蕾重和鲜重产量分别为78336个/亩、4.50 g和352.5 kg/亩，明显高于5550株/亩的抽葶数（3032个/亩）、花蕾数（60640个/亩）、单蕾重（4.07 g）、产量（246.8 kg/亩）和处理4170株/亩的抽葶数（3165个/亩）、花蕾数（60135个/亩）、单蕾重（4.12 g）和产量（247.7

kg/亩）。尤其是 4450 株亩的鲜重产量，与处理 5550 株/亩、5130 株/亩、4760 株/亩、4170 株/亩间差异达显著水平，说明合理的密植有利于黄花菜的生长和产量的提高，黄花菜的种植密度为 4450 株/亩时，有利于黄花菜产量的提高。

不同移栽密度对黄花菜品质的影响结果表明：移栽密度为 4760 株/亩，其胡萝卜素和铁的含量相对较高，分别为 3.94 mg/100 g、118 mg/kg；移栽密度为 5130 株/亩，其蛋白质、总糖和钙含量较高，分别为 15.6 g/100 g、53.3 g/100 g 和 1.88 g/kg。而移栽密度较大的处理 5550 株/亩，其硒的含量较高，而移栽密度较小的处理 4170 株/亩，其脂肪含量较高。通过对不同移栽密度的黄花菜营养成分含量进行总体分析，合理的密植有利于提高黄花菜营养成分的含量，移栽密度不宜过大或过小，移栽密度为 4760 株/亩，黄花菜营养成分比较均衡稳定，而且胡萝卜素含量比较高。

周萍等（2016）介绍江西省崇仁县当地品种猛子花黄花菜种植要合理密植。山丘地带因土壤较稀薄，群体密度大，应采用南北向，分畦多行排列，行距 80 cm，株距 40～50 cm，亩栽 2000 株左右，这样既保证每穴有足够的苗株数，又有利于通风透气，增强光照，防止倒伏，每穴栽宿根单株 4～6 根；如果套种菜园地，由于土壤较肥沃，故宜采用双行或三行排列或品字形，每穴栽宿根单株 3～5 根即可，这样既保证每穴有足够的苗株数，又有利于通风透气，增强光照，防止倒伏。亩产量控制在 150 kg 左右，保证产品质量。

黄花菜根群在短缩茎部周围发根，发根部位有逐年上移的特点，适度深栽有利于植株繁殖生长。栽植适宜深度为 10～15 cm，沙质壤土可适当深栽，黏壤土适当浅栽。将分株苗短茎埋入土层 2～3 cm，苗露出地面 4～6 cm，不埋心不露根，填土压实根系。秧苗栽植过浅，植株分蘖快，过早出现"毛蔸"外露，提早 1～2 年进入盛产期，但盛产期采摘年限缩短 2～3 年；秧苗栽栽植过深，植株分蘖慢，盛产期会推迟 1～2 年，在黄花菜盛产期采摘时间可适当延长 2～3 年。

（五）田间管理

1. 中耕除草　早春大地解冻后，春苗刚露出地面时开始进行松土除草，结合浇水施肥，多次进行中耕，保持土壤疏松无杂草。中耕深度约 10 cm，除草时锄头不可距幼苗过近，以免碰伤幼苗。

闫晓玲等（2017）介绍，黄花菜是肉质根，肥沃疏松的土壤环境有利于其生长发育。春苗期进行中耕松土除草，具有疏松土壤、增强透性、提温保湿、消灭杂草、促进植株健壮生长的作用。生育期应中耕 2～3 次，第一次在黄花菜苗返青出土时进行，第二次在抽薹期进行，第三次在入冬前茎叶刈割后进行，深耕一次，结合培土围蔸进行防寒保暖处理。

赵园园等（2020）阐述了适时中耕的作用。黄花菜系肉质根，需要在肥沃疏松的土壤环境条件下，才能有利于根群的生长发育。中耕有松土透气、提高土温、蓄水保水、消灭杂草、促进黄花菜植株健壮生长等作用。因此黄花菜在生育期间应根据生长和土壤板结情况，中耕 2～3 次，第 1 次在幼苗正出土时进行，第 2～4 次在抽薹期结合中耕进行培土。休眠时期（10 月至翌年 3 月），应割除枯叶、清除杂草，及时耕翻或旋耕耙糖宽行土壤，做到深、细、平、净，上虚下实，地面平整。结合整地给黄花菜冬苗培土、壅土，以增强其抗寒能力。

牛志军（2017）介绍了中耕培土要点。黄花菜属于典型肉质根，在肥沃疏松的土壤环境中可以快速成长。中耕可起到消灭杂草、疏松土壤、提高透性等作用。一般在生育期间中耕 2～3 次即可。初次在幼苗出土期间，将冬季壅于顶部的客土疏开。再次中耕于抽薹期，最后中耕于采收完毕冬季进行。当天气干燥时需要浇水，通常采用沟灌浸润的方式，快速完成灌溉即可，水分慢慢渗入田内，当畦中央土面微湿时将水排干；干旱田块则直接采用即灌即排方法增加土壤湿度。

刘安民等（2016）介绍栽后未满1年的黄花菜，及土壤易板结的栽后多年黄花菜，应做到前中期田间中耕、行间内深锄、蔸周围浅锄，抽薹至采蕾期不锄。栽后满1年以上的黄花菜，应搞好菜园的秋季翻土。秋季翻土时间以黄花菜采摘结束后，叶片自然枯黄时为宜。先将枯黄叶片和茎秆割除，在行间晒干后烧掉，用小旋耕机旋翻行间或用耙头大块大块地翻挖行间进行翻土。

甄永胜（2019）介绍了中耕培土的重要性。由于黄花菜生长期很长，所以菜园很容易长杂草，又因为采蕾期经常出入踩踏，土壤密度增加，所以要经常中耕松土，可以起到促根发棵的作用。萌发春苗前先进行施肥然后中耕，中耕的深度原则上要株间浅，行间深，以10～15 cm为宜。这次中耕能起到防止水分蒸发和增加地温的作用，从而促使生根发苗，雨后或灌溉后中耕还能起到消灭杂草、改善土壤结构的作用。当花蕾采摘完毕花葶干枯后，冬苗旺长前，对菜园要进行深翻晾晒土壤，有利于土壤熟化，还可以消灭害虫的虫卵和杂草。黄花菜和韭菜同样"跳根"，从栽植后2～3年始，每1年要做好培土护根，特别是水土流失严重的坡地更需注意勤培。培土首先不能过深，不然会影响到春苗分蘖；其次培土的时间要掌握好，应该在冬苗地上部分枯死后到第2年春苗萌发以前结合中耕施肥进行，每亩可施肥沃园土或土粪4000～5000 kg。

邓辉（2016）介绍中耕需要每年进行3次。第1次在春季发芽后进行，结合追施苗肥，疏松土壤，翻埋肥料，促进幼苗旺盛生长；第2次在采收完以后进行，铲除杂草，疏松土壤，接纳雨水；第3次应在秋冬割草后结合追施冬肥进行行间翻耕并培土壅蔸，保证根系安全越冬。

刘小英等（2015）介绍黄花菜属多年生肉质根植物，土壤环境对其根系的生长发育有着重要的影响。中耕有松土透气、除草、提温保湿、促进根系生长发育等重要作用。在黄花菜一个生育期内，应进行中耕2～3次；在春季解冻后，春苗未出土之前，应进行第1次中耕，以促进生根和出苗。在苗期浇水或雨后，可根据幼苗及土壤板结程度及时浅耕。在抽薹期，应进行1次中耕培土，以消灭杂草，提高土壤保湿能力。在采收后花薹枯死至冬苗生长前，应进行深中耕1次。

赵建青（2017）介绍中耕具有疏松土壤、增强透性的作用。解冻后春苗刚露出地面，应进行第一次中耕锄草，抑制杂草滋生，减少病虫害，促进春苗早发快长，同时每公顷施农家肥15 t左右。第二次在抽薹期结合中耕进行培土，整个生育期应中耕2～3次，结合浇水施肥，保持土壤疏松，无杂草。黄花菜是多年生植物，要求施足冬肥，早施苗肥，重施薹肥，补施蕾肥。春苗肥主要用于出苗、长叶，促进叶片早生快发。蕾肥可防止黄花菜脱肥早衰，提高成蕾率，延长采摘期，增加产量。

2. 科学施肥　科学施肥是黄花菜田间管理中的重要技术环节。这方面的试验资料和生产措施甚多。

（1）配方施肥　刘金郎（2007）结合甘肃省庆阳地区实际，通过对黄花菜盆栽沙培试验、田间正交和氮磷钾单因素试验，研究了黄花菜配方施肥技术。结果为黄花菜对$N:P_2O_5:K_2O$三要素的最佳比例为2:1:2；对N、P、K三要素的总量以每亩40 kg为宜（包括土壤供给量）。对不同肥力的土壤，每亩施用量的计算公式是：土壤中黄花菜可利用速效养分含量是每亩土壤速效性养分含量×黄花菜根系实际占用营养面积/栽培面积；在试验土壤条件下，要求施入 N 素 9.5～13.5 kg,P_2O_5 6.6～8.4 kg;N、P 单独施用,应酌量增加;N、P 配合施用应适当减少;最佳的施肥时期是 3 月下旬一次施入。

李进等(2019)研究认为黄花菜对 N、P、K 肥的吸收比例约为 5∶3∶4。追肥原则为:①适施促苗肥:从出苗到抽薹前,是分蘖长叶、花薹积累养分、花芽分化的时期,养分充足可增加分蘖数,促进叶片生长,有利于花薹生长和花芽分化。一般壮苗少施肥,弱苗多施肥,尿素 150～225 kg/hm^2,过磷酸钙 150 kg/hm^2。②多施促薹肥:从抽薹到现蕾,是黄花菜需肥最多的阶段,以速效肥为主,N、P、K 配合施用,促进快抽薹、多分枝、早现蕾。一般每公顷施 375 kg 尿素,150 kg 过磷酸钙,150 kg K 肥,可分 2 次施用。③巧施促蕾肥:肥水供应影响结蕾数量和大小。开始采收花蕾后,每公顷施 150 kg 尿素,75 kg 过磷酸钙,75 kg K 肥,追肥 2～3 次,使植株多结蕾、结大蕾、不落蕾,延长采摘期,提高产量。④勤施保蕾肥:老龄黄花菜和密度较大的青壮龄黄花菜,肥水跟不上,易使花蕾脱落。为保证采摘中后期蕾大花多,盛花期每周叶面喷 1 次 500 倍 KH_2PO_4 溶液,共喷 2～3 次。

王荣强等(2018)介绍施肥量一定要科学合理,黄花菜是一种喜肥的一年生植物,在黄花菜生育的每个时期都需要大量的养分,一般情况下,产出 50 kg 干菜,需要纯氮肥 5～6.2 kg,五氧化二磷 3～4 kg,氧化钾 4.2～5 kg,氮、磷、钾的比例为 1∶0.6∶0.8。

高嘉宁等(2019)为探究黄花菜栽培种植时氮(N)、磷(P)、钾(K)肥的最佳施肥量,给黄花菜科学合理施肥提供依据。以海螺沟本地黄花菜品种为研究对象,运用"3414"肥效试验方案,分别以 N 13.5 kg/亩、P_2O_5 40 kg/亩、K_2O 15 kg/亩为常规施肥水平,通过大田试验,研究氮磷钾配施对黄花菜主要农艺性状、产量和 2 种蒽醌类活性成分含量的影响。结果表明,合理的氮磷钾配施不仅能促进单株黄花菜生长发育的协调,而且能够显著提高其鲜花中的大黄酸和大黄酚含量;施用氮磷钾肥对黄花菜产量的增产效果明显,处理 6($N_2P_2K_2$)的产量最高,为 1727.73 kg/亩,比不施肥处理增产 457.90 kg/亩,增产率达 36.06%;施用氮、磷、钾肥对黄花菜产量影响的大小顺序为氮＞磷＞钾,氮肥增产效果最显著,磷肥次之,钾肥最差。一元二次肥效方程推荐的氮、磷、钾施肥量与本实验设计的最适施肥量相似,可以用于黄花菜实际生产施肥指导。综合考虑,在海螺沟地区推荐的氮、磷、钾肥最佳施用量分别为 13.69 kg/亩、31.53 kg/亩和 26.40 kg/亩,获得的产量为 1678.98～1763.31 kg/亩。

(2)施足底肥　例如,张静等(2016)介绍黄花菜是多年生植物,种植前需要深耕 25 cm 以上,充分施加基肥。施肥前如果先挖 30 cm 的定植沟,可以使基肥更有效地被利用,然后再在表面铺一层熟土,再施加优质肥,移栽后需要喷施新高脂膜,形成膜可以减少土地水分的蒸发,也可以使植株减缓蒸腾作用,同时可以预防病虫害发生。缩短缓苗期,健康成长。

成岁明等(2018)介绍,翻地前亩施优质腐熟的农家肥 3000～4000 kg、复合肥 30 kg,翻入土中作底肥,再细耕细耙整平,剔除碎石、杂草等异物。

刘丽等(2019)报道,黄花菜移栽前要施足基肥,每亩施入腐熟好的畜禽粪肥 3000 kg、复合肥 50 kg,深耕 35 cm 以上,整平做垄,或者在栽植做垄前先开 30 cm 深的定植沟,顺沟将肥料施入,再铺放表层熟土。

牛志军(2017)认为,黄花菜合理施肥的基本要求包括定植肥、苗肥、薹肥及蕾肥。黄花菜栽植前开挖 30 cm 深的定植沟施肥,每亩施腐熟有机粪肥 1～1.5 t、优质堆肥 2～3 t、钙镁磷肥 0.05 t,在定植沟内分层施入;每年 2 月中旬出苗后每亩施入人粪尿 0.1～0.15 t;3—4 月施肥,其中包括 12.5～15.0 kg 尿素、10～15 kg 过磷酸钙及 10.0～12.5 kg 的硫酸钾或氯化钾;花蕾始采后 10 d 左右,每亩兑水尿素 5～8 kg,对根部进行淋浇,或者采用 0.1% 磷酸二氢钾

＋0.3％氯化钾＋1％尿素混合液喷洒。

殷仲卿等(2018)介绍黄花菜根系发达、分蘖快,需要土壤疏松的地块。因此,耕地要深达30 cm,并需打碎土块,耱光整平田面,达到墒好地松。黄花菜是长效经济作物,栽前结合深耕施足底肥非常重要,在底肥施用上以有机肥为主,化学肥料为辅。一般每亩施用优质农家肥2～3 m³,过磷酸钙40～50 kg,尿素5～10 kg,混匀深施作为基肥。结合整地施肥,每亩可同时施入3％甲基异柳磷颗粒剂3～4 kg,防治地下害虫。

阿布都瓦斯提·买买提等(2020)介绍黄花菜定植前,机械深松土壤,耕深35～40 cm,耕后整地耙平,施足基肥。移栽前开深30 cm的种植沟,沿沟底亩基施腐熟优质有机肥4000～5000 kg,基肥表面覆土,土层厚度为6～8 cm。

(3)根据生育时期追肥　例如,郭红莉(2012)介绍了冬肥、苗肥、薹肥、蕾肥的施用时期、用量和方法。冬肥是黄花菜生长期中最重要的一次施肥,对来年黄花菜产量影响极大。施冬肥的时间,应在黄花菜地上部分停止生长,经霜后凋萎时进行。冬肥要求以有机肥料为主,用量要多。苗肥是黄花菜出苗到花薹抽生前的这一时期(苗期)施用的肥料。主要用于出苗、长叶,以促进叶片的早生快发,使叶片生长健壮,具有强大的同化面积,为争取花薹与花蕾分化的数量与质量打下物质基础。春苗肥的施用时间要早,一般应在开始萌芽时进行。黄花菜春苗期短,一般仅40～50天,施用过迟不能催芽早发,还会延迟,叶片生长迟。同时叶片发生延续的时期长,后发的叶片还较柔嫩时,叶斑病已开始盛发,容易感染病害。若早施苗肥,植株叶片组织已充分发育,角质层厚,可增强耐病性。春苗肥一般可用速效性的氮、磷、钾肥配合施用,用量应根据冬肥施用量以及土壤肥力情况而定。薹肥一般应在花薹开始分化时和花薹开始抽出时各施1次,以施速效化肥为主,也可施用有机肥。其作用是促进花薹、花蕾的发育。鉴于黄花菜具有不断采摘不断萌发的特性,采摘时间长,整个采摘期需要消耗大量营养。蕾肥就是为了补充黄花菜的营养,防止脱肥早衰,保持叶片青绿,以达到催蕾壮蕾,提高成蕾率,通过延长采摘期,提高黄花菜产量的目的。施蕾肥的时间以开始采摘10天后为准,快要进入盛采期前进行施肥为宜。

曹立耘(2015)介绍了重施基肥、速施催苗肥、巧施抽薹肥、紧施壮蕾肥、叶面喷肥、续施旺产肥等具体做法,促进黄花菜健壮生长,延长旺产年限,实现年年高产丰收。

李军喜(2020)介绍河南新郑春苗管理。春季在黄花菜萌芽出苗前浅中耕1次,随即埋施催苗肥,每公顷施腐熟农家肥15 t或尿素150—225 kg、过磷酸钙150 kg、硫酸钾75～150 kg,并及时浇水,促进春苗早发、快发和生长粗壮,为花薹与花蕾分化的数量与质量打下基础。黄花菜经过旺盛的营养生长进入花薹分化期时,既是黄花菜产量与品质的决定阶段,又是其全生育期需肥最多的时期。在抽生花薹前需浅中耕除草1次,结合中耕及时追肥1次(称为催薹肥),施三元素复合肥(N-P-K含量17-17-17)225 kg/hm²,促进花薹、花蕾发育,抽薹粗壮,多分枝,早现蕾。在快要进入采收盛期时,为补充黄花菜的营养,保持叶片青绿,防止脱肥早衰,达到催蕾壮蕾、提高成蕾率、延长采摘期、提高黄花菜产量、保持黄花菜良好品质的目的,应再追肥1次(称为增蕾肥),追施三元素复合肥(N-P-K含量17-17-17)225～300 kg/hm²,兑水淋施黄花菜根际。另外,在整个采蕾期间,还可进行多次根外施肥,促使黄花菜壮蕾和防止脱蕾。即用0.1％磷酸二氢钾,于17:00后喷洒。雨季做好开沟排水和防涝防渍工作。黄花菜抽薹开花期遇干旱会造成落蕾减产,应及时浇水保墒,提高产量,确保质量。

秋苗管理。一是及时刘薹。黄花菜花蕾采收完毕,应及时割去花薹,促使叶片早发早出秋苗。二是适时施肥。黄花菜最后一次采收结束,随浇水施腐熟农家肥18～22.5 t/hm²,促使秋苗粗壮,从而为翌年高产稳产奠定基础。三是中耕除草。秋苗地上部分停止生长经霜凋萎后,及时清除田地枯叶、杂草,同时在行间深耕松土1次。四是重施冬肥。结合中耕,重施冬肥,促进黄花菜长根,增强植株抗寒能力,促使其安全过冬。冬肥的用量应根据土壤肥力及肥料种类而定,一般每公顷施腐熟猪羊粪22.5~30 t,或腐熟人粪尿15 t,或饼肥600~900 kg,掺施三元素复合肥(N-P-K含量17-17-17)300 kg。施肥方法是在黄花菜的行间与距株丛10 cm处,开宽15~20 cm、深15 cm的施肥沟,进行深施,施后覆土,以提高肥效。

李红丽等(2016)介绍,春季晾蔸,重施晾蔸肥。立春(2月4日左右)前后,幼芽开始萌动时,选晴好天气在幼苗正出土时松土,并将黄花菜根蔸周围土刨开,直至见到幼芽为准,并结合松土施晾蔸肥,亩用过磷酸钙25 kg、腐熟土杂肥1000 kg,混合后施入,再淋人畜粪5~10 t+尿素10 kg(或复合肥15 kg)。要求不现蔸子、不现肥料、不现杂草,地平、土松,为春苗生长打好基础。在抽薹期结合中耕进行培土。春分(3月20日左右)前后,到苗高15~20 cm时松土除草。

刘丽等(2019)介绍,黄花菜是多年生植物,十分喜肥、耐肥,尤其对氮、磷、钾的需要量较多,因此在施肥上要采取相应的措施,保证生育期的养分需求。施肥应于春苗发芽前、抽薹开花期和冬苗发育期分次进行。①苗肥。春苗萌发时(苗高10 cm左右)每亩施尿素15 kg、钾肥8~10 kg,促使青苗健壮生长。②芽肥。在抽薹前7~10天结合中耕,每亩施三元复合肥30 kg,在土壤湿润条件下开穴深施后覆土,以促进抽薹整齐、粗壮。③催薹肥。当植株叶片出齐,花薹抽出15~50 cm时,结合灌水每亩撒施尿素20 kg。④催蕾肥。当花薹抽齐,结合浇水,每亩撒施尿素15 kg。⑤冬肥。在秋冬挖松土后,每亩施腐熟的猪粪或鸡粪等有机肥3000 kg左右,加生物菌肥和复合肥各50 kg于株丛间或行间,距株丛13 cm左右,开宽18 cm左右、深15~20 cm的沟开穴埋施并浇足水,以便为来年春苗生长和抽薹储备充足的营养。⑥叶面追肥。从抽薹初期到采摘中后期,为增强植株抗旱、抗病能力,延长叶片功能,促进花蕾粗壮,减少幼蕾脱落,提高产量,每隔10天左右喷施1次0.3%磷酸二氢钾或氨基酸水溶肥,连续喷3次。

孙波等(2015)报道,黄花菜在苗期多处于干旱少雨季节,应及时浇水,保证土壤含水量在60%~70%。浇水要浇透,等到土壤快干透时再浇第2次。黄花菜苗期短,为40天左右。施肥工作应尽早进行,可采用穴施或沟施两种方法,每亩施复合肥25~40 kg。抽薹期黄花菜需要大量营养,一般在花薹开始抽出时和花蕾开始分化时各施肥1次,以施速效化肥为主,每亩施尿素22.5 kg、过磷酸钙15 kg、硫酸钾7.5 kg。此期施肥总量应占全年施肥量的30%左右,施肥与浇水可结合进行,以提高肥料利用率。施蕾肥可催蕾壮蕾,提高成蕾率,防止黄花菜脱肥早衰,延长采摘期。蕾肥在采摘后5~10天时施用,此期要补充大量营养,用总含量大于45%的高浓度复合肥撒施,每亩用量在45 kg左右。

刘小英等(2015)介绍肥水管理,应根据黄花菜的栽培苗龄及生长时节的不同,采取不同的施肥方法。新植苗施肥应以基肥为主,一般采取开种植穴施足基肥的方式;10年以上的老龄苗,可将老弱苗挖出后补施有机肥;一般生产苗则可根据黄花菜生长分为青苗、催薹、壮蕾和冬苗几个阶段施肥。在苗期,一般在黄花菜开始萌发时施用人畜粪肥15~22 t/hm²提苗。在抽薹期,应在花薹抽出时追施氮磷钾复合肥600 kg/hm²,在株间开穴深施。在花蕾初期及初次采摘后,应在行间加施尿素75 kg/hm²。同时,在抽薹和花蕾期应根据土壤墒情,选择早晨或傍晚对黄花菜地灌水保湿,在采摘期每隔1周向叶面喷施1 g/kg磷酸二氢钾1次。11—12月,在黄花菜地开沟深施人畜粪便,并进行客土培蔸,为来年春苗生长和抽薹贮备充足的养分,防止"毛蔸"及冻害发生。

闫晓玲等(2017)认为,黄花菜产量大,对土壤养分利用能力很强,栽植前应施足基肥,施腐熟的厩肥 60 t/hm²、磷肥 0.75 t/hm²。以后各年返青出苗前均应施肥,以有机肥和速效氮肥为主,施腐熟的有机肥 40 t/hm²、尿素 0.15 t/hm²。抽薹期必须追施复合肥 0.30 t/hm²,叶喷磷酸二氢钾和硼砂。黄花菜采摘结束后进入秋苗期,进行一次松土施肥,以有机肥和磷肥为主,施腐熟农家肥 20 t/hm²,并混施复合肥 0.30 t/hm²,以促进根系贮藏养分,增强植株抗寒能力。

施用钾肥对黄花的产量具有有效的增产作用。郭国平等(2002)介绍了黄花菜的施钾效果。黄花菜追施钾肥可提高植株的抗性,增加花蕾数,提高成蕾率,增加产量,是一项有效的增产措施。在他们的试验条件下,以每公顷黄花菜追施硫酸钾 112.5 kg 为最佳施肥量。

红壤旱地、特别是低肥力红壤旱地中,施用含镁复合肥可以明显提高黄花菜的产量、改善土壤养分状况。孙楠等(2006)曾试验探讨红壤旱地、特别是低肥力红壤旱地中镁对作物生长及产量的影响,为镁肥的合理施用和含镁复合肥的研制奠定进一步的基础,利用田间试验方法,研究了两种不同镁含量的复合肥对黄花菜生长、产量及红壤旱地养分含量的影响,并对其生长过程中土壤养分、作物生长等的变化进行了系统观测。结果是两种含镁复合肥对促进黄花菜生长发育、提高黄花菜产量和抗病能力均具有良好效果,其中含镁量较高的镁肥Ⅱ增产效果更优,比不施肥处理增产 57.4%,比施氮磷钾处理增产 32.8%,比含镁较低的镁肥Ⅰ增产 14.5%。两种含镁复合肥对土壤交换性镁和氮磷钾含量也有一定影响。其中施用镁肥Ⅱ处理土壤碱解氮、速效磷、交换性钾及交换性镁含量分别比对照提高 94.9%、46.5%、31.1% 和 35.3%。施用含镁复合肥可以明显提高黄花菜的产量、改善土壤养分状况。试验结论是在红壤旱地土壤、气候和生产力水平等条件下,为保证作物优质、高产,在现有施肥结构的基础上,应考虑施用镁肥。

3. 合理灌溉　根据栽培经验,土壤含水量是决定黄花菜生长发育和花蕾产量的主要因素,干旱时间越长,可采摘的花蕾数量越少,落蕾率越高。黄花菜根系发达,尤其在抽薹期和花蕾期对水分十分敏感,若该时期缺水,会导致花薹难以形成,有时虽然能抽生,但花薹细小、参差不齐、萌蕾力弱、落蕾率高、蕾数显著减少、严重减产。因此在黄花菜生育过程的关键需水期,如果无天然降水或天然降水不足,需要根据土壤情况利用现有水源和蓄水设施适时地进行补充灌水,提高黄花菜产量。灌水适宜在早晚进行,急灌急排,避免漫灌。但若水分过多,病虫害也会随之增多,同样最终会导致黄花菜减产,所以如若遇到连续多雨天气,也应及时清沟排水,防止渍涝,保持土壤湿润。

孙波等(2015)研究得出黄花菜在苗期多处于干旱少雨季节,应及时浇水,保证土壤含水量在 60%~70%。值得注意的是黄花菜冬苗的好坏直接影响来年的产量,所以在头年应做好冬灌。

常永瑞(2008)介绍了山西省大同县黄花菜的膜下滴灌技术。由过去直接浇土壤转变为浇作物根系,定时定量给作物补充水肥。在黄花菜膜下滴灌区铺设主管道和支管道,根据土壤墒情,气候及黄花菜需水需肥规律,一般在春苗期,抽薹现蕾期,干花期 3 个生长期进行 6 次滴灌。

郭红莉(2012)介绍,黄花菜生产中,4 月中旬以中耕保墒为主,第 1 次浇水在谷雨后进行,以促进叶片伸长及花薹抽生;抽薹时浇第 2 次水,此时为需水临界期,要灌足水;花蕾初现时需水量大,灌水在傍晚进行,沟灌和喷灌相结合;采收完毕,需水量减少,中耕除草以控为主,及时多次中耕除草,保持土壤疏松无草。入冬前为防冻保苗,在昼夜融冻时浇冻水,用细土及时填补裂缝,以利保墒。

颉敏昌等(2015)具体介绍了雨水集流的节水灌溉方法。在黄花菜株丛周围,沿着黄花菜栽植行修建一外高内低的小斜坡,在坡面铺上地膜,将膜边缘用土压实,使雨水能够流到黄花菜根部。还可利用化学抗旱保水剂。可选用20%先科哺育、20%先科急救液、20%快速生长剂。在黄花菜抽薹后10~15天,每天选用1种药品,按600~900 mL/hm² 兑水450~675 kg/hm²,于阴天或晴天傍晚喷至叶面,使花葶沾满露珠,喷雾时喷头离植株40~50 cm为宜。3种药品分3天喷完,每隔15天左右重复喷施1次。此外若遇久旱时可配合使用喷雾器于傍晚对植株进行喷雾补水。

目前黄花菜节水灌溉技术尚存在一些问题,如现在对于黄花菜灌溉的研究仅局限于在哪个生育期灌水,并无确定的灌水定额及灌水日期,很难在生育期内找到精确的灌溉时间,不能使黄花菜的灌溉制度达到最优。再如,缺少栽培环境对黄花菜生长信息影响机制及获取方法。节水灌溉是根据作物蓄水量的多少,尽可能地浇灌较少的水,达到最优的效果,研究黄花菜生长信息及其获取方法是实现节水灌溉的关键。此外,黄花菜的节水灌溉设备及技术需要进一步精进和完善。

相关研究工作者需积极结合其他学者对于黄花菜生长机理的研究,确定黄花菜不同生育期的灌溉定额及灌水日期,收集更多详细的资料,确定最优的灌溉制度。采用膜下滴灌技术在节水及产量方面已经取得很好的效益,但应用尚少,应加大宣传力度,大规模应用,培养专业人才,解决节水灌溉技术不足的问题。这对大力发展黄花菜产业,解决贫困地区的农田用水问题,生态农业问题,水资源可持续问题等具有重大意义。

4. 防治落蕾 王鹏飞等(2021)介绍大同地区黄花菜出现大面积落蕾的两个原因主要是生理性和病虫害。

生理性原因即在黄花菜的栽培管理过程中,由于水肥管理不当,种植密度过高,杂草争夺营养和种植年限长植株老化等引起落蕾。黄花菜喜水喜肥,在抽薹现蕾期需水肥量大,此时若不及时灌水、施肥不足或脱肥,易导致抽薹延迟,花薹少而细,甚至不抽薹,花蕾极易脱落。此外黄花菜地下部分根深、根多、体积大,地上部分叶片繁茂、紧密,若种植密度过高,当进入生产期时,由于通风透光性差,根系间相互争夺养分,极易造成大面积落蕾。再者黄花菜生长进程可分为四个时期,幼龄期(2~3年)、盛产期(4~10年)、衰老期(10年以后)、更新期。种植10年后就进入了衰老期,衰老期的植株分蘖过多,株簇密集郁闭,节位升高,根系分布浅,吸收水肥能力减弱,植株矮小,花薹减少,落蕾增多,产量降低。此外,若田间杂草清理不及时、不干净,种植土壤为沙性土壤,或现蕾期遭遇严重的风雨雷暴等自然灾害,也会导致落蕾,降低产量。据调查,黄花菜易遭受蚜虫、红蜘蛛、地下虫害、茎腐病、叶枯病、叶斑病、锈病等多发性病虫害。病虫害会影响植株的正常生长发育和营养吸收,不仅造成当年产量下降,且对来年植株的生长、抽薹产生危害。

针对黄花菜花蕾脱落,王鹏飞等(2021)给出了详尽的解决办法和防止措施,主要概括如下。

(1)要加强田间管理,培育健康的青壮龄植株 选择地势平坦、土壤肥沃、排水灌溉良好的园地种植,种植要实行宽窄行穴栽,深度以10~12 cm为宜,过深或过浅都会影响植株的出苗和生长繁殖,移栽后应及时浇透水。根据一年中返青、抽薹、现蕾和越冬等不同生育阶段,结合天气情况,加强水肥管理。应做到早施催苗肥、重施催薹肥、巧施催蕾肥、轻施保蕾肥、施好越冬肥。此外,喷施叶面肥也是补充营养,保花保蕾,增加产量的一项非常见效的措施。栽培黄花时应做到一年一般深翻2次,中耕2~3次,疏松土壤,及时处理地里的杂草,有效地减少第二年田间杂草量,也能减轻草根和黄花根系混杂对黄花的影响。最后,不断更新衰老植株,对更新的黄花菜要加强管理,以利其正常生长,确保产量。

(2)重视病虫防治,控制病虫害危害　红蜘蛛的防治,一定要把握提前预防、防治及时、防治彻底、统防统治的原则。头年入冬前和开春清明前后深翻土地,清理田间残枝败叶,大水浇灌,就是一个很不错的预防措施,能有效消灭越冬成虫,压低虫源数量。红蜘蛛危害的高峰期是 7 月份,越是天旱,发生越重。可选择哒螨灵、巨螨哒、炔螨特、螨威、阿维菌素等杀螨剂,待早春黄花返青出齐苗后,连续喷防 2 次,间隔 7 天。尽可能地扩大防治范围,防止红蜘蛛转移危害。6—7 月是蚜虫发生和危害的高峰期,蚜虫的防治可与红蜘蛛的防治同期进行,即在防治红蜘蛛的同时加入吡虫啉、啶虫脒、菊酯类、氯虫苯甲酰胺类杀虫剂。在农家肥堆沤的时候加入锌硫磷可有效降低地下虫害的发生。若田间已出现地下虫害时,可及时喷或灌辛硫磷、毒死蜱等进行防治。针对黄花菜病害的防治需采取"农业防治、物理防治、生物防治为主,化学防治为辅"的综合防治原则,病害重在"预防"。病害的防治可以结合防治蚜虫和红蜘蛛同步进行,重点注意要及时清除病株残叶,减少病原,复壮黄花苗,提高植株的抗病性。当已出现病害特征时,及时进行化学防治,采用三唑酮、三唑醇、丙环唑、晴菌唑、烯唑醇等杀菌剂进行喷雾防治,7 天一次,连续 2～3 次,可控制锈病的危害。选用杜邦克露(霜脲锰锌)、杀毒矾等药剂,7～10天一次,连续喷施 2～3 次,可有效抵御初期锈病。因此,一定要积极预防黄花菜病虫害,减少病虫害的发生,降低落蕾率,提高种植黄花菜的经济效益。

范学钧等(2001a)结合甘肃省庆阳实际介绍,黄花菜的每根花茎,因品种不同一般能相继形成 40～150 个以上花蕾。但在大田生产上通常只能采收 20～60 个花蕾,自然落蕾率 30%～40%,高者可达 50%～60%。丰产田应控制自然落蕾率在 15% 以下。黄花菜花蕾脱落的原因主要有:光照不足、花期干旱、前期偏氮旺长、后期脱肥早衰、缺硼导致花芽分化和花器发育不良等。黄花菜为长日照喜光植物,当光照强度≤2000 lx 时就处于"光合饥饿"状态,尤其在大棚内、林果间套地和高密度种植田尤为突出,因植株基生叶片重叠交错密集,中下部叶片常因光照不足极易导致落蕾。因此栽培上一般以宽窄行种植避免遮阴,对于老株田可分株移苗扩栽;若春苗期施氮肥较多,易造成茎叶疯长,进入盛花期现蕾少而小。主要因为偏施氮肥会使 C/N(碳氮比)与 N/P_2O_5(氮磷比)失调,营养生长(茎叶)和生殖生长(花蕾)会因争夺养分而造成小蕾或落蕾。因此春苗期应以有机肥为主补充土壤有机质,配合施用氮、磷、钾肥,保持适宜的 $C/N/P_2O_5/K_2O$(碳/氮/磷/钾)比,切忌抽薹前施用过量的氮肥;硼是一种能促进花芽分化和花蕾器官发育的微量元素。缺硼易导致喜硼作物花器发育不良或花粉败育,这在只施化肥而不施农家肥的黄花地表现尤为突出。因此每亩地可施硼砂 2 kg,或叶面喷施 0.2%～0.4% 的硼砂或 0.1%～0.2% 的硼酸来补充硼元素。

范学钧(2021b)提到,黄花菜自身生理失调是造成落蕾落花的内因,环境胁迫是造成落蕾落花的外因,在确保做好田间土壤、水肥、光照、温度管理的前提下,在花蕾期叶面喷施肥与病虫害防治的同时采用复方"四合一"制剂会增强保花保蕾的效果。复方"四合一"制剂由微生物益生菌群＋杀虫或杀菌农药＋化肥＋植物激素或生长调节剂四大类组成。

颉敏昌等(2015)介绍,曾在甘肃省庆阳市采用田间小区试验方法,观察 30 cm 内土层含水量对黄花菜落蕾的影响。结果表明,30 cm 内土层含水量对黄花菜落蕾影响十分显著。干旱时间越长,落蕾率越高。持续干旱落蕾率高达 95.59%。除了补充土壤水分和喷雾补水外,还可合理运用化学抗旱保水剂,用量和使用方法在合理灌溉中已提及,不再赘述。

5. 应对环境胁迫　包括病、虫、草害的防治与防除,温度胁迫、水分胁迫、盐碱胁迫及其应对措施等内容。具体见第四章。

（六）适时收获

1. 采收时间和标准　黄花菜的采收时间一般从 6 月底开始到 8 月中旬结束，历时 50 天左右。采收的最佳时期为含苞待放的花蕾期，此时花蕾饱满未开放、中部色泽金黄、两端呈绿色、顶端乌嘴紫色刚褪去、尖嘴处似开非开，呈现鲜明的三条接缝。采摘时对时间要求极为苛刻，按照"早熟先采，迟熟后采"的原则进行，不同地区应根据当地花苞开放时间及时进行采收，一般是在花蕾开放前 3～4 小时进行，过早过晚都不好，过早为青蕾，鲜蕾分量轻、色泽差、糖分含量少，产量低；过晚采摘则花蕾成熟过度，出现裂嘴松苞，汁液容易流出，产品品质差，不易贮藏。盛花期每天采收 10～12 小时，初花期和末花期每天采收 5～8 小时。值得注意的是，阴雨天花蕾生长较快，应适当提前采摘。

2. 采收方法　采摘时，用拇指和食指捏住花柄，从花梗和花蒂连接处折断，边采边轻轻放入筐内，要做到带花蒂、不损花、不抽丝、不带梗，不碰伤幼蕾，小心采摘，轻取轻放，勿重压。

3. 采收后处理　采回的花蕾较为鲜嫩，应当及时蒸制，以免发生腐烂。方法为把鲜花蕾置于蒸筛里，放置厚度不超 5 cm，中间高四周低，不能压太紧实；将装满花蕾的蒸筛放进密封的蒸笼或蒸烤箱内，加火蒸制，待冒气后即可停火，再焖 20～25 min 即可。蒸好的花蕾呈黄色，蒸得过熟花色易变黑。蒸好的花蕾不可立即倒出，过一段时间放到通风洁净处晾干，或置于遮阳网上摊开晾晒，待花蕾含水量下降至 16％以下时就可装袋，晾晒期间翻动 1～2 次。若遇上阴雨天，可用微火烤干。按黄花菜干菜品质级别类次整齐排置于不同的真空袋中。放于通风干燥处贮存。

三、黄花菜种植的机械化现状和发展

（一）黄花菜种植的机械化现状

1. 机械化现状　中国作为一个农业大国，农业的发展一直是重要经济基础，这种现代化发展模式是实现全国国民经济增长的重要手段，而机械化发展是实现农业现代化的重要途径。机械化可为农业发展带来重要的契机，劳动生产率大幅度提高，土地产出率和资源利用率也不断增加。当前农业发展中，需要依靠机械化实现乡村农业向现代化、智慧化方向靠拢，以促进农村经济的发展，推动乡村振兴战略的有效落实（罗小容，2021）。目前，中国农业经济不断发展，但发展模式仍相对滞后，无法满足农业现代化的要求，由此不断暴露出当前农业生产的劣势，成为农业向现代化跨越发展的障碍。随着中国科学技术的深入发展，机械化生产已成为必然要求，也是农业实现现代化发展的福音，标志着农业发展必须借助机械化，以此来实现智慧农业在中国全面推广应用（马建新，2019）。现阶段，机械化已经在全国迅速发展，自动化、现代化、科技化和智能化的发展模式已经不断应用于现代农业发展中，促进了中国农业经济的发展，增强了社会经济效益，有利于加快乡村振兴的步伐，推进美丽乡村建设的积极进行。

现有的黄花菜大多为人工种植，缺少机械化的操作。推进黄花生产的机械化不仅是规模化生产的需要，更是农民群众的迫切期盼，已成为必然趋势和当务之急。在推进黄花生产的机械化工作中，所面临问题首先是，目前黄花菜采摘完全依靠人工进行，劳动强度大、效率低，随着农村劳动力逐渐向二、三产业及城镇转移，农村劳动力将越来越紧缺，黄花菜种植面积的逐年增加和规模化生产的发展，对黄花菜采摘机械化生产的要求越来越强烈（张秀霞，2019）。其次是在黄花生产过程中,中耕除草、喷药施肥、茎叶回收等时期基本上也是人工完成,在增加了生产成本的同时严重地制约了黄花菜产业的发展壮大。第三,栽植黄花菜以及育苗、分株、移苗等工作,由于种种因素的制约基本上也都是人工作业,在大力发展现代化农业的今天是非常落后的。如果用机械代替人工进行黄花菜机械化种植,不仅可以大大降低成本,提高生产效率,而且可以大幅缩短作业周期,提高作业效率,解放劳动力,还可以提高锄草、喷药、茎叶回收等的作业质量,加快向现代农业和智慧农业迈进。

推进黄花生产的机械化是加强农业现代化实现可持续发展的重要路径,利用机械化能促进土地整合,加快了农业合作,实现了规模化种植,并大大提升了田间管理质量和加快采摘速度等。在当前经济发展中,机械化是促进农业合作社成立的重要工具,其可聚集具有经济基础和专业技能的专业人才,成立现代化农业合作社,促进农业不断向现代化转型,以此来提高土地的有效利用率(罗小容,2021)。

2. 大同市农业机械化现状 截至 2020 年底,大同市拖拉机拥有量达到 2.36 万台,大中型拖拉机保有量达到 0.93 万台,小型拖拉机保有量达到 1.43 万台,农机总动力达到 115.33 万 kW,其中,柴油发动机动力达到 86.35 万 kW,占农机总动力的 74.87%;电动机总动力达到 27.36 万 kW,占农机总动力 23.72%,农机总动力稳步增长的同时,电动机较往年增幅较大。大同市拖拉机配套农具达到 3.1 万部,较往年增幅 1.72%。

截至 2020 年底,机耕面积 407.72 万亩,机耕水平达到 82.6%,较上年增长 2%;机械播种面积达到 325.51 万亩,机播水平达到 65.78%,较上年增长 1.46%;机电灌溉面积 169.9 万亩;机械植保面积 104.12 万亩;机械化收获面积达到 198.82 万亩,机收水平达到 40.12%,较上年增长 4.91%。2020 年农作物耕种收三项作业综合水平达到 64.82%,较上年增长 2.71%。大同市免耕播种面积达到 1 万亩,机械化秸秆还田面积完成 107.75 万亩,精量播种面积达到 162.2 万亩,机械铺膜面积达到 128.9 万亩;农用航空器作业面积达到 1 万亩,较上年增长 25%。由此可见,大同市农业综合生产能力、可持续发展能力持续增强,农业机械化率呈显著增长态势。

(二)黄花菜种植的机械化发展方向

随着先进科学技术的发展,农业生产中开始了大规模机械化作业,农业生产模式发生了极大变化,为推动农业实现快速发展,必须提升对农业机械化重视程度,并深入相关研究(江泽林,2019)。而在农业进入现代化后,农业机械化的推进使得生产力得到了极大提升。但在推动农业机械化中,存在影响农业发展的问题,为增强生产效率,应关注对相应发展模式的作用及应用(买买提·艾合买提,2021)。

黄花菜品质好、味道美、营养高,种植规模大、产量高,在农业产业结构中占有重要地位,是农民的主要经济收入之一,是农民致富的希望产业(柴映波,2013)。并且随着黄花菜具有预防老年痴呆作用的发现,中老年食用的人群增加,所以黄花菜的种植规模在以后会越来越大。

目前国内外市场上尚没有能够实现专门用于采摘黄花菜的机械产品,对于现阶段,黄花菜的采摘依旧普遍是传统纯人工采摘,并没有实现采摘的自动化和机械化(侯培红,2020)。针对这种传统纯人工的采摘主要有以下不足。一是由于黄花菜的经济价值决定了黄花菜开花蕾前经济价值要比开花后的更大,且黄花菜花蕾期比较短暂,所以黄花菜必须在有限的时间内实现大面积大规模采摘,这种短时间、高劳动强度、纯人工采摘的模式无疑是在挑战人工劳作的极限;二是传统纯人工采摘对于采摘工非常繁重,劳动强度非常大,是极度辛苦的;三是传统人工采摘不但效率低下,而且成本较高;四是由于黄花菜纯人工采摘的劳动方式,制约了黄花菜产业的发展和扩大;五是目前大多数规模化种植的农产品都已实现机械化、自动化,对于黄花菜的机械化、自动化势在必行(侯培红,2020)。同时,由于采摘的黄花菜具有鲜嫩的特点,所以为了保持良好的品质转手次数越少越好,使其采摘完就能包装。而且黄花菜机械化采摘可以有效地解决黄花菜采摘人员长时间受露水浸湿,伤害身体的问题,显著改善黄花菜采摘人员的劳动条件,且可明显减轻他们的劳动强度,经济效益和社会效益明显(张秀霞,2019)。因此,可以考虑将上述条件作为今后黄花菜机械化研究的主攻方向。

目前已有相关的机械在各地试验及应用。张秀霞(2019)等人发明的一种"采摘黄花菜的机器人",包括导航行走系统、果实采摘系统、双目相机、果实收集装置和电源及动力控制设备,通过采用导航行走系统进行机器人的导航定位、采用果实采摘系统进行黄花菜的机械采摘、采用双目相机进行采摘作业中的精确识别与定位、采用果实收集装置对采摘后的黄花菜进行及时收集、采用电源及动力控制设备对各个系统进行智能控制,通过机械电气的结合,并结合黄花菜的生长特点和采摘要求进行高效采摘,实现了机器人代替人工劳作方式,解放了生产力,而且该黄花菜采摘机器人可以适用于不同品种的作业采摘作业,适用范围广。如图3-1所示。

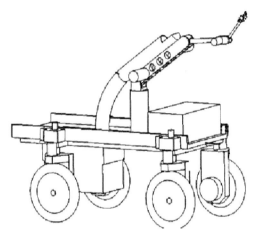

图 3-1　采摘黄花菜的机器人

侯培红(2020)等人发明的一种"自走式黄花菜采摘机",其技术方案要点是:一种自走式黄花菜采摘机,包括主体架,所述主体架设置有行走机构、收拢组板、采摘机构、收集机构。本机械通过行走机构实现自动移动并转向,通过收拢组板实现收拢黄花菜,实现缩小黄花菜采摘区域,通过采摘机构实现自动采摘黄花菜花蕾,并通过收集机构实现集中收集所采摘的黄花菜花蕾,实现自动化采摘黄花菜功能,降低纯人工采摘黄花菜的劳动强度,提高黄花菜的采摘效率,间接的为种植黄花菜地方增加了经济效益。如图3-2所示。

随着社会经济发展,人们对饮食的要求逐步提升,多样化、精细化的高品质健康饮食需求,使得食材的需要发生了质的变化(王晨升,2021)。黄花菜性味甘凉,有止血、消炎、清热、利湿、消食、明目、安神等功效,对吐血、大便带血、小便不通、失眠、乳汁不下等有疗效,可作为病后或产后的调补品。高营养价值及养生功效,使得黄花菜的需求量快速提升,价格也是逐年攀升,而黄花菜的种植技术相对较落后(王晨升,2021)。黄花菜的繁殖方式有分株繁殖、切片育苗繁殖、扦插繁殖和种子繁殖。不管用上述的哪种方式种植黄花菜,现有的黄花菜大多为人工种植,缺少专业、高效、机械化的操作。因此,可考虑将机械化应用在今后黄花菜种植的阶段,故

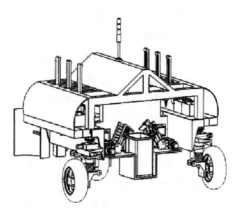

图 3-2　自走式黄花菜采摘机

也可将此作为黄花菜机械化种植的另一发展方向。

目前已经有相关的机械设计申请了专利保护。邓超平(2020)发明的一种"黄花菜种植用移植装置",包括支撑板、坐垫、传送链、接料斗、落料管、连接杆、第一支撑柱、覆土装置、覆土板、压辊、辊筒、滴灌带,通过机械化的操作,减少劳动力以及劳动的强度。其工作原理通过牵引杆和农用机连接,实现装置的移动,人员坐在坐垫上,从存放容器中将黄花菜的移植的根茎拿出,并单个置于传送链上设置的投料容器中,随着传送链的运动,将黄花菜的根茎投入接料斗中,并顺着落料管落在围畦上,接着覆土装置再工作,将畦两侧的土覆在黄花菜的根茎,随着装置继续移动,覆土板和压辊将围畦整平,装置移植黄花菜的时候,同时释放滴灌带,布置滴灌系统。如图 3-3 所示。

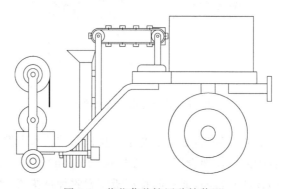

图 3-3　黄花菜种植用移植装置

王晨升(2021)发明的一种产业化种植黄花菜的"五线谱种植架",包括沿纵向等间距设置的两个以上的支撑杆,支撑杆上端设置有弧形侧弯部,弧形侧弯部横向排列设置有用于连接相邻支撑杆的谱线,谱线与支撑杆之间为滑动连接,其实施方法为:当黄花菜薹茎高度达到一定高度时,沿线谱左右穿过形成层次涨势,便于机械化采摘。本机械操作简单、成本低、使用期长,易于推广,可实现产业化种植的目的。其具体操作方法:首先在已种植黄花菜的苗圃地搭建五线谱种植架;当黄花菜薹茎高度达到第一根谱线时,将薹茎从第一根谱线左边穿过;当黄花菜薹茎高度达到第二根谱线时,将薹茎从第二根谱线右边穿过;当黄花菜薹茎高度达到第三根谱线时,将薹茎从第三根谱线左边穿过;当黄花菜薹茎高度达到第四根谱线时,将薹茎从第四根谱线右边穿过;当黄花菜薹茎高度达到第五根谱线时,将薹茎从第五根谱线左边穿过,从而完成黄花菜抽薹期的生长。为了便于采摘,本机械在所述侧弯部下方对应的地面,设置用于传送黄花菜花蕾的传送装置,所述传送装置可以是在轨道上行走的运输车,形成快速收集、减轻作业人员劳动强度,实现产业化种植的目的。如图 3-4 所示。

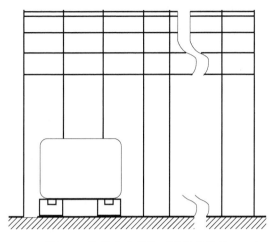

图 3-4　种植黄花菜的五线谱种植架

随着黄花产业的不断发展壮大,相信在不久的将来,会有越来越多的现代化、人工智能机械应用到黄花菜的种植、田间管理、收获等各生长时期以及后续的烘干、冷冻、贮藏、深加工和微生物制剂开发等中去,在为人们带来新鲜、健康、营养的食材同时,也为中国的农业现代化以及城乡一体化建设奠定了基础,加快了城乡统筹和乡村振兴的步伐。

(三)黄花菜种植的机械化发展思路

农业现代化发展的要求不断被提出,实现农业现代化发展是实现乡村振兴战略的重要基础支撑,可有效改善中国乡村发展滞后的问题(文丰安,2020)。现阶段,中国在农业机械化过程中,存在一些问题影响着机械化进行,使得发展尚未达到预期效果,而利用好机械化发展生产,是促进乡村振兴的重要发展战略(公茂刚 等,2020);充分借助机械化发展在农业发展方面的优势,彰显机械化发展的价值和作用,是推动乡村振兴的基础(周文 等,2021)。不断利用机械化发展,使之服务于农业生产,建设乡村文明,带动乡村经济效益不断提高,解决传统农耕存在的问题,是当前城乡一体化建设的重要方向,可满足城乡统筹发展需要,加快乡村振兴战略的推进,实现农业不断向现代化发展(贾康 等,2020)。鉴于以上国情和黄花菜机械化发展现状,特提出以下建议:

1. 加大政策扶持力度,加强多方合作,力争早出成果　一方面国土部门和农业部门要及时制定机库棚建设用地政策和标准,另一方面及时出台支持政策。相关主管部门要不断完善支持农机事业发展的政策措施,争取在财政、税务、金融、用地、保险、信贷等方面有新的突破(朱冰等,2018)。健全引导信贷资金和社会资金投向农机事业激励机制,切实解决农机手、农机大户及农机合作社融资难问题(梁长安,2021)。通过政府引导,让黄花菜种植的初生产以及黄花菜的精深加工方面都可以取得较大突破,以及在县域经济相关政策和资金的扶持下,通过加大黄花菜机械化的技术投入,与高校及科研单位展开合作,应用新技术、新方法,将广大农户组织起来,在种植、监管、生长、加工和销售等一系列环节强化对于质量的要求和控制,力争生产出符合安全健康标准、益于人们身体健康的绿色有机产品,强化品牌影响力,吸引更多的人来参与特色农产品产业的发展,为宣传黄花特色文化、提高县域经济竞争力和知名度以及美丽乡村建设方面也起到了重要作用。

2. 立足国内,立足本地,着力加快黄花菜农业机械化科技创新　农业机械化发展,需要依托于多方面支持,不仅需要加快推动生产推广部门与农业机械科研、教育相结合,而且需要快速建立协调统一的运行机制,通过建立"产、学、研、推"相结合的道路,借助多方优势,加快突破关键技术(韩连贵 等,2018)。针对黄花菜的生产,应综合使用先进的农业机械化技术。全国各地都在围绕大数据、物联网、智能控制、卫星导航等高新技术进行研究,并努力把这些技术应用到农业机械化作业中,以此来提高农业经济发展效益(罗小容,2021)。因此,因地制宜地研发出更多适合当地需要的、性价比高的黄花菜种植相关机械,循序渐进,逐步消化。同时在研发上找准点,本着先易后难、先小后大的思路解决问题,切不可有一步到位的想法。在引进的基础上,做好试验,组织好研发人员的学习和培训工作,为研发积累技术和经验,开阔研发人员的思路,走引进、研发相结合的道路(李进福 等,2020)。

3. 着力改善黄花菜农机作业基础条件　对于整个社会经济发展来讲,政府能够运用"无形的手"对各方利益进行宏观调控,农业经济的发展同样也不例外(李军国,2017)。在黄花菜机械化推广应用过程中,必须加强政府的引导作用。目前,中国政府相关部门出台的"三农"政策,正是改善农机作业基础条件的助推力,政府部门应本着可持续发展的原则,结合实际需要,改善农机作业基础条件,加大资金和相关政策支持,扩大生产管理和生产规模,提高农机使用率(姜长云,2020)。除此之外,可通过各种优惠政策吸引外部投资,加大外部资金在农业机械化发展过程中的效用,使农业机械化发展不仅有政策保障,而且还能有投资的拉动,由此在较短的时间内最大程度上优化农机的作业条件,推动农业机械化发展(罗小容,2021)。

4. 重视现代信息技术,加强农机化实用人才培养　重视对现代信息手段的利用,通过将信息技术与农机和农业生产管理相结合,提升农机设备科技含量和农业机械管理水平,加快推动农业机械产业化发展(江泽林,2019)。重视对各项信息手段的利用,做好信息管理与服务工作,为农机生产经营提供相应的市场需求信息,为农业机械化发展提供全面服务(买买提·艾合买提,2021)。充分利用网络媒体、职业农民培训学校等教育资源和师资力量,结合当地高素质农民培训项目,大力培养黄花菜农机作业人员和机械维修能手,做好新型职业农民(农机操作手)培训工作。为推进落实"人人持证、技能社会"建设总体要求,培养建设一支爱农业、懂技术、会操作、善经营、保安全的农机操作人才队伍,提高农机具的正确使用率,促进农机新技术的应用普及,减少安全事故的发生。同时,与当地科协积极合作,大力开展科普宣传,把新机械、新技术、新方法及时送到田间地头,提高农民对先进机具和技术的认知和接受力。

5. 加强科学管理,健全合作机制　在黄花产品合作社发展过程中,高效规范机制的建立与实施科学有效的管理,是促进合作社发展壮大的迫切要求。根据合作社自身特点来选择合适的发展模式、制定相应的机制流程。如利用"乡里能人""乡里名人"的带动作用,采用了农户专业合作社的经典生产经营模式,减少了产品经营过程中的交易费用(陈燕飞,2017)。因此,为了促进黄花菜产业发展,必须要充分完善黄花菜合作社相关决策机制流程,严格按照合作社设立的章程和管理办法来进行相应的民主管理和集体决议,充分体现公平的原则,保证社员民主参与,提高广大社员的参与意识和关心度。黄花菜专业合作社要发展与壮大,必须引进现代企业管理模式和管理制度,明确参与人的权利、义务和责任,在了解本地人文历史和经济环境的基础上,通过引进专业管理人才提高运行效率,降低运营成本,充分发挥合作社的集约作用,从而实现效益最大化。在黄花菜合作社内部要完善利益分配机制,合理制定相关分配原则,改变合作社与社员是买断关系的做法,让社员与合作社成为利益的共同体,从黄花菜生产供应链全过程出发,共享收益、共同承担风险,让广大社员通过各种形式参与合作社的具体运行与管理,在不同方面都能够获得利润的合理分配和个人的最大收益,畅通利益分配渠道(陈燕飞,2017)。要不断完善黄花菜合作社监督检查机制,逐步实现外部监督与内部监督的互相独立和保障配合,实行合作社事务公开和账务定期公开制度,建立和完善监督、述职、审计和及时报告制度,用现代经营管理制度改造传统黄花菜合作社产业,从而有效地保证社员的事项知情权与参与权。从顶层设计方面健全相关规范制度,以科学发展引领合作社品牌的塑造(任梅,2014)。

6. 加大对合作社的专项资金投入　黄花菜作为大同市农业的优势产业,在特色农产品品牌建立过程中,相关政府部门要把农业基础设施建设作为公益性事业,建立健全农业基础设施建设多元化投入机制,重点加大对农业发展基础薄弱、条件较差的农产品生产基地的相关基础设施资金投入;全面提高现代农业的基础设施装备水平,增强合作社农业综合生产能力(陈燕飞,2017)。同时要安排专项资金,用于黄花菜新品种、新技术、新项目、新器械的引进、试验、示范和相关推广工作。在推动黄花菜产业发展过程中,以政府的投入为引导,逐渐带动农民、企业等社会优势资本投入,促进现代黄花菜产业发展。对黄花菜合作社配套开发项目,当地政府部门要给予政策倾斜,相关部门要优先立项、优先扶持,制定优惠扶持政策(陈燕飞,2017)。

各农村金融机构要建立与黄花菜农民专业合作社的合作机制,探索建立和完善符合大同市黄花菜专业合作社特点的信用评价体系,创新适应当地黄花菜农民专业合作社需要的金融产品,逐步加大对产业规模较大、组织化和规范化程度较高、市场竞争力强、促进农民增收快的龙头专业合作社的信贷投入(陈燕飞,2017)。目前,资金是黄花菜合作社发展过程中的重要瓶颈,所以完善各项优惠扶持政策,从全方面加大资金投入对于黄花菜合作社的健全和完善具有基础性作用,也是实现大同市黄花菜产业乃至整个区域经济可持续发展的重要保障。

农业自古以来在中国社会发展中都占据重要地位,而在农业进入现代化后,农业机械化的推进使得生产力得到了极大提升。随着社会经济的进一步发展,农业生产也出现了新的变化,当前中国农业发展过程中,农业机械化是农业现代化发展的必然要求,是中国实现农业可持续发展的重要路径,同时也是传统农业不断向现代农业跨越和转变的重要基础(陈旭,2020)。随着中国科学技术的深入发展,机械化生产成为必然要求,也是农业实现现代化发展的福音,标志着农业发展必须借助机械化,以此来实现智慧农业在中国全面推广应用(徐小琪,2019)。现阶段,机械化在中国不断发展,不断成为自动化、现代化和科技化的发展模式,这种发展模式应用于现代农业发展中,可促进农业经济的发展,增强社会经济效益,有利于加强乡村振兴(袁浩博,2019)。

农业机械化发展进程的不断推进,需要依托于有关技术不断革新,而技术既要涉及传统种植业、畜牧业方面,又要涵盖新近农业产业。在整个农业发展阶段,农业机械发挥着重要作用,不仅解放了生产力,提升了经营种植效率,而且为农业现代化建设提供了支持。同时农业技术的不断创新与发展,使得新兴农业作业模式的生产发展得以满足,为新兴农业发展进步提供了助力(张延曼,2020)。目前,在产业战略推动下,农业机械装备水平得到进一步提升,传统农业机械设备融合了更多先进高科技成果,设备整体使用效果和性能得到提升(李晓龙,2019)。同时在电力电子、信息联动与微控等技术支持下,中国农业机械设备开始向智能化、机电一体化方向发展。且随着有关部门在跨领域应用型技术与科技导向型农业方面支持、推动,更多新技术被应用到农业机械中,进而出现一批高质量、低成本、高效率的现代化农业设备,不仅改善了劳动环境,而且加强了对农业生产方面的安全保障(买买提·艾合买提,2021)。纵观以上,农业机械化将会迎来一个蓬勃发展的崭新明天,而黄花菜产业的机械化发展也将会乘势而上,结出累累硕果。

第二节　覆盖栽培和多熟种植

一、覆盖栽培和设施栽培

(一)覆盖栽培

覆盖栽培技术是一项有效的高产栽培技术措施。覆盖栽培具有集水保墒、调节土壤温度、抑制杂草、改善土壤养分、影响根际微生物活性、减小地表径流等效应,还具有促进作物生长发育和提高光合能力等作用,保墒增产效果明显。中国现阶段黄花菜覆盖栽培主要以地膜覆盖和秸秆覆盖应用最为广泛。

1. 地膜覆盖　地膜覆盖技术是利用塑料薄膜透光性好、不透气、不透水和导热性差等特性,将其严密地覆盖在农田土壤表面,从而改善农田生态环境,促进作物生长发育。黄花菜采用地膜覆盖栽培后,使膜内近地空间及土壤环境发生了一系列变化,黄花菜植株生长的根际环境条件发生了较大的改变,尤其是田间土壤的水、肥、气、热等方面的变化,可在一定程度上弥补自然条件的不足。黄花菜地膜覆盖栽培具有增温调湿、抗旱防涝,改善植株生长环境,改善土壤物理性状及营养状况,提高肥料利用率,改善中、下部黄花菜叶片的光照条件,减轻杂草和病虫危害等作用,可缩短黄花菜植株的生育期,提早黄花菜的成熟期。

(1)地膜覆盖对土壤水分的影响　由于地膜不透水、不透气,可有效切断土壤和大气间的水热交换,且地膜覆盖后可减少地表的裸露面积,因此,地膜覆盖可有效减少土壤无效蒸发引起的水分损耗。地膜覆盖后,在土壤表层设置了一层不透气的物理阻隔,土壤水分垂直蒸发直接受阻,导致土壤水分蒸发速度相对减缓,从而有效地抑制了水分蒸发的损失,保证耕层土壤有较高的含水量。地膜覆盖增加了土壤贮水量,促进土壤深层贮水向表层富集,加快了水分在"土壤—植物—大气"的运动。在膜下温度高,土层之间热梯度大的情况下,深层水分通过毛细管作用上升到表层后,白天通过扩散而以水蒸气形式而弥漫各处,夜间因温度降低使水汽凝结而落入表层。这种由"上升-蒸发-凝结"构成的水分循环,提高了耕层土壤含水量。

郭海英等(2006)研究表明,越冬前试验地 200 cm 土层平均含水量为 25.25%。越冬采取了地膜覆盖保墒措施开春后墒情测定显示:采取地膜覆盖措施的试验小区越冬期 200 cm 土层平均水分损耗 37.7 mm,其中 0~100 cm 土层平均损耗 8.7 mm,占越冬损耗的 23%;对照小区(CK)越冬平均水分损耗 53.0 mm,其中 0~100 cm 土层损耗 20.5 mm,占越冬损耗的 39%。可见越冬覆盖具有一定的保墒蓄水作用,其中地膜覆盖水分损耗降低 29%,而且能明显抑制 0~100 cm 土层水分损耗。由于 2004 年冬、春降水持续偏少春旱明显,地膜覆盖有效地保持了土壤水库蓄水。4 月 5 日墒情测定显示地膜覆盖 200 cm 土层含水量比对照地块多 29.0 mm。由于地膜覆盖能明显降低田间生态耗水,因此地膜覆盖小区月平均耗水量仅 7.7 mm,比对照(CK)低 13.3 mm。

(2)地膜覆盖对土壤温度的影响　由于地膜透光性较好,覆盖地膜后,由于太阳辐射的短波透过地膜,土壤能有效地接收太阳辐射能,使地表温度升高,再通过土层间的热传导作用,逐渐提高下层土壤温度,同时也把热量贮存在土壤内。地膜具有不透气性,又是热的不良导体,地膜可阻碍土壤和作物向外的长波辐射和热对流,土壤中水分蒸发与地膜下水珠凝结放热保持平衡,减少了热损失,因此有明显的保温、增温作用。一方面,地膜覆盖使地膜和土壤间形成一个封闭空间,限制了土壤水分蒸发,从而减少土壤水分汽化所损失的热量;另一方面,土壤中的热能不断以长波辐射形式向外辐射,这部分热量被膜下凝结的水汽及二氧化碳所吸收,保存在该封闭空间内。

郭海英等(2006)研究表明,覆盖地膜与不覆盖相比,除了 0 cm 和 5 cm 正午 14 时对照(CK)地积温最高,其余观测时间、各土壤层次均为地膜覆盖的地积温最高。除了不同处理地积温不同之外同一处理不同时间、不同土壤深度地积温变化也各不相同。其中 0 cm 地积温多 185 ℃·d,5 cm 地积温多 130 ℃·d,10 cm 地积温多 108 ℃·d,20 cm 地积温多 99 ℃·d,土壤表层增温最显著,从上到下增温幅度依次递减。除正午 14 时 0 cm、5 cm 土层之外地膜覆盖的增温效应体现在土壤各层次和各个观测时段,即气温达到最高时,地膜在地表层的增温效应不明显;而地表温度达到最高时(20 时)地膜覆盖增温效应最显著,5 cm、20 时地温基本上和 14 时地温等值。

(3)地膜覆盖对黄花菜生长发育的影响 地表在没有覆盖而裸露的情况下,受外界环境影响较大,土壤中的水、热、气等微环境频繁变动,经常向不利于作物生长发育的方向变化,影响作物的产量。地膜覆盖由于其显著的增温保墒效应而促进黄花菜生长发育,具体表现为提早出苗、提高出苗率、增加黄花菜株高、冠幅、叶面积和加快黄花菜生育进程而提前成熟。

杨小利等(2008)研究表明,地膜覆盖小区 2004 年 3 月 10 日返青、3 月 25 日进入春苗生长期、抽薹普遍期出现在 5 月 25 日,而对照小区平均返青日期为 3 月 25 日、4 月 5 日进入春苗生长期,抽薹普遍期则出现在 6 月 7 日。2005 年地膜覆盖小区 3 月 25 日返青、4 月 4 日进入春苗生长期,而对照小区返青日期为 4 月 8 日、4 月 20 日进入春苗生长期。2006 年未做越冬覆盖处理,大田黄花菜 3 月 31 日返青、4 月 8 日进入春苗生长、6 月 10 日进入抽薹发育期。3 年的试验均表明,地膜覆盖黄花菜发育期明显提前,而大田对照区黄花菜发育期明显较地膜覆盖推迟。地膜覆盖植株生长量也较对照增加,2004 年 4 月 22 日地膜覆盖小区植株平均叶长 42.4 cm、叶宽 2.3 cm;秸秆覆盖小区植株平均叶长 27.8 cm、叶宽 2.0 cm;对照区植株平均叶长 32.3 cm、叶宽 2.1 cm。表明地膜覆盖长势最好。试验中还测定统计了 2004 年 6 月 22 日—7 月 16 日不同覆盖小区的抽薹总数。结果表明,地膜覆盖每小区抽薹数为 843,对照小区的平均抽薹数只有 772,地膜覆盖抽薹数比对照区平均偏多 8%。2005 年田间测定结果也显示出地膜覆盖后黄花菜长势最好。

段金省等(2008)研究表明,与对照地相比,地膜覆盖地黄花菜发育期(除开花末期)提前非常显著,地膜覆盖黄花菜发育期较对照提前 10～15 天。地膜覆盖地黄花菜的植株高度和叶宽均明显高于对照,地膜覆盖后黄花菜的抽薹数较对照多,总的来看,地膜覆盖黄花菜的长势明显优于对照田。

(4)地膜覆盖对黄花菜产量的影响 由于地膜覆盖可以协调土壤水、肥、气、热,从而使得农田生态环境得到改善,因此可以促进作物生长发育及养分的吸收,最终达到作物高产的目的。

苏建文等(2011)研究表明,经 2007—2009 年连续 3 年在庆城县干旱山区太白梁乡中合铺村试验示范,全膜双垄沟播覆盖的 4 年生黄花菜平均亩产量达到 163 kg,较对照露地栽植亩产量增加 44 kg,增产率为 37.0%,亩增加产值 528 元,经济效益十分显著。通过现蕾期测定,薹数较对照多 3～6 个,花蕾数较对照增加 4.3～5.9 个,蕾长增加 0.67～4.3 cm,且植株长势强、整齐、健壮,病虫害发生轻。特别是花期明显集中,便于采收。

2. 秸秆覆盖 秸秆覆盖是一种古老的蓄水保墒农业措施,中国早在多年前就开始应用。大量研究表明,秸秆覆盖后,改变了土壤的物理、化学和生物性质,从而改善土壤的水、肥、气、热等状况,具有明显的农田生态综合效应。秸秆覆盖技术现已成为保障旱作农业持续稳定发展的有效措施和途径之一。

(1)秸秆覆盖对土壤水分的影响 中国北方旱区自然降水主要集中在夏季,降水强度大,时间短。由于玉米秸秆的物理阻隔作用,能够减少或避免雨滴直接打击地面,减缓地面径流,从而有效防止水土流失和雨蚀。因此,覆盖秸秆可以对地表起到很好的机械保护作用。同时,秸秆覆盖可以改善土壤结构,疏松土壤表层,有利于雨水入渗,起到了纳雨蓄墒的作用。

柴小佳等(2018)据庆城县农业技术推广中心近两年来的试验研究数据,间隙覆盖玉米秸秆后,土壤 0～30 cm 土层含水量平均比露地提高 3.4%～4.1%,尤其在黄花菜采摘的 7 月份水分临界期,由于秸秆的降温作用,减少了水分的汽化和蒸发,保墒效果十分明显。

郭海英等(2006)研究表明,秸秆覆盖小区越冬期 200 cm 土层平均水分损耗 43.3 mm,其中 0～100 cm 土层平均损耗 11.0 mm,占越冬损耗的 25%;对照小区(CK)越冬平均水分损耗 53.0 mm,其中 0～100 cm 土层损耗 20.5 mm,占越冬损耗的 39%。可见越冬覆盖具有一定的保墒蓄水作用。秸秆覆盖水分损耗降低 18%,而且能明显抑制 0～100 cm 土层水分损耗。

(2)秸秆覆盖对土壤温度的影响 由于秸秆覆盖对太阳辐射的吸收转化及土壤和大气间的热量传导都有较大的影响,因此其对土壤温度具有明显的调节作用。地面覆盖秸秆后,一方面阻止地温过快散失,另一方面抑制地温快速上升,可以防止由于温度剧烈变化对黄花菜根系造成危害。

柴小佳等(2018)据庆城县农业技术推广中心近两年来的试验研究数据表明,黄花菜玉米秸秆间隙覆盖对土壤温度有合理调控作用。黄花菜玉米秸秆间隙覆盖栽培,田间越冬前至早春返青期间地温比露地提高 2～3 ℃,6 月下旬至 8 月上旬地温比露地降低 3～4 ℃;3 月中旬至 5 月上旬前后,每日 00:00—06:00 时,土壤温度比露地温度提高 1.5～2.5 ℃;6 月上旬至 8 月下旬,土壤温度比露地温度降低 3～4 ℃。

(3)秸秆覆盖对黄花菜产量的影响 秸秆覆盖对土壤水分、温度、结构、养分、微生物活性以及作物光合特性等均产生不同程度的影响,这些因素决定了作物的生长发育状况,从而在一定程度上影响作物产量和水分利用效率。秸秆覆盖后,改变了农田耗水模式,即减少前期土壤水分蒸发,增大后期植株蒸腾,促进干物质的积累,从而提高了产量。

杨小利等(2008)研究表明,2004 年秸秆覆盖采摘期 6 月 26 日—8 月 11 日,平均采摘期天数 47 天;对照小区采摘期 6 月 23 日—8 月 9 日,平均采摘期 48 天;2005 年秸秆覆盖采摘期 6 月 27 日—8 月 11 日,平均采摘期 47 天;对照小区采摘期 6 月 23 日—8 月 4 日,平均采摘期 43 天;从 2 年试验结果的平均状况来看,秸秆覆盖、对照采摘期天数分别为 47 天、45 天,秸秆覆盖栽培的黄花菜采摘期相对较长。主要是通过越冬覆盖措施提高了土壤贮水量,减少了土壤水分的无效损耗,提高了土壤水分利用率,减轻了春旱对黄花菜生长的影响,从而延长了黄花菜的生长期。当然在不同气候类型年度下受气候因素影响明显,采摘期有明显变化,但平均状况为保护地栽培下的黄花菜采摘期较长。2005 年秸秆覆盖下,黄花菜的逐日产量秸秆覆盖地比对照区产量要明显偏高。2004 年小区平均产量(成品黄花菜)秸秆覆盖为 1.99 kg,对照为 1.57 kg;2005 年小区平均产量(成品黄花菜)秸秆覆盖为 3.58 kg,对照为 1.44 kg;由两年的试验结果可以看出,秸秆覆盖产量显著高于对照。

3. 黄花菜覆盖栽培实例　在黄花菜栽培中,覆盖是一种常用的技术措施。

郭海英等(2006)曾在甘肃省庆阳地区设置田间黄花菜越冬期地膜覆盖和玉米秸秆覆盖小区试验,观察越冬期土壤水分损耗、早春地温变化特征,并分析不同覆盖材料水、热资源对黄花菜发育期、生长量、产量构成要素的影响。结果发现,在秋季降水充沛、土壤底墒充足、冬季气温偏高、降水明显偏少的年型,越冬地膜覆盖能最大限度保持土壤水库蓄水,增加土壤水分利用率;提高春季地温,促使黄花菜生长发育进程加快,生长势旺盛,并在一定程度上降低春旱造成的危害,对增产增收十分有利。

段金省等(2008)结合甘肃省实际,利用2004—2006年连续的田间试验资料,分析了传统种植方式下黄花菜的生长发育特性,同时比较了保护地栽培黄花菜和大田栽培黄花菜的水热效应和生长特性。结果显示,地膜覆盖增温保墒效应明显,黄花菜发育期提前,长势较好,且产投比较低;而秸秆覆盖可有效抑制春季土壤温度过快回升,减少土壤水分蒸发,延长黄花菜采摘期,产投比较高;采取越冬覆盖措施可减少非生长季土壤水分无效消耗,增加保墒作用,减轻春旱对黄花菜生长的影响。考虑经济效益,在生产上应该大力推广成本较低的秸秆覆盖种植技术,不但能够预防春旱危害,而且经济效益显著。

杨小利等(2008)在分析陇东黄花菜的一般生长发育特性基础上,研究了黄花菜在越冬期不同材料覆盖(地膜覆盖、秸秆覆盖)下的生长特性和增温保墒效应。结果表明,采取越冬覆盖措施具有明显的增温保墒效应,其中地膜覆盖可有效提高土壤温度,降低土壤水分在黄花菜非生长季无效消耗,加快黄花菜发育进程,黄花菜长势较好,但产量低成本高;而秸秆覆盖可有效抑制春季土壤温度过快回升,减少土壤水分蒸发,延长黄花菜采摘期,产量高成本低。在陇东地区黄花菜栽培中应推广秸秆覆盖技术,减少传统种植方式。

王本辉等(2009)根据甘肃省庆城县实际,研究总结了秋季全膜覆土免耕栽培技术。该技术创新点:一是改露地粗放栽培为全地膜覆盖栽培,地面100%的覆膜,最大限度地抑制了土壤水分蒸发,保蓄了旱地土壤水分;二是由单纯的地膜覆盖改为地膜覆盖加膜上覆土,可以对地膜起到保护作用,一次覆膜,可保持3~5年不破损,延长了地膜使用寿命,同时膜上覆土还可以有效防止人在采摘花蕾时对地膜的踩踏,并抑制膜下杂草生长,为留膜免耕栽培创造有利条件;三是由常规的春季覆膜改为秋季覆膜,能够最大限度地将7月、8月、9月三个月的降雨全部保蓄在土壤中;四是由露地平地栽培改为垄沟栽培,降雨先渗入膜上的覆土,再通过膜面缓慢集流到垄沟栽植行,并渗入植株根部,可起到集流微灌的作用;五是由露地栽植中的每年耕作变为一次栽植多年免耕,既可节约劳动力、节省成本,又可保护地表,减少表土侵蚀,最大限度地减少残膜的污染,改善生态环境。主要栽培技术:起垄时沿填埋好的沟槽中心线向划好行的中间起微拱形垄,垄沟即在填埋好的沟槽上面,垄沟底宽30 cm(栽植行两侧各15 cm),垄沟深10 cm;垄面即在110 cm行线中间,垄底宽80 cm,垄面高10 cm。起好垄后在垄沟底按40 cm的株距挖穴进行栽植,穴深30 cm,穴径25 cm,每亩栽植1500穴左右,栽好苗后再将栽植沟底和垄面平整好等待铺膜。选用宽120 cm,厚度为0.01 mm的高强度长寿秋季覆盖专用膜,每亩用量6 kg左右。黄花菜全膜覆土免耕栽植第1次覆膜,应选择在秋雨即将结束的10月下旬。覆膜前,每亩用除草剂拉索(甲草胺)180~200 mL兑水60 kg喷洒地表,然后再覆膜。覆膜时,从地面的一侧开始,沿栽好的秧苗行间进行展膜,膜与膜的交接缝隙正好处在黄花菜秧苗的栽植行;第1幅膜展平后随即在未覆膜的下一个行间,用铁锹在垄面上轻轻取土,将地膜两边压好,再继续在未覆膜的行间垄面上平行取土,并均匀地覆盖在地膜上约3 cm厚,用铁锹拍打压实。此后用同样的方法依次作业,直至全田覆盖完为止。覆完膜7天以后,在离栽植行两侧15 cm处,每隔30 cm用竹签打直径5 mm的渗水孔。要特别注意展膜时将垄面整平,膜上覆土时一定要压实,防止大风揭膜和地膜老化。黄花菜全膜覆土栽培一次覆膜多年留用,若有40%面积的地膜风化成片状时,应及时进行更换,重新覆膜和覆土,一般3~5年更换1次地膜,更换时间也在秋后10月中下旬。其他栽培技术环节同常规栽培。

苏建文等(2011)通过对传统黄花菜栽培技术进行了改进和综合开发,通过多次试验研究和探索,初步形成了以秋季全膜覆盖、留膜免耕、多年使用、保墒节水为特点的全膜双垄沟播黄花菜栽培新技术。利用全膜双垄沟播技术栽培黄花菜,具有节水、保肥、保墒、除草、集雨、增温的技术优势,特别是秋季全膜覆盖有很好的保墒作用,解决了第二年5—6月春末夏初干旱导致黄花菜抽薹少、落蕾严重的技术难题,达到了秋水春夏用的目的。同时,留膜免耕,多年使用,只有栽培管理措施中的追肥环节,直接节约了生产投入,减少了地膜的重投入费用,产投比提高。还改善了土壤理化性状,提高了土壤肥力,实现了农业投入品利用的效益最大化,达到了节本增效、保护生态环境和可持续发展的目标。主要栽培措施除10月下旬整地施肥外,沿黄花菜栽植行起垄,垄宽40 cm、高15~20 cm,在两垄之间形成1宽垄,垄宽依行间距而定,一般垄宽为60~70 cm,垄高10~15 cm,形成一大一小两个集雨垄面。整地起垄后,用宽120 cm、厚0.008 mm的超薄地膜全地面覆膜,地膜亩用量为5~6 kg。覆膜时膜与膜间不留空隙,两幅膜相接处在大垄的中间,用下一垄沟或大垄垄面的表土压住地膜,要求地膜与垄面、垄沟贴紧。每隔2~3 m横压1土腰带,以防大风揭膜并拦截垄沟内的降水径流。覆膜后,冬春季要防止人畜践踏弄破地膜,还要经常检查,防止大风揭膜。如有破损,应及时用细土盖严。覆膜后在垄沟内及时打开渗水孔,以便降水入渗。翌年3月中下旬,当黄花菜发芽时,要及时放苗,以防烧苗。田间管理同常规栽培。

余宏军等(2017)结合甘肃省庆城县实际,采用内黑色外银灰色的双色、0.016 mm厚长寿环保型地膜,一次覆膜,可连续保持3~5年不破损,防旱抗旱、抑制杂草生长的作用强;采用垄沟全膜覆盖栽培,能最大限度地将7—9月的降雨全部保蓄在土壤中;一次栽植多年免耕,节约劳动力、节省成本,减少残膜污染;银灰色外膜对黄花菜花蕾蚜虫具有趋避作用,可减少采收期化学药剂的使用量。具体措施是沿槽沟中心线向行中间起微拱形垄,垄沟底宽20 cm、上沿宽50 cm、沟深10 cm;垄面即在行线中间,垄底宽95 cm、弧形垄面宽100 cm、垄高15 cm。起好垄后,旱作栽植不浇水,直接在垄沟底按40 cm的株距挖穴栽植,穴深30 cm、穴径25 cm,每穴栽2株,每亩栽植2668株。栽好苗后再将栽植沟底和垄面平整好待覆膜。选用上述双色地膜,每亩用膜量10 kg左右。覆膜时间为10月下旬,从地面的一侧开始沿行间展膜,膜与膜的交接处即是秧苗栽植行;第一幅膜展平后,随即在未覆膜的相邻垄面上轻轻取土压实地膜交接处,地膜另一边每隔1 m用小土堆堆压防风。以此依次覆膜直至全田覆膜完毕。覆膜7天后,在距栽植行两侧15 cm处的地膜纵向,每隔30 cm用竹签打一直径5 mm的渗水孔。双色地膜覆盖栽培,一般5年更换一次地膜,更换时间为10月中下旬。其他栽培技术环节同常规栽培。

柴小佳等(2018)结合庆城县实际,总结出黄花菜玉米秸秆间隙覆盖栽培技术。一般采用玉米收获后干枯的秸秆进行覆盖。覆盖时玉米秸秆不需要粉碎,采用整秆覆盖,单秆与栽培行平行覆盖,秸秆与秸秆之间留有2 cm左右的间隙,即秸秆与秸秆之间上下不重叠、不交叉、不错乱。覆盖时根际与栽培行间需全部覆盖。秸秆覆盖量的多少影响着田间土壤的墒情、温度、积温量的变化,秸秆过多或过少都对黄花菜生长发育进程有影响。庆城县农业技术推广中心经多年多时、不同量、不同地点的试验表明,每亩黄花菜田间覆盖量以 500~800 kg 为宜。黄花菜秸秆间隙覆盖的目的是保墒、护根及伏天降低地温。新栽植黄花菜一般在定植后至立冬前(11 月 7 日)进行覆盖。此期间覆盖既可保蓄秋季降雨,又有利于提高黄花菜根蔸的地温,提高新栽黄花菜越冬成活率。采摘盛期的黄花菜一般在采摘结束后,结合秋季施肥进行秸秆覆盖。缺少现成玉米秸秆的,应在玉米秸秆干枯收获后进行覆盖。秸秆还田,增施有机肥,覆盖在黄花菜栽植行间的玉米秸秆,到了翌年 8 月中旬,揭起覆盖的玉米秸秆,在距离黄花菜根系 20 cm 处挖宽 20 cm、深 20 cm 的沟槽,然后将即将腐熟的行间秸秆抱起集中放入沟槽,同时亩施腐熟农家肥料 2000 kg 或高品质有机肥 80 kg。其余年份应按常规施肥方法追施腐熟农家肥。

(二)设施栽培

设施栽培是指在外界自然条件不适宜作物生长的季节,采用地膜、塑料大棚、温室等人工设施及相关联的加温保温、降温降湿、通风遮光等设备装置,为作物生育创造一个相对稳定、适宜的环境条件,达到增加产量、改善品质的目的栽培方法。丁新天等(2004)在浙江省缙云县通过 3 年大棚栽培黄花菜试验研究表明,大棚栽培上市期提早 20~30 天,大棚栽培每公顷可产鲜花蕾 8.04~10.1 t,比露地栽培增产 5%~10%。苏定昌(2010)在谋道镇大庄村黄花菜大棚优质高效栽培试验研究表明,大棚栽培黄花菜不仅能提早成熟,而且能减少病害发生率,增加花蕾数,提高成蕾率,提高单蕾重量。

中国农业栽培设施构建多种多样,目前应用于黄花菜栽培的设施主要有塑料大棚和日光温室等。

塑料大棚是一种简易实用的保护地栽培设施。主要构架由钢架、水泥预制棒、竹木等物为支撑材料,配以适宜的薄膜,具有结构牢固、建造容易、使用方便、投资较少等特点,较适合中国经济欠发达地区使用。主要功能,在中国北方地区主要是起到春提前、秋延后的保温栽培作用;在中国南方地区,除了冬春季节用于作物的保温和越冬栽培外,还可用于夏秋季防雨和遮阴降温等。

日光温室主要是以砖石、水泥、钢材作为基础和支撑材料,塑料薄膜日光温室和玻璃日光温室两种不同覆盖材料,有加温和不加温两种形式。加温日光温室栽培对设施条件要求较高,需要大量加温热能,栽培成本较高,生产上使用少;不加温日光温室栽培能量来源主要是太阳光能,同时在夜间覆盖保温材料对设施进行保温,栽培相对加温效果差一些,但造价和生产成本较低,在中国北方使用较多。

1. 设施栽培环境调控 作物设施栽培条件下光照、温度、湿度、二氧化碳等生态环境因子的调控直接关系到设施栽培成败。作物设施栽培环境控制主要针对大棚、温室,其中,大棚和日光温室环境调控主要是高温、高湿、弱光等,以及果实熟期等关键技术措施。

(1)湿度 水是植物体重要组成部分,植物生长需要一定的土壤和大气湿度保证。土壤和空气中的水分是植物活动水的来源,土壤和大气湿度影响到植物的光合作用和呼吸作用。作物生长及开花结果同样要求一定的土壤和空气湿度,但大棚及温室设施条件下易造成空气湿度过高,棚膜上凝结大量水滴,影响光合作用,降低叶片光合作用能力,从而干物质积累减少、花粉萌发率低、授粉受精不良、坐果率低等现象,最后造成产量降低。作物生长发育后期,适当控制土壤湿度,有利于增加果实养分,提高品质。调控湿度措施有:应用无滴膜覆盖、地膜覆盖、滴管、加强通风管理、避雨等。

(2)温度 温度对植物生长发育影响是综合的,是植物生长发育过程中重要的环境影响因子。植物体内的生理变化与温度密切相关,温度的变化影响着植物的生长发育进程,它既可以通过影响光合、呼吸、蒸腾等代谢过程,也可以通过影响有机物的合成和运输等代谢过程来影响植物的生长,还可以直接影响土温、气温,通过影响水肥的吸收和输导来影响植物的生长。

在设施栽培中,调控好设施内的温度变化是栽培成败的关键技术环节。一般认为有两个时期较为重要:一是花期;二是果实发育后期。因此通过设施控制温度,满足植物对温度"三基点"(最低温度、最适温度和最高温度)的要求,达到最适温度,满足生产需求,具有重要意义。有关报道表明,设施栽培可明显提高气温,提前打破植物的休眠,延长了植物光合作用,提早了果实成熟期。设施栽培内温度的调节主要是冬季增温、保温,春夏季保温或通风降温。其主要增温措施有:多层塑料膜覆盖、使用保温效果好的材料、人工加温;主要降温措施有:开棚、揭棚膜、排气扇等通风。

丁新天等(2004)通过在浙江省缙云县试验研究,以1月22日和2月2日二期盖膜处理增产效益最显著,其上市期比露地栽培提早24~37天。在"大寒"至"立春"期间覆盖薄膜为宜,并要根据天气变化,加强盖膜期间的田间管理工作。晴天中午棚内温度达25℃时,及时揭开两头薄膜通风降温,防止伤苗或植株徒长;寒潮来临要加盖地膜或小拱棚增温防冻,防止受冻僵苗。分蘖至抽薹期间,遇到阴、晴交替天气时,大棚内外温差大,更应做好调温控湿,掌握白天棚内温度控制在15~20℃,夜间不低于10℃;现蕾开花期间,需要较高的温度和较大的昼夜温差,白天棚内温度控制在25~30℃,夜间保持在15~18℃左右,此时气温也逐渐升高,晴天上午可提前到9时左右揭膜,下午掌握在3时前后关膜,以延长大棚内外气体对流时间。"清明"以后日平均温度稳定在15℃以上,可在通风炼苗的基础上,及时揭去薄膜,有利黄花菜植株健壮生长,抑制病害发生。

(3)光照 光是绿色植物的生存条件之一,光照是植物光合作用的基础,是植物获得能量并积累有机物的能源。光照的强弱在植物的生长发育中起着非常重要的作用。在作物设施大棚栽培中,光照是调控作物生长发育的重要因子之一,对作物的生长发育及果实品质有直接影响,还可有效调节设施内温度变化。

大棚设施条件下,由于覆盖光照变弱,光照分布不均匀,散射光增多,造成设施栽培下作物的光合能力降低,弱光条件下,植物的营养生长和生殖生长均受到影响。弱光环境已成为了设施生产发展的主要障碍之一。因此,目前调节和改善设施内的光照条件的主要措施有:选用透光性能好的新型覆盖材料;铺设反光膜;人工补充光照;培育、筛选耐弱光品种;改善作物结构;合理定植密度;注意棚膜的使用期和保持棚膜清洁。

2. 黄花菜设施栽培技术 刘桂军(1998)结合山东省泰安市实际,对黄花菜冬暖型大棚栽培进行攻关试验,总结了黄花菜冬暖型大棚高产高效栽培技术。冬暖型塑料大棚后墙高1.8 m,顶高2.7 m,前缘高1.1 m,墙厚1 m,棚宽8 m,长60 m左右。覆盖物为无滴膜及草苫,无滴膜必须一年一换。冬暖型大棚保温性能好,在12月下旬或次年1月上旬扣棚。一般新生叶片达到15~22片时即可抽薹,冬暖型大棚4月中旬即可采收,6月上旬收获完毕。黄花菜冬暖型塑料大棚栽培,要根据其生长发育习性及不同生育时期对环境条件的适应性,确定不同的温湿度管理。抽薹前主要注意保温管理,苗期白天保持15~20℃,夜间维持5℃以上。抽薹后白天保持20~25℃,结蕾期白天温度保持在25~30℃,昼夜温差保持在10℃左右。中午温度达到30℃以上时,通风换气,降温排湿,使棚内空气湿度降到90%以下,以防病害发生。

范学钧等(2001b)结合甘肃省庆阳地区实际,在黄花菜日光温室栽培中指出,甘肃省庆阳地区黄花菜日光温室栽培应在秋季8—9月份建好棚室并定植培育秋壮苗,适宜的扣棚期为

12月上中旬(大地封冻,夜冻昼消时),采摘可比露地提前70天左右。黄花菜的自然休眠期从植株地上部分开始枯死(约10月上旬)到心叶全部枯死(约12月上旬)需40~60天,而且必须是通过低温休眠定植恢复生长后,低温休眠越充分,扣棚后生长越旺盛;未经低温休眠期定植扣棚后因养分未回流而极难旺苗。

苏定昌(2010)在湖北省利川市谋道镇进行了黄花菜大棚栽培试验,总结了黄花菜大棚种植技术:一是选择好地势。各种工业污染、生活污染、化学污染都会影响黄花菜花蕾的品质。二是选好品种。大棚种植就是为了提早成熟,因此选择早熟型品种为佳。三是小蔸密植。蔸距要小于30 cm,栽苗必须在20株/m²以上才能达到速生丰产的基本要求。四是平衡施肥。施肥技术上应做到"施足冬肥,早施苗肥,适施薹肥,补施蕾肥",并多施有机肥,增施钾肥,补施微肥,尤其是在土壤缺钾情况下,黄花菜追施钾肥可提高植株的抗性,增加花蕾数,提高成蕾率,增加产量和提高品质。五是适期盖膜。在大寒至立春期间覆盖薄膜为宜,为防止温度过低,必须加盖地膜或小拱棚以增温防冻,还要结合当年气候,根据天气变化做好调温控湿,现蕾开花期间,白天棚内温度控制在25~30 ℃,夜间保持在15~18 ℃,其他时期白天棚内温度控制在15~20 ℃,夜间不低于10 ℃。六是抗旱防渍。大棚种植黄花菜提早了成熟期,其生育期正值当地多雨季节,土壤易被冲刷,但大棚遮盖后棚内淋雨少,空气相对干燥,因此要密切注意抗旱防渍。七是控制病虫。棚内温度提高后,多种杂草滋生加快,易发生叶斑病、叶枯病、黄叶病、茎枯病、红腐病等多种病害,要做好锄草和防病虫害工作,要以"预防为主,主攻一病,兼治多病"。注意保持棚内清洁,及时清除病株残叶和田间杂草,减少病菌侵染来源。

王升台(2012)结合浙江省缙云县实际,在介绍大棚黄花菜套种吊瓜应用效果及栽培技术中提到,早熟蟠龙种黄花菜一般采用大棚等设施栽培,在每年8—9月份翻种,霜降前秋发1次,完成部分碳水化合物积累,之后进入冬眠期,到次年2月份开始发芽,3月底开始抽薹,植株高度一般1 m左右,4月底开始采摘,5月底基本采摘完毕。

王禾清(2013)结合云南省实际,在介绍大棚鲜食黄花菜高产栽培技术中提到,3月至4月下旬种植,4月至11月中耕管理,11月下旬至12月上旬搭棚,12月上旬至次年3月为大棚中耕管理期,4月至6月为采花期,7月至11月为后期管理。生长过程可分为7个生育时期:2月至3月为萌芽期,3月至4月为分展叶期,4月至5月为抽薹期,5月至7月上旬为萌蕾开花期(花期根据当年气候条件可提前或推后),7月上旬至8月上旬为采后枯叶期,8月上旬至秋季初霜前为秋季展叶期,霜后到次年1月为休眠期(大棚栽培无休眠期)。大棚温湿度管理,12月至次年6月为大棚管理期,此期间需严格控制大棚内温湿度,最高温度不超过40 ℃,最低温度不低于20 ℃,最适生长温度为30~35 ℃。湿度不能低于80%。

二、多作种植

间作(Inter cropping)是在同一块田地上,于同一生长期内,分行或分带,相间种植两种或两种以上生育季节相近的作物,在同一块田地上或季节成行或成带地相间种植方式。即一行A一行B,通常将高的喜阳植物与矮的喜阴植物间种。间作与单作相比是人工复合群体,个体间既有种内关系,又有种间关系,是充分利用种植空间和资源的一种农业生产模式。间作可用符号"‖"表示。

套作(Relay cropping)是在同一块田地上,当前季作物达生殖生长阶段以后或收获前播种或移栽后季作物的种植方式。套种作物的共生期较短,一般作物之间的共同生长时间少于主体作物的一半。合理的间作套种可以减少土地重茬危害,抑制病虫害,有多种好处,可有效促进作物增产增收。套作可用符号"/"表示。

轮作(Crop rotation)是在同一块田地上按一定年限或季节,有顺序的轮换种植不同作物或复种组合的种植方式,用符号"→"表示,是用地养地相结合的一种生物学措施,有利于均衡利用土壤养分和防治病虫草害,能有效改善土壤的理化性状,调节土壤肥力。中国实行轮作历史悠久。旱地多采用以禾谷类作物为主或禾谷类作物、经济作物与豆类、绿肥作物轮换;稻田的水稻与旱作物轮换。轮作周期因地因作物长短不等,有一年一熟条件下的多年轮作,也有由不同复种方式组成的多年复种轮作,又可因采用方式的不同分为定区轮作与非定区轮作。

(一)黄花菜的大田间套作

黄花菜能与多种作物进行间套种植。王升台(2012)介绍了大棚黄花菜套种吊瓜应用效果及栽培技术。黄花菜属多年生浅根系草本经济作物,早熟蟠龙种黄化菜采用大棚栽培能提早上市 20 天,生长采收期短。大棚黄花菜采用宽窄行栽培方式,宽行 0.6 m,窄行 0.3 m,株距 0.15 m,在每年 8—9 月份翻种,霜降前秋发 1 次,完成部分碳水化合物积累,之后进入冬眠期,到次年 2 月份开始发芽,3 月底开始抽薹,植株高度一般 1 m 左右,4 月底开始采摘,5 月底基本采摘完毕。吊瓜是多年生经济作物,需要立架栽培。把吊瓜种在大棚脚的外沿,大棚架刚好为吊瓜布枝所用,充分利用了大棚资源。吊瓜种植株距为 0.4 m,雌雄株搭配比例为 10:1。吊瓜一般 4 月底开始发芽,5 月份开始瓜藤分枝,5 月底株高达 1~2 m,6 月开始边开花边结果,7 月可布满整个大棚,8 月开始采收,11 月结束。黄花菜品种一定要选择早熟的蟠龙种黄花菜,避免茂盛的吊瓜枝叶影响黄花菜的光合作用,从而影响黄花菜的产量。吊瓜品种则没有大的限制,因为,吊瓜出苗的时间都差不多,而且吊瓜是种在大棚的外面,黄花菜植株较矮对吊瓜生长没有丝毫影响。由于大棚黄花菜生产主要是以上半年为主,而吊瓜生产主要以下半年为主,刚好同早熟大棚黄花菜错开,这样就充分利用了土地资源,增加了单位耕地效益。

胡岳标(2014)介绍了黄花菜与甘薯、大豆、蔬菜的套种技术。黄花菜从采摘结束至翌年 4 月均可移栽,但以白露和立春移栽较好。根据采地的宽窄,采取单行栽植或宽窄行栽植。单行栽植,行距 60~70 cm,丛距 40~50 cm,每丛栽 3~4 株苗;宽窄行栽植,一般宽行行距 80~100 cm,窄行行距 60~70 cm,丛距 40~50 cm。园地内套种其他作物,丛距 30~40 cm。甘薯应在早熟黄花菜地套种,如盘龙种、四月花等。在 6 月中下旬扦插在黄花菜地大行中间,株距因甘薯品种而定,一般为 60~90 cm。7 月上旬黄花菜采摘结束,要及时割除黄花菜薹和老叶,中耕除草,并施磷钾肥,待甘薯藤长到 50 cm 后,要勤整藤,以防甘薯藤压在黄花菜叶上,影响黄花菜正常生长。根据几年来的抽检验收,这种套种方法的甘薯产量一般在 2500~3000 kg/亩,产值超过 3000 元。

黄花菜套种秋大豆适宜在中熟或迟熟黄花菜品种中进行,播种时间若以收获种子为目的应在 8 月 15 日前进行,若以青豆荚供应市场可略推迟。品种选择质量优、产量高、抗逆性强、适应性广、生育期短的早熟品种,株距 20~25 cm,套种在黄花菜行中间。8 月下旬黄花菜采摘结束,要及时结合中耕除草割除黄花菜薹秆和老叶。由于秋大豆全生育期短,必须保证一个月内(营养生长期)植株长到 30 cm 以上才能获得丰产,因此合理施肥很关键。播种时施用盖种肥钙镁磷肥 25 kg+土杂肥 200~300 kg/亩,出苗后视苗情追施尿素 4~6 kg/亩,兑水 400~500 kg 浇施,结荚期用 0.1%硼砂溶液喷于叶面以提高籽粒饱满度。适时收获,青豆荚 10 月份根据价格情况开始采收上市,种子 11 月初开始成熟。

新开垦的耕地大多用来发展果树和油料作物,而果树和油料作物新栽的小苗土地利用率低,生长比较缓慢,且除草施肥等田间管理必须照常进行。因此,在这些土地上黄花菜与新栽果树和油料作物小苗套种,一方面新开垦的耕地土壤疏松容易引发水土流失,黄花菜根系发达,具有较好的保土保肥作用;另一方面黄花菜春天栽植,秋天就能获得部分产品,第三年可进盛产期,产值能达到3000~5000元/亩,从而弥补了管理果树和油料作物的全部支出,还可盈利。黄花菜与莴笋、萝卜、胡萝卜、青菜、大蒜等套种,各种蔬菜都能获得较好的经济效益。几年来的实践证明,利用黄花菜的生长特性,合理套种各种作物,是充分利用现有耕地和光、热、水资源,让种植户获得更多效益的有效途径。

刘本容(2015)介绍了茶园套种黄花菜栽培技术,包括地块选择与种植季节,黄花菜的苗根修剪,合理密植等技术环节。黄花菜适应性广,对土壤要求不严格,耐贫瘠干旱,以排水良好、土壤疏松、土层深厚的幼茶园沙壤土为宜。种植时应深翻和多施有机肥,盛花期为肥水敏感期,若干旱缺肥易造成落花落蕾。黄花菜肉质根怕积水,雨季应注意排水。从采摘结束至翌年3月均可栽植,南方地区以白露和立春两个节气较宜,尤其在白露栽植,植株进入第2长叶期尚有充足的雨量和适宜的气温,有利于其分株繁殖,成活率高,当年就可长出3~5个新芽,翌年产量高。黄花菜的苗根修剪,每片种苗保留1~2层新根,新根长4~5 cm,其余全部剪去,同时减掉根豆和根部的黑须根,以利于根群发育旺盛。合理密植,可根据茶园的宽窄,将苗根种植在茶园外边缘,丛距35~45 cm,每丛24片(株苗),丛内株距10 cm左右(每丛栽3片苗的呈三角形排列,栽4片苗的呈正方形排列),以免影响茶树正常管理与操作。栽种时挖穴深15~20 cm,宽20~30 cm,种苗按上述丛内排列法植入穴内,稍盖土覆蔸,然后施入土杂肥,再浇入稀释过的人粪尿并覆土。种植深度以10~15 cm为宜,过深分蘖慢,进入盛产期要推迟1~2年;过浅植株矮小,分蘖过多而细,容易早衰,而且秋冬遇干旱影响出苗。

严再蓉等(2016)介绍了黄花菜与嫩玉米、蔬菜、蚕豆的间套作技术。黄花菜早春(2月下旬3月上旬)育苗移栽或对上年老蔸晾蔸(2~4天),结合施肥、中耕等,采用露地双行栽培,宽行160 cm、窄行30 cm。鲜嫩糯玉米选用地方品种白糯玉米或花糯玉米于早春栽培。宽行100 cm、窄行40 cm,双行直播或育苗定向移栽,露地或地面覆盖栽培均可。5月中下旬收获鲜嫩糯玉米后,及时清除玉米秸秆作为饲料或沤制肥,也可直接铡成5~10 cm长的小段后还田。玉米空行为黄花菜管理与采收操作通道。9月上旬至10下旬种一季瓢儿菜、包菜、油菜等;10月至翌年1月,各茬口期(30~35天)分别种一季苋菜、小青菜、小白菜、萝卜苗等早熟蔬菜。土壤豆芽一般3—10月,10~15天能生产1批;12月至翌年2月,15~20天能生产1批。全年在"空"地和"茬口期"培育土壤豆芽(20~70天)6批。10月上中旬,采收蔬菜后间种2行菜蚕豆;翌年2月下旬至3月中旬收获鲜嫩蚕豆出售,蚕豆秸秆可作为饲料或沤制肥,或者铡成5~10 cm长的小段还田于黄花菜行间。

陈红卫(2017)介绍了木薯山地套种黄花菜栽培技术。黄花菜属于多年生宿根草本植物,所以就直接采用从母株分离种苗进行种植。木薯种苗主要来源于薯秆的无性繁殖,种植前要对木薯种苗进行处理,选择茎圆粗大、节密、无病虫害、无损伤、色泽鲜明、芽点圆润突出明显的老熟主茎,取中下部分从两个芽点的中间切断备用,刀口要平整,要防止损伤和裂茎,长度一般以10~15 cm为宜,因为下段萌发力强,发芽粗壮、整齐、产量高。木薯种苗处理好后,根据农户的种植习惯和栽培目的,全部采用平放的方式进行种植。种苗放入穴中后,上面覆盖3~5 cm的覆土,以利保持土壤的水分,防止种茎失水。木薯的种植密度按品种特性、气候、土壤质地、水肥条件决定,一般为0.8 m×0.8 m或1 m×1 m,每亩种植1000株左右。黄花菜穴距为30~40 cm,每穴3~5株,每亩种2000株左右,栽后覆土压实,全部沿山势靠畦边种植,因为山地光照和通风条件较好,黄花菜可以适当密植,既可以提高单位产量和防止山地的水土流失,又不会影响黄花菜的生长。

林志辉(2018)曾分析油茶林梯壁上套种黄花菜植物篱的生态效应。以未套种黄花菜为对照(CK),设计对比试验,采用打桩法测定土壤流失量,并测定土壤容重、渗透性和含水量。结果是2014—2017年套种黄花菜的油茶林(YH)较CK处理土壤流失厚度减少0.52 cm,套种处理与对照处理土壤流失厚度间存在极显著差异;各土层均以套种处理土壤地温低于对照处理。0~20 cm土层土壤容重,套种处理较对照处理降低5.1%,非毛管孔隙度、总孔隙度分别较对照处理增加25.2%和7.5%,土壤含水量增加18.6%,20~40 cm土层也有同样变化规律。试验结论是油茶林梯壁上套种黄花菜具有明显的生态效益。

黄宗安(2020)发表了龙眼茶林下套种黄花菜的效益分析。龙眼茶是喜光树种,开花结实后对光照的需求强烈,因此龙眼茶的一般种植密度不高,可以在幼林地进行林下套种。黄花菜产生的枯枝落叶能有效转化成有机质,对龙眼茶的生长有利。黄花菜可以一年种植多年收获,适宜作为林下经济发展项目。种植黄花菜林地为4年林龄油茶林,造林密度1500株/hm²,以行距2.5 m行带状种植,林分平均树高1.6 m,平均地径4.7 m,平均冠幅1.3 m,郁闭度0.2,装有滴灌设施,每年都有锄草和施肥管理。1—2月在试验油茶林的行带中间实施带状整地作床,床宽1.2 m,高10 cm,土地利用率48%。床上撒施羊粪基肥6000 kg/hm²。黄花菜3—4月采用植苗种植,株行距0.3 m×0.3 m,栽深15~20 cm,黄花菜种植密度52500株/hm²。栽后踩实,苗木露出地表1 cm,并复水缓苗。4—8月进行松土除草、浇水施肥;6月下旬—8月上旬采收花蕾;10月上旬割老叶,并烧毁枯草、烂叶,防病虫为害;11—12月施越冬有机肥6000 kg/hm²。对龙眼茶林下种植黄花菜进行随机抽样调查,结果表明,种植第1年平均产鲜蕾7608 kg/hm²,第2年平均产鲜蕾14648 kg/hm²,第3年平均产鲜蕾22656 kg/hm²。种植黄花菜1.1年即可全部收回造林抚育投资并开始获得纯利润;3年可获得产品总盈利147464元/hm²。种植后前3年每投资1元平均每年可产生0.71元的直接经济效益。在龙眼茶林下套种黄花菜比未套种林分当年平均树高、平均地径、平均冠幅分别提高10.7%、5.9%、22.1%,明显促进龙眼茶的生长,同时还能吸纳当地富余劳动力就业,减轻环境污染和水土流失,有效提高土地利用率,综合经营效益显著。

吴永胜(2021)发表了小白菜套种黄花菜的效益分析及栽培技术。盐池县位于宁夏东部,当地传统种植方式是春种(发)夏收,依靠群体优势获得产量,定植前3年主要靠分蘖增加群体,培育壮苗,一般不采摘,故前3年基本无收入。因此,改黄花菜、小白菜的单种为套种,使小白菜在黄花菜培育壮苗期间,当地丰富的光照资源和有限的水、热资源利用率得到提高,增加土地产出率,提高种植效益。小白菜套种黄花菜的带距,既影响两种作物的生育状况,又影响两种作物的产量比重和田间作业。小白菜套种黄花菜的带距应主要根据黄花菜的生产需求确定。套种模式下黄花菜定植在前,小白菜应适期早播。当地黄花菜2月至3月上中旬开始萌芽,由于植株矮小,黄花菜处于单作状态,通风透光好。3月下旬种植的小白菜,于4月下旬进入生长旺盛期,黄花菜在5月下旬进入抽薹期,植株快速增高,此时小白菜已进入收获期。因此,小白菜套种黄花菜对两种作物的生育进程并无影响。小白菜套种黄花菜两作呈现带状高矮配置,黄花菜行宽叶稀疏,小白菜带因有黄花菜遮阴,种植带内小气候得到改善。套种使小白菜处于15~18 ℃最适生长温度,避开了后期的高温,也符合小白菜、黄花菜喜凉喜湿的共同生育特性,CO_2水平的提高与田间风速的加大,使小白菜单株平均鲜重达32.6 g,较小白菜单种平均增加16.3%,黄花菜单株鲜重与单种无差异。小白菜套种黄花菜,实现了生态效益、经济效益与社会效益的统一。采取小白菜套种黄花菜,构成了复合群体,既能使黄花菜快速增加群体,培育壮苗,又能使空地带实现高效利用。在当地黄花菜前3年基本无收入的特定条件下,实现了错峰采收,在黄花菜生长不受影响、产量不降低的前提下,可达到多收小白菜、增加产值的目的,又避免了劳力紧张,平均纯收入增加9557.9元/hm²,提高了农田的整体效益,有利于产业结构调整和特色产业发展。

(二)黄花菜的林下间作

由于林木生长周期比较长、初期效益相对较低及农林争地等矛盾明显,人们需要有效协调农业用地和经济林用地的关系。在这一背景下,农林复合系统逐渐成为新的土地利用和经营模式,受到广泛关注和重视,并且得以实践应用。

间套作的优势实际上是间作作物在地上部和地下部共同作用所产生的结果,促使间作作物之间能够产生有利影响。关注间作作物之间的资源竞争作用,能够为复合群体资源利用提供合理的参考。林下间种不仅可以有效提升光、土、气等之间的利用效率,也能够促使时间和空间等方面的潜力得以充分挖掘出来,有效达到当前农民增收的重要目标。林下间作可有效保护耕地,充分减少水土流失,明确建设生态农业,推动农业得以可持续发展。

马典俊等(1988)研究林菜间作对黄花菜生长的影响:黄花菜是喜水喜肥花期耐庇荫的多年生宿根性草本植物,与林菜间作形成一个理想的植物群体,能够互相促进生长,同步增产。(1)泡桐属于侧根发达,主根不发达的深根性树种,根系分布较深,在土层深厚质地疏松的沙壤土和壤土中,而黄花菜根系较浅,吸收根分布在30 cm左右。两者根系分布错落开来,吸收土壤中的水肥互不影响。(2)泡桐发叶迟、成叶慢、落叶晚,黄花菜萌发早、收获早。如官山林场泡桐发叶从5月中下旬开始,成叶大约需要36天,一般到6月下旬至7月上旬。而黄花菜3月中下旬萌发,6月下旬开始现花蕾,7月下旬花蕾采收基本结束。两者生长高峰期基本错开,互不影响。从黄花菜现蕾开花观察来看,一般晴天在12—16时,花蕾生长发育遇高温受抑制而不开放,并且还要消耗一定的营养物质,因此,树下种植黄花菜能起到一定的蔽荫作用,减少营养消耗。(3)泡桐的落叶覆盖地表后,在早期相对地提高地表温度,较纯种的黄花菜萌发一般要早7~10天,落叶腐烂分解后还能增加有机质。实践证明,林菜间作生产结构是合理的,树冠给黄花菜以蔽荫减少养分消耗,树叶还能增加土壤有机质。黄花菜保护了树木,免受机械损伤。不论是泡桐,还是杨树或其他树种,不论是四旁林,还是片林间作黄花菜,能够充分利用土地和空间,利用林菜生产过程中的时空差,提高了林菜产品的产量和质量,管理也方便,易为群众接受,具有很好的推广价值。

金波(1990)曾介绍株间种植方式为香椿、樱桃和黄花菜,株距3 m,行距4 m。黄花菜以株行距1 m×1 m的方式植于行间。香椿树干高大、通直,即使在采芽的情况下,树干也有3~5 m,枝叶稀疏,开张度小,性喜阳光。樱桃树干矮小,树冠开张度大,较耐荫蔽。黄花菜系多年生草本植物,植株矮小,对光照要求不严。香椿之冠高高在上,得到充足的光照,其枝叶遮挡了部分阳光,使耐阴的樱桃蔽于其下,免受强光直射。而黄花菜对光照要求不严,虽处于最下层,仍能得到充分的满足。香椿虽喜光,但树干又怕强光直射,若暴露于强光之下,易发生日灼,樱桃枝叶量大,正好保护香椿树干免受其害。香椿-樱桃-黄花菜间作,由于相互的气象效应改善了农田小气候,能够充分合理地利用农业气象和土地资源,发挥各种作物优势,有利于高产、稳产,提高了总体生产力,增加了经济效益。

曹振岭等(2004)曾介绍,牡丹江市果树地间种黄花菜,是在两树之间的空地栽植,既可充分利用土地,又有较好的收入。尤其是幼龄树,果树小、无产量或产量较低,间种黄花菜可获得一定的补偿。他们曾在超过25°的山坡退耕还林地,1999年春栽植果树苗,2000年春定植黄花菜苗。试验证明,黄花菜对生长条件要求不严格,无论是肥沃的土壤,还是一般土壤以及瘠薄的沙土地,都可生长。黄花菜具有耐寒、耐旱、耐瘠薄的特点,适应性非常强。如果土质肥沃、自然条件好、管理措施及时得当,增产潜力较大。每埯(墩)的分蘖茎数越多产量越高。定植3年后分蘖茎数明显增多,产量逐年上升。当果树株、行距在4 m×4 m时,每亩果树地可栽植黄花菜苗400～280埯(墩),早熟品种可亩产鲜黄花100～135 kg,晚熟品种亩产130～190 kg。随着树龄增长以及树冠覆盖面积的增大,产量下降。但是,即使在果树树冠已经郁闭的状况下,黄花菜仍可继续生长,并仍有收获。

石亚娟等(2005)在2003年,黄花菜在宁夏西吉县吉强镇泉儿湾村示范点林菜间作栽培试验成功。黄花菜属多年生蔬菜,由于它的根系强大而且分蘖能力特别发达,耐旱性较强,在生长发育期有适量降雨,就能满足根株生长发育的需要,在退耕地实施林菜间作造林模式能够长短效益结合,既能涵养水源,拦土固埂,防止水土流失,还能在短期内增加退耕农户的收入,使其更快地发挥生态和经济效益。

龙秀琴等(2009)对5年生的山核桃纯林和林下间作黄花菜类型的调查,山核桃的生长无明显差异,树高均在3.5 m以上,地径均在7.0以上,造林3年后生长迅速,树高年均生长量在1.0 m以上,地径年均生长量在1.0 cm以上。山核桃和楠竹采取的是块状混交,该造林类型中山核桃的长势弱于山核桃纯林和林下间作黄花菜类型,楠竹的株丛数、发笋距和楠竹纯林相差不大。山核桃林下间作黄花菜的经济效益,2007年黄花菜的产量调查结果为:鲜黄花每亩产448 kg,产成品(干花)112 kg,市场价20元/kg,每亩产值1121元,除整地、种苗、基肥、移栽、采收加工等成本910元外,种植当年的利润就达211元,第二年以后,产量逐步上升,投入大为降低,预测每年的利润可达700元以上,这样既可充分利用土地,又有较好的生态经济效益,是较理想的经营模式,值得推广应用。

汪保记(2014)介绍,一般果树栽植行距大于5 m的果园可间作。根据果树行距大小,黄花菜采取单行或双行栽植,栽植行距80～90 cm、丛距30～35 cm,每丛2～4株苗,丛内株距4～5 cm。每丛3株的呈三角形排列,4株的呈正方形排列。黄花菜适应性强,对土壤条件要求不高,栽培管理容易,生产周期短,见效快。新建幼树果园间作黄花菜能有效利用果园光热资源,提高早期经济效益。

严再蓉等(2016)根据贵州兴义市城郊8户菜农3年生产经验,总结出黄花菜/玉米/蔬菜/土壤豆芽/蚕豆间(套)作优质高产栽培模式。该模式每1 hm²每年采收鲜黄花菜12～15 t,鲜嫩糯玉米8～10 t,鲜蔬菜10～15 t,土壤豆芽6～7 t,鲜嫩蚕豆4～5 t,产值15万～18万元。鲜黄花菜、鲜嫩糯玉米、鲜嫩蚕豆、土壤豆芽等属时尚蔬菜,市场空间大。利用黄花菜、土壤豆芽等生物学特性,结合当地土地资源、自然资源等优势,在同一块土地一年种植出黄花菜、土壤豆芽等多种优质高产产品,既可满足市场需求,又可为农民增加收入。

(三)化感作用

植物化感作用(Allelopathy)来源于古希腊语的"Allelon(相互)"与"Pathos(损害、妨碍)",又称异株克生作用,也称他感作用。公元前古希腊学者最初发现了植物对周围其他植物生长产生抑制现象,1937年德国科学家Molish首次提出化感作用是指所有类型植物(含微生物)之间的生物化学物质的相互作用,这种作用是相生相克的。Rice在1984年提出化感作用是指植物或微生物的代谢分泌物对环境中其他植物或微生物有利或不利的作用。

化感作用是指植物代谢过程中的化学物质向体外分泌,影响其他植物生长的一种现象。这种现象是物种生存斗争的特殊形式之一,种内之间和物种之间都有化感作用。具体来说,是指供体植物通过茎叶淋溶、挥发、根系分泌、凋落物分解等途径向环境中释放化学物质,从而促进或抑制周围植物的生长和发育。化感作用已经广泛应用于农业生产中,与植物对光、水分、养分和空间的竞争一起构成了植物间的相互作用,它影响植物分布、群落的形成和演替,如在作物种植制度中,无论是单一种植还是实行轮作、间作、套种、覆盖、翻埋、重茬种植,都要考虑作物的化感作用。在农作物耕作过程中,植物化感作用对农作物耕作制度的合理安排、农田杂草的控制、病虫害的防治以及减少连作障碍等均有重要作用。因此,将化感作用的理论和研究成果应用于生产实践,促进了农业生态系统的良性循环、构建了合理的栽培技术和耕作制度,具有重要的理论和实践意义。

从整个生态系统角度来说,植物的化感作用在种子的萌发、植物群落结构的形成、演替动态和植物保护方面都具有重要的意义。而且,在目前的植物保护领域,植物的化感作用是研究的热点。通过研究植物化感作用,确定化感物质,并应用到农业生产中,可为农作物的耕作、连作制度提供依据,还可以培育出含有化感作用的农作物新品种,研制绿色安全新型的杀菌剂和除草剂,减少化学药品,降低环境污染,实现有害生物绿色防控。

黄花菜(*Hemerocallis citrina* Baroni),又名金针菜、柠檬萱草,属百合科多年生草本植物。黄花菜营养丰富、味道鲜美,还有增强皮肤韧性和弹力、滋润皮肤、消退色斑等功效;此外,黄花菜还具有消炎解毒和抗菌免疫功能,在防止病菌传染方面也有一定作用。但目前关于黄花菜化感作用的研究不多,因此有必要深入研究黄花菜的化感效应及其机理,为合理制定栽培措施提供依据和参考。

范适(2016)研究不同浓度的黄花菜根水浸提液对小白菜种子的根长和根重都表现为抑制作用,并且随着浓度的升高,抑制作用也越明显。而不同浓度的黄花菜根水浸提液对大白菜种子的根长和根重则表现出不同的影响,浓度为 0.010 g/mL 的黄花菜根水浸提液对大白菜种子的根长和苗长都表现为促进作用,其化感效应指数为 0.30 和 0.50,而浓度为 0.015 g/mL、0.020 g/mL、0.025 g/mL 的黄花菜根水浸提液对大白菜种子的根长和根重均表现为抑制作用,且随着浓度增高,抑制作用也越明显。

结果表明,在不同浓度黄花菜根水浸提液的影响下,不同作物品种表现出不同的化感作用,既有抑制作用也有促进作用。低浓度(0.010 g/mL)的黄花菜根浸提液对小白菜种子的苗重、苗长和发芽指数表现为促进作用,对大白菜的发芽率和发芽指数表现均为促进作用;高浓度(0.020 g/mL、0.025 g/mL)的黄花菜根浸提液对小白菜种子的发芽势、发芽指数、根长、苗重以及苗长表现为抑制作用,对大白菜的发芽率、发芽势、发芽指数以及根重表现为抑制作用;浓度为 0.015 g/mL 的黄花菜根浸提液对小白菜的发芽指数和苗重表现为促进作用,对大白菜的苗长和苗重表现为促进作用。

范适等(2016a)曾对黄花菜根水浸提液对不同品种大白菜的化感作用进行研究。研究黄花菜的化感作用有利于揭示植物化感作用的本质,并且对确定合理的栽培措施具有理论意义和实践价值。试验是针对蔬菜之间的相互促进或抑制作用的研究,讨论百合科萱草属植物黄花菜根部不同浓度水浸提液对不同品种大白菜种子萌发和幼苗生长的影响,以期逐步揭示黄花菜根的化感作用。

试验结果表明:不同浓度黄花菜根水浸提液对不同品种大白菜(精选 83-1 和迷你黄)种

子萌发和幼苗生长的作用效果不同。当浓度为 10 mg/mL,15 mg /mL,20 mg/mL 时,对于精选 83-1 和迷你黄的化感作用不同,有的表现为促进作用,有的表现抑制作用。高浓度(25 mg/mL) 对于精选 83-1 和迷你黄则全部表现为抑制作用,且浓度越高抑制作用越明显。

范适等(2016b)曾以莴苣作为受体,通过测定黄花菜根水浸提液对莴苣种子萌发和幼苗 生长的影响,对黄花菜化感物质进行了研究。研究结果表明,黄花菜根水浸提液对莴苣种子发 芽表现为明显的抑制作用,同时还延缓了种子的萌发时间,对莴苣幼苗根长生长表现为较强抑 制,对莴苣幼苗苗长表现为明显的低浓度促进高浓度抑制的浓度双重效应,浓度为 5 mg/mL 时,对莴苣幼苗苗长表现为促进作用,化感效应为 0.04;对莴苣发芽率,发芽指数和根长表现 为抑制作用,化感效应为 −0.02,−0.09,−0.65;浓度为 10 mg/mL 时,对发芽率,发芽指数, 根长生长和幼苗苗长均表现为抑制作用,化感效应分别为 −0.06,−0.16,−0.77 和 −0.19; 浓度为 15 mg/mL 时,化感效应分别为 −0.16,−0.25,−0.78 和 −0.22;浓度为 20 mg/mL 时,化感效应分别为 −0.23,−0.43,−0.84 和 −0.29,呈现抑制作用随浓度的增加而增强。

参考文献

阿布都瓦斯提·买买提,朱甲明,雷钧杰,2020. 喀什地区露地黄花菜有机栽培技术[J]. 农村科技(2):51-52.

蔡宣梅,郭文杰,张洁,等,2020. 黄花菜外植体初代培养比较及快繁技术研究[J]. 东南园艺,8(5):21-25.

曹立耘,2015. 黄花菜不同生育期的施肥方法[J]. 农村百事通(9):35.

曹振岭,李洪昌,田海成,等,2004. 果树地间种黄花菜技术[J]. 特种经济动植物(12):29.

曹振岭,林红,付美玲,2006. 黄花菜种子繁殖栽培技术[J]. 特种经济动植物(3):31.

柴小佳,王本辉,2018. 庆城县旱地黄花菜玉米秸秆间隙覆盖栽培技术[J]. 中国农技推广,34(7):38-39.

柴映波,2013. 黄花菜机械化采摘试验示范及机具研制[J]. 农业技术与装备(9):81.

常永瑞,2008. 黄花菜膜下滴灌技术[J]. 山西农业科学,36(12):49-50.

陈红卫,2017. 木薯山地套种黄花菜栽培技术[J]. 江西农业(8):11.

陈世昌,2013. 植物组织培养[M]. 北京:高等教育出版社:1-13.

陈旭,2020. 乡村振兴背景下吉林省农机需求影响因素与趋势研究[D]. 长春:吉林大学.

陈燕飞,2017. 合作社视角下祁东县黄花菜产业发展对策研究[D]. 长沙:中南林业科技大学.

成岁明,卢秀才,陆明华,等,2018. 黄花菜高产栽培技术[J]. 基层农技推广,6(10):92-94.

褚焕宁,侯非凡,贾焱,等,2017. 黄花菜无菌播种试验[J]. 山西农业科学,45(4):587-590.

邓超平,2020. 一种黄花菜种植用移植装置:CN202010102060.8[P]. 2020-12-22.

邓辉,2016. 黄花菜种植技术[J]. 西北园艺(5):17-18.

丁新天,朱静坚,丁丽玲,等,2004. 大棚黄花菜生长特点及优质高效栽培技术研究[J]. 中国农学通报,20(1):83-85.

段金省,李宗,周忠文,2008. 保护地栽培对黄花菜生长发育的影响[J]. 中国农业气象,29(2):184-187.

范适,宋光桃,刘飞渡,等,2016a. 黄花菜根水浸提液对大白菜化感作用的初步研究[J]. 湖南生态科学学报,3(1):13-18.

范适,宋光桃,刘飞渡,等,2016b. 黄花菜根水浸提液对莴苣化感作用的初步研究[J]. 湖南生态科学学报,3(2):11-15.

范适,2016. 黄花菜根水浸提液对小白菜和大白菜的化感作用[J]. 湖南农业科学(8):35-37.

范学钧,王本孝,2001a. 黄花菜落蕾的原因及防治方法[J]. 西北园艺:蔬菜(2):31.

范学钧,刘海平,任亮,等,2001b. 黄花菜日光温室栽培初报[J]. 西北园艺(6):14-15.

范银燕,崔根芳,1994. 黄花菜无性系快速繁殖技术研究[J]. 山西农业科学(4):22-24.

冯慧民,冯改珍,2006. 黄花菜的繁殖及其高产栽培[J]. 种子世界(4):53-54.

付强,2009. 黄花菜切茎繁殖技术研究与应用[J]. 河南农业(17):33.

高嘉宁,张丹,吴毅,等,2019. 氮、磷、钾配施对黄花菜产量及 2 种蒽醌类活性成分含量的影响[J]. 天然产物研究与开发(31):1624-1631.

公茂刚,王如梦,王学真,2020. 新形势下我国农业发展面临的挑战及对策研究[J]. 山东理工大学学报(社会科学版),36(4):5-18.

郭国平,施兰恩,南中益,2002. 黄花菜施钾效果研究[J]. 土壤肥料(2):46-47.

郭红莉,2012. 黄花菜高产栽培及重要施肥技术[J]. 农民致富之友(17):7.

韩连贵,王岩,王其文,等,2018. 新时期农业综合开发治理的目标、方略与可行性研究[J]. 经济研究参考(40):3-67.

韩志平,李进,王丽君,等,2018. 大同黄花菜组织培养试验初报[J]. 种子,37(11):69-72.

韩志平,张海霞,2019. 黄花菜繁殖育苗技术[J]. 园艺与种苗(1):25-28,34.

何红君,王茹,张波,等,2021. 不同移栽密度对"大乌嘴"黄花菜品种产量及品质的影响[J]. 东北农业科学,46(3):82-85.

侯保俊,杨红雷,何太,等,2007. 高寒冷凉区黄花菜栽培技术[J]. 农业技术与装备(11):37-38.

侯培红,2020. 一种自走式黄花菜采摘机:CN111328539A[P]. 2020-06-26.

胡岳标,2014. 黄花菜套种技术[J]. 中国农业信息(10):27.

黄爱政,陈仕军,温健新,2012. 不同品种小白菜耐抽薹性及生物学特性比较[J]. 长江蔬菜(22):19-20.

黄宗安,2020. 龙眼茶林下套种黄花菜的效益分析[J]. 林业勘察设计,40(3):28-31.

贾康,柯锦华,党国英,等,2020. 中国农村研究:乡村治理现代化(笔谈)[J]. 华中师范大学学报(人文社会科学版),59(2):1-7,12-27.

江华波,杨峰,江家荣,等,2014. 黄花菜组织快繁技术综述[J]. 北京农业(30):124-125.

江泽林,2019. 把握新时代农业机械化的基本特性[J]. 农业经济问题(11):4-14.

姜长云,2020. 我国农业农村服务业发展及其政策精神和主要问题[J]. 经济研究参考(15):5-20.

蒋立志,郝淑杰,付国,等,2016. 露地黄花菜栽培技术[J]. 农村科学实验(6):19.

焦和平,王风明,2004. 黄花菜大田栽培技术[J]. 河北农业科技(3):13.

金冰秋,沈凤云,2009. 特色蔬菜黄花菜高产高效栽培技术[J]. 中国农村小康科技(12):45.

金波,1990. 香椿—樱桃—黄花菜立体种植[J]. 作物杂志(3):33.

康华,2017. 大同黄花菜高产栽培技术[J]. 农业技术与装备,327(3):53-55.

李登绚,韩睿,2005. 黄花菜优良品种快速扩繁技术[J]. 北方园艺(5):28.

李东炎,2021. 濮阳县黄花菜高产栽培技术[J]. 现代化农业(3):37-39.

李冬梅,2020. 露地黄花菜有机栽培技术[J]. 农村科技(5):54-55.

李红丽,杨邦贵,丁祖政,等,2016. 黄花菜高产栽培的七大要点[J]. 长江蔬菜(9):37-38.

李进,韩志平,李艳清,等,2019. 大同黄花菜生物学特征及其高产栽培技术[J]. 园艺与种苗,39(05):5-10.

李进福,李翔,樊春霞,2020. 宁夏蔬菜生产机械化技术现状分析[J]. 农机科技推广(12):33-34.

李军国,2017. 支持现代农业建设,推动农业发展方式转变的财政研究[J]. 当代农村财经(1):2-20.

李军喜,2020. 黄花菜的生物学特性及栽培技术[J]. 河南农业(10):50.

李晓林,李晓勇,2011. 延边野生黄花菜人工栽培[J]. 吉林蔬菜(4):42-42.

李晓龙,2019. 农村金融深化、农业技术进步与农村产业融合发展[D]. 重庆:重庆大学.

梁万青,郭满平,2018. 旱地黄花菜栽培技术[J]. 现代农业科技(11):92-93.

梁长安,2021. 滁州市农机专业合作社发展现状、存在问题及发展对策[J]. 农业装备技术,47(1):56-57,59.

林志辉,2018. 油茶林梯壁套种黄花菜植物篱的生态效应分析[J]. 安徽农业科学,46(24):72-73.

刘安民,刘常盛,2016. 黄花菜栽培技术[J]. 湖南农业(11):6.

刘本容,2015. 茶园套种黄花菜栽培技术[J]. 上海蔬菜(4):81-82.

刘春英,王殿文,高丽,2010. 黄花菜种子繁殖技术[J]. 农民致富之友(23):6.

刘凤民,张伟丽,2006. 黄花菜组织培养再生系统研究[J]. 广东农业科学(2):32-34.

刘桂军,1998. 黄花菜冬暖型大棚高产高效栽培技术[J]. 农村科技开发(11):6-7.

刘金郎,张占军,2006. 黄花菜短缩茎切块育苗技术研究[J]. 当代蔬菜(12):32.

刘金郎,2007. 黄花菜配方施肥技术研究[J]. 土壤通报,38(3):531-534.

刘丽,任引峰,2019. 黄花菜高效栽培技术[J]. 西北园艺(综合)(8):13-14.

刘小英,江华波,铁曼曼,等,2015. 黄花菜组织快繁及高效栽培技术综述[J]. 现代农业科技(4):109-111.

龙秀琴,李苇洁,杨承荣,等,2009. 山核桃幼林和黄花菜间作技术研究[J]. 中国林副特产(3):5-7.

罗小容,2021. 农业机械化在乡村振兴战略中的作用和实施建议[J]. 南方农业,15(11):207-208.

马典俊,陈国昌,赵允明,等,1988. 林木黄花菜间作经济效益的调查研究[J]. 甘肃林业科技(3):30-34.

马建新,2019. 农业机械化在实施乡村振兴战略中的作用和意义[J]. 农业开发与装备(5):50-50.

买买提·艾合买提,2021. 农业机械化现状与发展模式探索[J]. 新农业(12):16-17.

孟宪福,2003. 黄花菜切根分芽繁殖法[J]. 农村实用科技信息(4):12.

牛志军,2017. 黄花菜无公害栽培技术要点分析[J]. 农业与技术,37(12):119.

潘登,李秋萍,2002. 黄花菜有性繁育及栽培[J]. 专业户(12):13.

任梅,2014. 中国农民专业合作社的"规制失灵"——基于规制政策执行和供给的视角[J]. 内蒙古师范大学学报(哲学社会科学版),43(01):43-47.

石亚娟,张瑾,燕贯恭,2005. 宁南山区退耕林地黄花菜间作技术[J]. 林业实用技术(10):32-33.

帅娜娜,穆妮妮,张秀丽,等,2021. 航天黄花菜组织培养繁殖技术研究[J]. 甘肃科技,37(12):185-188.

司朋波,2018. 黄花菜农艺节水灌溉研究综述[J]. 南方农机,49(9):92-96.

苏承刚,张兴国,张盛林,1999. 黄花菜根状茎组织培养研究[J]. 西南农业大学学报(5):33-35.

苏定昌,2010. 黄花菜大棚优质高效栽培试验[J]. 现代农业科技(17):110,114.

苏建文,翟富民,2011. 黄花菜全膜双垄沟播栽培新技术[J]. 科学种养(10):23-23.

孙波,任金华,洪静,2015. 黄花菜种植技术[J]. 特种经济动植物(11):46-48.

孙楠,曾希柏,高菊生,等,2006. 含镁复合肥对黄花菜生长及土壤养分含量的影响[J]. 中国农业科学,39(1):95-101.

孙颖,李梦雨,刘松,等,2019. 北黄花菜种子的萌发特点及生理指标动态变化[J]. 种子,38(7):99-103.

孙永泰,2004. 黄花菜的繁殖[J]. 农业科技与信息(4):18.

陶星晶,2019. 黄花菜无公害种植技术[J]. 农家致富(4):28.

铁曼曼,杨峰,谭华强,等,2015. 黄花组织培养研究进展[J]. 黑龙江农业科学(9):147-152.

万惠恩,2004. 黄花菜怎样留籽育苗[J]. 农家参谋(8):17.

汪保记,2014. 果园间作黄花菜技术[J]. 落叶果树,46(5):53.

王本辉,饶晓明,2001. 黄花菜根状茎芽块繁殖技术[J]. 中国蔬菜(6):46.

王本辉,韩秋萍,2007. 黄花菜花葶剪截促芽扦插育苗试验[J]. 中国瓜菜(4):21-23.

王本辉,韩秋萍,2009. 旱地黄花菜秋季全膜覆土免耕栽培技术[J]. 中国蔬菜(9):48-50.

王晨升,2021. 一种产业化种植黄花菜的五线谱种植架及其实施方法:CN112840903A[P]. 2021-05-28.

王迪轩,2003. 黄花菜种苗繁殖三法[J]. 农村实用技术(10):13.

王富青,2003. 开发梯田地沿发展黄花菜生产[J]. 山东蔬菜(1):28.

王禾清,2013. 大棚鲜食黄花菜高产栽培技术[J]. 云南农业科技(5):31-32.

王金圣,2020. 黄花菜露地高产栽培技术[J]. 西北园艺(综合)(2):10-12.

王静,胡冬梅,侯静,等,2019. "三月花"黄花菜的组织培养研究[J]. 四川大学学报(自然科学版),56(1):67-172.

王利春,2014. 北方地区黄花菜栽培与加工技术[J]. 农业技术与装备(9):55-57.

王鹏飞,周永红,2021. 大同地区黄花落蕾的原因及防治措施[J]. 农技推广(13):25-26.

王荣强,张学良,2018. 邵东县黄花菜种质资源与传统栽培技术要点[J]. 南方农业,12(29):34-35.

王升台,2012. 大棚黄花菜套种吊瓜应用效果及栽培技术[J]. 浙江农业科学(8):1105-1106.

王有发,李钧儒,1985. 黄花菜切茎繁殖育苗技术研究初报[J]. 甘肃农业科技(05):25-28.

魏锦秋,丁文恩,2008. 黄花菜栽培技术[J]. 农技服务,25(3):15,53.

文丰安,2020. 乡村振兴战略与农业现代化治理融合发展:价值、内容及展望[J]. 西南大学学报(社会科学版),46(4):38-46,193.

吴青春,2002. 黄花菜有性繁殖及栽培[J]. 农村科学实验(7):10.

吴永胜,2021. 小白菜套种黄花菜的效益分析及栽培技术[J]. 现代农业科技(8):45-46.

颉敏昌,2012. 庆阳市黄花菜品种资源及栽培技术[J]. 甘肃农业科技(1):53-55.

颉敏昌,张晓霞,冯敏,等,2015. 30 cm内土层含水量对黄花菜落蕾的影响[J]. 现代农业科技(11):101,106.

徐小琪,2019. 我国信息化与农业现代化协调发展研究[D]. 长沙:湖南农业大学.

闫强,2013. 黄花菜高产栽培技术[J]. 种子世界(10):52-53.

闫晓玲,胡建忠,殷丽强,2017. 黄土高原沟壑区黄花菜高效栽培模式[J]. 中国水土保持(11):46-49.

严再蓉,费伦敏,万忠平,等,2016. 黄花菜/嫩玉米/蔬菜/土壤豆芽/蚕豆间套作优质高产栽培技术[J]. 长江蔬菜(6):64-66.

杨小利,段金省,赵建厚,等,2008. 陇东黄花菜越冬不同材料覆盖下的生长特性及气候效应研究[J]. 干旱地区农业研究,26(6):207-211.

杨玉凤,李小玲,刘剑霞,等,2004. 野黄花菜的特性与栽培技术[J]. 吉林农业(10):14-15.

殷仲卿,彭艳勤,张天俊,2018. 黄花菜移植栽培技术[J]. 河南农业(13):14.

游德福,1999. 黄花菜切根分芽繁殖[J]. 新农业(9):38.

于天富,2013. 大同县黄花丰产栽培技术[J]. 中国农技推广,29(1):30,22.

余宏军,蒋卫杰,王本辉,等,2017. 黄花菜双色长寿地膜覆盖免耕栽培技术[J]. 农村百事通(1):30-31.

余舒文,1992. 植物间的相互—相生相克现象[M]. 北京:科学出版社:376-394.

袁浩博,2019. 吉林省农村三次产业融合发展研究[D]. 长春:吉林大学.

岳青,王果萍,童德中,等,1995. 大同黄花菜组织培养繁殖技术的研究[C]. 中国科协第二届青年学术年会,园艺学论文集.

张超美,张再君,张杏芝,等,1995. 同源四倍体黄花菜的继代培养[J]. 湖北农学院学报(3):49-50.

张和义,唐爱均,2003. 黄花菜繁殖技术综述[J]. 中国农学通报(6):205-206,209.

张静,于继真,2016. 黄花菜高产栽培种植技术[J]. 农民致富之友(8):17.

张琨,周渊,单晓菲,等,2020. 黄花菜组织培养研究进展[J]. 北方园艺(2):130-137.

张清云,龙潴普,安钰,等,2020. 移栽密度调控对黄花菜产量及品质的影响研究[J]. 宁夏农林科技,61(1):11-13.

张秀珊,柴向华,朱饱卿,等,2006. 黄花菜的组织培养和快速繁殖[J]. 中国农村小康科技(6):59,74.

张秀霞,2019. 采摘黄花菜的机器人:CN109392462A[P]. 2019-03-01.

张亚峰,2016. 宁夏盐池县黄花产业发展前景报告[J]. 北京农业(5):206-207.

张延曼,2020. 新时代中国特色城乡融合发展制度研究[D]. 长春:吉林大学.

赵建青,2017. 黄花菜栽培管理及加工[J]. 食品安全导刊(8):65-67.

赵晓玲,2015. 庆阳市黄花菜连片高效栽培技术[J]. 甘肃农业科技(4):72-74.

赵园园,戴爱梅,2020. 博州黄花菜绿色高产栽培技术[J]. 农业科技通讯(1):278-279.

甄永胜,2019. 黄花菜栽培技术[J]. 现代农村科技(10):30-31.

周录红,李聪颖,2015. 泾川县黄花菜无公害高产栽培技术[J]. 中国农技推广,31(12):25-26.

周萍,吴志强,2016. 黄花的合理密植与采收[J]. 现代园艺(21):50.

周朴华,何立珍,1993. 黄花菜不同外植体形成的愈伤组织再生苗观察[J]. 武汉植物学研究,11(3):253-259.

周文,司婧雯,2021. 乡村治理与乡村振兴:问题与改革深化[J]. 河北经贸大学学报,42(01):16-25.

朱冰,凌小燕,高雅,等,2018. 农机作业服务基础保障建设现状分析研究[J]. 中国农机化学报,39(6):93-101.

朱靖杰,张桂和,赵叶鸿,1996. 黄花菜的离体培养中胚状体的发生和再生植株形成的研究[J]. 海南大学学报(自然科学版)(4):321-324.

朱自学,2007. 黄花菜良种选育与繁殖技术[J]. 农业与技术(2):132-134.

卓根,2007. 黄花菜分株繁殖不怕"冬"[J]. 农家之友(11):32.

MOLISH H D,1937. Einfluss einer Pflanze aufdie andere Allelopathie[M]. Fischer:13-20.

LI Z W,MIZE K,CAMPBELL F,2010. Regeneration of daylily (Hemerocallis) from young leafs egments[J]. Plant Cell,Tissue and Organ Culture (PCTOC),102(2):105-110.

第四章 应对环境胁迫

第一节 生物胁迫及其应对

一、病害及其防治

黄花菜常见病害有20余种。主要是真菌性病害,如叶锈病、叶枯病、茎腐病、炭疽病、叶斑病、茎枯病、褐斑病等;病毒性病害鲜见报道(胡岳标,2015;王峰 等,2017)。主要病害种类和防治措施如下。

（一）黄花菜叶锈病

黄花菜叶锈病(Daylily rusts),俗称黄锈病,是黄花菜常见的病害之一。锈病危害严重,可导致黄花菜产量下降,严重时可致绝收,制约着黄花菜产业的发展(吴志强 等,2016;邱亨池 等,2019)。中国南方地区黄花菜叶锈病多发生在花蕾采收初期,植株受害,造成当年减产10%以上,病害发生重的年份减产可达50%以上。北方地区多在采收结束或即将结束时期发病,对当年黄花菜产量影响不大。锈病的发生会导致黄花菜营养积累不足,造成花芽分化程度低,对之后连续两年(尤其是第三年)的产量造成影响。

1. 病害特征

（1）病原物 病原物为黄花菜萱草柄锈菌(*Puccinia hemerocallidis* Thum),担子菌门锈菌目柄锈菌属成员。夏孢子单孢,圆形或者卵圆形,橙黄色,表面有微刺。冬孢子棒型、椭圆形或扁圆形,双孢,棕色,横隔处有轻微缢缩,顶端平,下端具无色至黄色的孢囊柄(张国柱 等,1994)。

（2）传播途径 黄花菜叶锈菌为活体营养型生物,主要寄生于叶背和花薹上,在黄花菜上产生夏孢子和冬孢子。黄花龙芽和败酱草为锈菌的转主寄主(杨正锋 等,2005),在其上产生性孢子和锈孢子。在黄花菜上病原菌冬孢子随病残体在田间越冬,但是病菌的冬孢子不能直接侵染黄花菜,而是通过冬孢子萌发产生担孢子,通过风、雨传播侵害萱草或黄花菜,再产生夏孢子。夏孢子随着风、雨、虫等在侵染季节造成病害传播。

病菌生长最适温度为24~28 ℃,相对湿度为85%以上。大田种植大约每年6月中旬开始发病,到7—8月份若遇暴雨,加速孢子堆的破裂,锈病大面积暴发,10月份随着气温降低,病害逐渐停止。不同地区黄花菜叶锈病发病时间不一。

（3）危害症状 黄花菜叶锈病主要危害叶片和花薹。发病初期,病叶和花薹上先出现褪绿斑点,后逐渐形成淡黄色泡状小斑点(夏孢子堆)。夏孢子堆较小,排列没有规则。后期发病部位表皮破裂,散发出黄褐色粉状的夏孢子。黄花菜生长后期,在病部产生长椭圆形或短线状的黑褐色斑点(冬孢子堆)。病害严重时,夏孢子堆连接成一片,整个叶片变成铁锈色,常常造成全株叶片枯死,花薹变成铁锈色,花蕾干瘪或凋谢脱落(刘新民等,2002;谭小艳等,2021;郑硕理,2021)。

2. 防治措施

(1)选用抗病品种 选用抗病品种是防治锈病最经济有效的措施。据文献报道,组培花、三月花、渠县花、冲里花、白花、成都野花、甘引、神农金针、武坪早、忻州野花、金针早等品种属于高抗品种,早四月、万源花属于中抗品种(邱亨池 等,2016)。种植抗病品种时要根据地理条件合理布局。同时,不断加强优良性状种质资源的发掘,实现品种多样化,延长抗病品种使用年限。

(2)综合农艺防治 ①改善种植管理状况,合理施用氮、磷、钾肥,避免偏施氮肥,避免叶片过嫩而易生锈病;②注意通风透光降低土壤湿度;③清除田间及周边杂草,尤其是锈菌的转主寄主败酱草和黄花龙芽,切断主要传播途径;④发病初期及时清理病叶,秋季叶片开始枯萎时,及时割去老叶并清除杂草,减少病菌传播;⑤酸性过重的土壤,适度多施草木灰;⑥老龄植株要换代更新,提高抗病能力。

(3)化学防治 化学防治是减轻病害的重要辅助措施,其主要目的是控制菌源量并抑制病害流行。石硫合剂可用于防治黄花菜叶锈病。喷药时间可根据当地往年发病时期而提前预防,每隔 7 天喷药 1 次,连续喷药 3 次。喷药时叶片正反两面都要喷(郑硕理,2021)。发病早的田块,每公顷用三唑酮 60~120 g(有效成分)对叶面喷施,消灭发病中心,具体用量可根据品种的抗性调整。一般连续喷药 1~2 次,每隔 7~10 天喷一次,如果流行早、流行速度快,品种又易感病时,则需连续用药 2~3 次。

可用于防治黄花菜叶锈病的药剂还有嘧菌酯、氟嘧菌酯、戊唑醇、萎锈灵、丙环唑、多效唑、腈菌唑、氟酰胺等(张黎杰 等,2019)。三唑酮与多菌灵混用有利于增强药效。采收期用药,停药 15 天后方可采收花蕾。

(二)黄花菜叶枯病

黄花菜叶枯病(Daylily brown blight),又称为枯叶病、叶尖死,是黄花菜三大病害之一。黄花菜生长过程中遇低温冻害、施肥不均衡(尤其钾元素缺乏),或叶螨危害重的田块容易使生长势弱的植株发生叶枯病。

1. 病害特征

(1)病原物 黄花菜叶枯病由泡状葡柄霉菌[*Stempkylium vesicarium*(Wallr.)Simmons]侵染引起(董国堃 等,2005;陈冬梅 等,2016),为半知菌门丝孢纲丝孢目匍柄霉属成员。分生孢子梗直立,单生,偶有 1 个分枝,圆柱形,直或弯曲,顶端产孢细胞囊状膨大,淡褐色至青褐色。分生孢子近球形至近桶形,淡褐色至褐色,具横隔膜。

(2)传播途径 病菌以菌丝体或分生孢子在病残体上越冬。翌年春天,分生孢子借风雨传播侵染黄花菜幼苗。田间一般 4 月下旬开始发病,5—6 月份发病加快,多雨高湿时发病严重。另外,有叶螨危害的地块,叶枯病较重。

病菌生长最适温度为 15~25 ℃,最高 35 ℃,湿度为 80% 以上。陕西石泉产区 3 月下旬开始发病,4 月中旬至 5 月中下旬流行。

(3)危害症状 叶片感病从叶尖或叶缘开始,病斑黄褐色,后期病斑中间呈深褐色,斑斑相连成条斑,从叶尖向下扩展,使叶片局部枯死。发病严重时,叶片枯死,植株抽薹极少,花蕾零落。花薹受害,初期为水渍状小点,后变为淡褐色椭圆形病斑,湿度大时,病斑表面生黑色霉层

（即病菌分生孢子梗和分生孢子）。发病严重的花薹呈灰白色干枯状,易折断,造成整个花薹花蕾绝收,严重影响黄花菜的产量和品质(董国堃 等,2005;陈冬梅 等,2016)。

2. 防治措施

(1)选用抗病品种　选择适合当地栽培的高产抗病品种。茶子花、小黄棵品种为感病品种(董国堃 等,2005)。

(2)综合农艺防治　①适度增大株行距,改善田间通风透光,降低土壤湿度;②合理施用氮、磷、钾肥,在叶枯病频发田块,适度多施钾肥;③采收后,拔薹割叶并集中烧毁;④早春松土、清除田间及周边杂草。

(3)化学防治　幼苗出土后每隔 10～15 天喷洒石硫合剂 1 次,连续 2～3 次,可有效防治叶枯病。发病初期,可选用 50％多菌灵可湿性粉剂 600～800 倍液、75％百菌清可湿性粉剂 600 倍液、50％代森锌 500～600 倍液或 70％甲基硫菌灵可湿性粉剂 1000 倍液等药剂,每隔 7～10 天叶面喷施 1 次,连续防治 2～3 次。同时,对于叶螨危害重的田块,需要注意虫害防治。防治叶螨的常用药剂有爱福丁 4000 倍液、20％双甲脒 2000 倍液,或 20％复合浏阳霉素 1000～2000 倍液,喷杀除虫。

可用于防治黄花菜叶枯病的药剂还有苯醚甲环唑、甲基托布津等。采收期用药,停药 15 天后方可采收黄花菜花蕾。

(三)黄花菜茎腐病

黄花菜茎腐病(*Daylily stalk rot*),俗称白绢病、烂脚瘟,是黄花菜常见病害之一,在各黄花菜栽培区均有发生,发病率高。中国大陆及马达加斯加共和国发病较重,台湾地区、日本黄花菜产区亦有发生,马来西亚产区较为少见。

1. 病害特征

(1)病原物　病原物为齐整小核菌(*Sclerotium rolfsii* Sacc.),半知菌门无孢目小核菌属成员(王乃庭 等,2008)。菌丝无色,具隔膜,呈辐射状扩展;菌核由菌丝构成,外层为皮层,内部由拟薄壁组织及中心部疏松组织构成,初白色,紧贴于寄主上,老熟后产生黄褐色至棕褐色,圆形或椭圆形小菌核,直径 0.5～3 mm。

(2)传播途径　病菌主要以菌核在土壤中越冬,或以菌丝体遗留在病残体中越冬(王乃庭 等,2008)。菌核在土中可存活 5～6 年。翌年条件适宜时,菌核萌发产生菌丝,从黄花菜根部或近地面的茎基部直接侵入,或从根茎部伤口侵入。病菌还可通过雨水、肥料和农事操作传播。高温多湿条件有利于病害发生。

(3)危害症状　发病初期,叶鞘基部近地面处出现水渍状褐色病斑。病斑扩大后稍有凹陷,呈褐色湿腐状,并可见有白色绢丝状物。潮湿时,病部容易产生黑褐色菌核。后期植株自腐烂部位以上的部分倒折(周检军 等,2002;王乃庭 等,2008)。叶片因营养及水分供应受阻,逐渐变黄枯死。

2. 防治措施

(1)综合农艺防治　①适度增大株行距,改善田间通风透光,降低土壤湿度;②发现病株及时拔除,拿出田外销毁,并在病穴上撒石灰;③秋季采摘后及时清园,并进行深耕,结合整地施入适量石灰,可减少病害发生。

(2)化学防治　初春幼苗期,用石灰半量式波尔多液(即用硫酸铜 500 g、生石灰 250 g、清水 50 kg 配制而成)全株喷洒预防。发病初期,可选用 50％甲基立枯磷(利克菌)可湿性粉剂 1

份,兑细土 100～200 份,或 20％甲基立枯磷乳油 800～900 倍液,或 50％多菌灵可湿性粉剂 500 倍液,或 70％甲基硫菌灵可湿性粉剂 1000 倍液等药剂喷洒根茎部,每隔 7～10 天 1 次,连续防治 2～3 次。

可用于防治黄花菜茎腐病的药剂还有丙环唑、咪鲜胺、腈菌唑、三唑酮和苯醚甲环唑等。

(3)生物防治 利用木霉菌防治白绢病。哈茨木霉(*Trichoderma harzianum* Rifai)对茎腐病菌有很好的拮抗作用(徐同 等,1989),0.4～0.45 kg 加 50 kg 细土,混匀后撒在病株基部,能有效地控制该病害扩展。

(四)黄花菜叶斑病

黄花菜叶斑病(Daylily leaf spot),又称为褐斑病、红腐病,是遍及全球各黄花菜产区的一种常见病害,发病率高。栽培管理粗放,种植密度大、通风透光不好;施肥不均衡、氮肥施用过多叶片生长柔嫩;土壤湿度大、土壤黏重等田块通常发病较重。除危害黄花菜外,还可引起蚕豆、大麦、棉花等根腐病以及在谷子上引起种子腐烂。

1. 病害特征

(1)病原物 病原物为同色镰孢(*Fusarium concolor* Reink),半知菌门丝孢纲丝孢目镰孢属成员。病菌菌丝有隔。无性态分生孢子有两种类型:①大型分生孢子镰刀形,无色,稍直或弯曲,具隔膜 3～5 个,多为 3 个,大小(24～77)μm×(3.2～5.5)μm;②小型分生孢子单胞,卵圆形,发生少。分生孢子梗无色,具隔膜,丛生于分生孢子座上,露出寄主表皮,干旱时产生厚垣孢子。厚垣孢子球形,1～2 个细胞,间生或顶生,平滑或稍具皱,大小(7～15)μm×(7～11)μm(周检军 等,2002;王迪轩,2017)。

(2)传播途径 病原菌主要以菌丝体或分生孢子在枯死的叶片上越冬。次年春天,孢子萌发侵染叶片和花苗,潜育期 3 天,6～7 天后又在病斑上产生分生孢子。分生孢子借气流传播进行再侵染。

病菌生长适宜温度 15～20 ℃,最高 35 ℃,最低 8 ℃。一般 3 月中、下旬开始发病,4 月中、下旬至 5 月上旬流行。旬平均温度 17～18 ℃,相对湿度高于 80％或阴雨后,病害更易流行。

(3)危害症状 病害最常发生在叶片主脉两侧中部和花薹。叶片受害,发病初期,病部初生水渍状、半透明小斑,后扩大变成中央黄褐色至灰白色的纺锤形或长梭形病斑,边缘有一条非常明显的深褐色晕圈。后期病斑呈穿孔状破裂。潮湿时,病斑上也产生霉层,即病菌的分生孢子梗与分生孢子。花薹受害,初期产生褐色水渍状小点,后扩展成中间凹陷的棕褐色、纺锤形或长椭圆形病斑,边缘暗褐色。发病严重时,几个病斑汇合成超过 10 cm 的长凹病区,造成营养物质和水分运送困难,增加落蕾,花薹逐渐枯死或折断。

2. 防治措施

(1)选用抗性品种 因地制宜,选用对叶斑病抗性较强的黄花菜品种,如细叶子花 、重阳花、冬子花等(潘雅文,2009)。

(2)综合农艺防治 ①加强田间管理,合理施肥,多施腐熟的有机肥,加深耕作层,健苗促生;②春季新叶大量发生时,少施或不施速效氮肥,防止徒长嫩叶,容易被病菌侵染;③雨后及时开沟排水,防止积水或田间湿度过大;④秋季采摘黄花后及时割苗,集中烧毁。

(3)化学防治 发病初期,可选用 1％波尔多液、50％多菌灵可湿性粉剂 1500 倍液、70％甲基硫菌灵可湿性粉剂 500 倍液,或 75％百菌清可湿性粉剂 1000 倍液,1.5％噻霉酮水乳剂 700 倍液、70％恶霉灵可湿性粉剂 1500 倍液、2.5％咯菌腈悬浮剂 1000 倍、10％苯醚甲环唑水分散剂 2000 倍液、2.5％腈菌唑乳油 6000 倍液等及时进行喷雾,隔 7～10 天一次,连续防治 2～3 次。药剂交替、轮换或混用有利于提高防效,延缓产生抗药性。采收前 15 天严禁用药。

（五）黄花菜炭疽病

黄花菜炭疽病(Daylily anthracnose)是各黄花菜产区的一种常见病害,但是发病率并不高。施肥不均衡,过量施入氮肥、植株营养生长过旺容易引发病害。黄花菜炭疽病可侵染所有的萱草属植物。

1. 病害特征

（1）病原物　病原物为百合科刺盘孢(*Colletotrichum liliacearum* Ferr.),半知菌门盘菌目炭疽菌属成员。分生孢子盘生于寄主植物表皮下,散生,无色至深褐色,圆形或扁圆形;分生孢子梗基部浅褐色,向上渐淡,筒状,不分枝;产孢细胞瓶梗形,无色至淡褐色;分生孢子镰刀形,较小弯曲,具 1 个油球,端部钝;无菌核(曾慧兰 等,2020)。

（2）传播途径　病菌主要以菌丝体在被害植株组织内越冬,也可以菌丝体和分生孢子随病残体遗留在土壤中越冬。气温达到 15 ℃左右,并伴随雨天,越冬分生孢子开始释放,进行初次侵染。5 月上、中旬在病斑上产生分生孢子盘及其分生孢子,分生孢子通过风雨传播,造成再次侵染。病害的流行主要取决于适温高湿和光照条件,适宜温度为 18～27 ℃,最适为 24 ℃左右(姜凤丽 等,1993);相对湿度越高,病害流行速度越快。

（3）危害症状　叶片发病多从叶尖开始,病斑椭圆形或不规则形、中央黄白色至红褐色、稍凹陷、周围黑褐色;天气潮湿时或下雨后,叶片病斑处长出很多的黑色小点,这是病菌的分生孢子盘。严重时,病叶干枯脱落。花薹感病后,病斑长条形,茎秆呈黑褐色枯死,后期病部长满小黑点(程维舜 等,2020)。

2. 防治措施

（1）种植抗性品种　不同品种的萱草感病程度有差异。普通萱草发病率 20％～30％,重瓣萱草及多倍体萱草发病率 85％～95％(姜凤丽 等,1993),因地制宜选择感病性较低的品种。

（2）综合农艺防治　①加强田间管理,合理施肥;②适度增大株行距,改善田间通风透光,降低湿度;③秋季采摘黄花后及时割苗,集中烧毁,减少初侵染源(汪海洋,2006)。

（3）化学防治　发病初期可选用 25％咪鲜胺乳油 1500 倍液,或 50％咪鲜胺锰盐可湿性粉剂 800 倍液,或 37％苯醚甲环唑水分散粒剂 2600 倍液,或 25％苯醚甲环唑乳油 1600 倍液,或 30％苯甲·丙环唑乳油 1600 倍液叶面喷施防治,每隔 7～10 天 1 次,连续防治 2～3 次。采收前 15 天严禁用药。

可用于防治黄花菜炭疽病的药剂还有三环唑、代森锰锌、代森锌、大福丹、三福美、百菌清、恶醚唑、多菌灵等(廖华俊 等,2013;杨顺光 等,2013)。

（4）生物防治　红葱甲醇提取物(潘俊 等,2011),一些解淀粉芽孢杆菌和放线菌发酵提取物对炭疽菌有明显的抑菌效果(杨佩文 等,2006;刘树芳 等,2006)。

（六）黄花菜茎枯病

黄花菜茎枯病(Daylily stem blight),又称为腐秆病,是由真菌侵染引起的一种黄花菜病害,发病频率低且具有区域性,一般在温暖潮湿的环境下发生较多,冷凉干燥的环境下发生较少。

1. 病害特征

（1）病原物　黄花菜茎枯病由大茎点霉属(*Macrophoma* sp.)病原真菌引起,为半知菌门球壳孢目大茎点霉属成员。分生孢子器褐色,球形或扁球形,埋生或半埋生,壁较脆易破裂,有圆形孔口。分生孢子单胞,无色,长椭圆形,一般超过 15 μm,内有数个油球。有性态为子囊菌。

(2)传播途径　病菌主要以分生孢子器随病残体在田间越冬。植株病残体和带菌的土壤是病菌初侵染源来源。黄花菜生长中后期,风雨传播大量的分生孢子到植株上,从伤口处侵染引起发病。病原菌为弱寄生菌,病害的发生与寄主的长势和环境条件有密切的关系。高温、高湿有利于病害的发生。

(3)危害症状　主要危害花薹基部。发病初期,先在花薹中下部产生水渍状小斑点,后扩大成纺锤形或椭圆形病斑、略凹陷、灰白色至褐色,其上有白色小点(病菌子实体)。病斑扩展环茎一周后花薹枯死,小白点变成小黑点(周检军 等,2002)。

2. 防治措施

(1)综合农艺防治　①加强田间管理,合理施肥;增大株行距,改善田间通风透光,降低湿度;②发现病株及时铲除;③秋季采摘黄花后及时割苗,集中烧毁,减少初侵染源;④农事操作尽量避免在花薹处造成伤口;⑤同时注意预防蚜虫、蓟马等害虫为害。

(2)化学防治　春苗返青后全株喷洒石硫合剂,有效铲除茎枯病的越冬病菌;发现病株及时铲除,并在病株周围的土壤用 58%苯莱特 800 倍液或 50%真菌丹可溶性粉剂 500 倍液浇灌土壤,每隔 7～10 天次,连续 3～4 次。抽薹初期结合防蚜虫,可以选用 70%甲基托布津 800 倍液和 10%吡虫啉 1500 倍液,或 70%代森锰锌 800 倍液和 4.5%高效氯氰菊酯 1500 倍液,病虫兼治(郝笑微 等,2012)。采收前 15 天严禁用药。

(七)黄花菜褐斑病

黄花菜褐斑病(Daylily brown speckle)是由真菌侵染引起的一种黄花菜病害,发病频率低且具有区域性,一般在温暖潮湿的环境下发生较多,冷凉干燥的环境下发生较少。

1. 病害特征

(1)病原物　病原物为盘多毛孢属(*Pestalotia* sp.)病原真菌,半知菌门黑盘孢目盘多毛孢属成员。分生孢子盘初埋生于寄主表皮下至表皮层内,杯状,成熟后突破表皮外露,黑色或暗褐色,不规则开裂。分生孢子梗无色,有隔膜。分生孢子纺锤形,直或弯曲,具 4 个隔膜,中间三个细胞茶褐色、壁厚,两端细胞无色,顶端着生 3 根无色刺毛(周检军 等,2002)。

(2)传播途径　病菌主要以菌丝体或分生孢子盘随病残体在田间越冬。次年春天,条件适宜时产生分生孢子,从黄花菜叶片和花梗处的伤口侵入,产生新的病斑。湿度大时,子实体释放出分生孢子,借风、雨传播,进行多次再侵染。病害发生程度与环境条件有着密切的关系。

(3)危害症状　主要危害叶片和花薹。叶片染病初期为白色小斑点,后逐渐扩大为黄褐色条斑(病斑一般比叶斑病斑小),边缘晕圈明显,赤褐色,且在外层病健交界处产生水渍状、暗绿色环;严重时,可导致叶片黄枯。花梗发病,初生褐色小斑点,逐渐扩大呈褐色病斑,严重时病斑扩大,有的融合成不规则状,后期病部产生黑色小粒点。病情严重时花薹未抽出,大部分已腐烂,抽出后很快干枯。温暖、多雨的季节或地区易发病(何永梅 等,2012)。

2. 防治措施

(1)综合农艺防治　①加强田间管理,均衡施肥,避免氮肥施用过多,叶片幼嫩徒长;②增大株行距,改善田间通风透光,降低湿度;③发现病株及时铲除,减少侵染源;④秋季采摘黄花后及时割苗,集中烧毁,减少初侵染源;⑤农事操作尽量避免在花薹处造成伤口;⑥抽薹开花期注意防虫驱虫。

（2）化学防治　可在花薹抽出 2～3 cm 或发病初期，选用 36％甲基硫菌灵悬浮剂 500 倍液，或 60％多菌灵盐酸盐超微可湿性粉剂 800 倍液、50％苯菌灵可湿性粉剂 1500 倍液、50％退菌特可湿粉性粉剂 500～700 倍液、20％三环唑可湿性粉剂 500～700 倍液、25％腈菌唑乳油 6000 倍液等喷雾进行防治。抽薹初期，注意结合防蚜虫，可以选用 70％甲基托布津 800 倍液和 10％吡虫啉 1500 倍液，或 70％代森锰锌 800 倍液和 4.5％高效氯氰菊酯 1500 倍液，病虫兼治。采收前 15 天禁止用药。

（八）黄花菜病毒病

黄花菜病毒病（Daylily viral disease）在世界各黄花菜产区均有零星发生，一旦发生对黄花菜产量影响较大。

1. 病害特征

（1）病原物　金针菜病毒病是由多种病毒单独或复合侵染引起的，包括百合潜隐无症病毒（Lily symptomless virus，LSV）、黄瓜花叶病毒（Cucumber mosaic virus，CMV）等。百合潜隐无症病毒属于正义单链 RNA（＋ssRNA）目线形病毒科麝香石竹潜隐病毒属（*Carlavirus*）病毒；黄瓜花叶病毒属于＋ssRNA 目雀麦花叶病毒科黄瓜花叶病毒属（*Cucumovirus*）病毒（王孝春 等，2008）。

（2）传播途径　LSV 主要寄主范围局限于百合科，可通过汁液传播，也可以通过叶片接触传播，还可以通过机械接触传播，故在移栽、整枝、除草等农事操作中，操作者以及所用的农具均可以将病毒传给健康的植株。病毒通过微伤口侵入。

CMV 寄主范围广泛，病毒可在不同的寄主上辗转危害。除接触传播外，更重要的是可通过蚜虫传播。蚜虫口针带毒，通过取食即可将病毒传给健康的植株，传毒效率高，病害不断扩展蔓延。此外，CMV 还可通过宿根、地下根茎传递到次年植株，从病株上分箪移栽作苗，易造成病毒病传播（陈利峰 等，2007）。

（3）危害症状　受病毒复合侵染的黄花菜植株矮小、叶片出现深浅不均的褪绿斑或枯斑，叶片皱缩、卷曲，花畸形，或花瓣出现淡褐色梭形斑，有的甚至不能出薹或不能正常开花。有些病株初现轻花叶（即在幼嫩叶片上出现深绿与浅绿相间的斑驳，呈现花叶状），后发展为条斑或梭斑，严重的叶片黄化扭曲，最后干枯致死（王孝春 等，2008；何永梅 等，2012）。

2. 防治措施

（1）种植抗性品种　不同品种黄花菜对 LSV 和 CMV 的抗性存在差异。因地制宜，选择合适的黄花菜抗性品种，有利于预防病毒病的发生。

（2）综合农艺防治　①栽植新田选用无病害种苗；清洁田园，及时清除病株、病残体和田间杂草，减少毒源；②采用测土配方施肥技术，适当增施磷、钾肥，培育壮苗；③田间覆银灰色反光膜，或在田间悬挂银灰色反光膜裁剪成的长条，利用银灰色膜的反光作用驱避蚜虫；④黄花菜生产田附近避免种植百合科其他蔬菜等。

（3）化学防治　用 8％病毒克水剂 800～1000 倍液淋喷或灌根，或 1.5％的植病灵乳剂 800～1200 倍液在发病前或发病初期使用有一定的效果，隔 7～10 天喷 1 次，连喷 2～3 次。在蚜虫迁飞期及时喷施抗蚜威、乐果、除虫菊酯、齐螨素、吡虫啉等药剂，用于防治蚜虫。

二、虫害及其防治

黄花菜的地上害虫主要有蓟马、蚜虫、红蜘蛛、粉虱、粉斑螟蛾等；地下害虫主要有蛴螬、地老虎、蝼蛄、金针虫、刺足根螨、长角毛跳虫等(周检军 等,2004;彭美蓉,2019)。各种害虫的生物学特性和防治措施如下:

(一)蓟马

1. 生物学特性

(1)分类地位 蓟马科隶属于缨翅目 Thysanoptera,蓟马总科 Thripoidea,全世界已知 276 属 2000 余种,包括针蓟马亚科 Panchaetothripinae、棍蓟马亚科 Dendrothripinae、绢蓟马亚科 Sericothripinae 和蓟马亚科 Thripinae 4 个亚科。广泛分布在世界各地,食性复杂,主要有植食性、菌食性和捕食性,其中植食性占一半以上,是重要的经济害虫之一(胡庆玲,2013)。为害黄花菜的主要为花蓟马。

(2)形态特征 蓟马成虫体小,体长 0.5~2 mm,黑色、褐色或黄色;头略呈后口式,口器锉吸式,能挫破植物表皮,吸吮汁液;触角 6~9 节,线状,略呈念珠状,节Ⅲ-Ⅳ感觉锥叉状或者简单;下颚须 2~3 节,下唇须 2 节;翅较窄,端部较窄尖,常略弯曲,有 2 根或者 1 根纵脉,少缺,横脉常退化;足的末端有泡状的中垫,爪退化;雌性腹部末端圆锥形,腹面有锯齿状产卵器,锯状产卵器腹向弯曲(胡庆玲,2013)。

(3)生活习性 蓟马喜欢温暖、干旱的天气,其适温为 23~28 ℃,适宜空气湿度为 40%~70%。蓟马有趋嫩绿、趋蓝光的习性,以成虫和若虫在田间杂草和残枝落叶、表层土壤中越冬。蓟马成虫活泼,能飞善跳,又能借风力传播。若虫有畏光性,白天多在叶阴或叶腋处栖息,阴天和夜间才到叶面上活动为害(高倩 等,2013)。

(4)生活史 蓟马属缨翅目蓟马总科,全发育阶段分卵、幼虫、成虫 3 个阶段,属不完全变态昆虫。蓟马以孤雌生殖为主,也可两性生殖。卵长约 0.3 mm,肾形,乳白色或乳黄色,多散产于植株叶肉组织中,每头雌虫可产卵 20~30 枚。雌成虫寿命 10 天左右,卵期 7 天左右。1 年发生 8~10 代,世代重叠。在 25~28 ℃下,卵期 5~7 天,幼虫期 6~7 天,前蛹期 2 天,蛹期 3~5 天(杨馥霞 等,2018)。

(5)危害时期和症状 冬季在土壤表层及黄花、杂草残株上越冬,4 月下旬开始上苗活动,种群数量低、为害较轻;6 月份抽薹前后集中到花穗基部薹秆上产卵取食,造成头茬花畸形及产量降低;6 月末 7 月初黄花开花后集中到花朵内危害,虫口数量急剧上升,严重地块单花有虫 50 头以上,对产量影响极大;虫口数量持续增高至 9 月份,花朵减少后下潜到叶丛里,10 月份开始越冬。

蓟马多以成虫和若虫集中在黄花菜叶背面或花薹的心叶夹缝中为害。嫩叶受害后叶片变薄,叶片中脉两侧出现灰白色或灰褐色条斑,表皮呈灰褐色,变形、卷曲,生长势弱。受害花蕾短小,花梗上有黄褐色锉吸痕迹,严重时花蕾弯曲,失去商品价值。由于蓟马繁殖速度快,若不及时防治,会造成灾害性危害,严重影响植株生长及花蕾品质,直接影响黄花菜产量和商品质量(陈兰珍 等,2021)。

2. 防治措施

(1)农艺防治

①清除杂草 秋后和早春,及时清理田间地头的禾本科杂草和枯枝残叶,清除蓟马早期寄主,集中烧毁或深埋,消灭越冬成虫及若虫,减少越冬基数,控制田间种群数量。

②合理密植 黄花菜一般采用分株穴栽的方法种植,一般按照 1.5~1.8 m 的行距带状栽植,穴距 0.4~0.5 m,栽植 12000~18000 穴/hm²,每穴 3~5 株,栽植密度 52500~67500 株/hm²。

还可与小麦、大豆套种。通过改变田间小气候,降低危害程度。

③加强管理 及时施肥,培育壮苗,增强植株抗逆性,减轻受害程度。有灌溉条件的地方适时浇灌,可消灭一部分地下若虫和蛹,减轻危害。及时清除老叶、黄叶,减少田间虫口基数(孙晓艳 等,2018)。

(2)物理防治 利用蓟马趋光习性,在田间设置黄(蓝)色粘虫板诱杀成虫,粘虫板摆放高度应与黄花菜持平,挂插密度为 $300\sim450$ 个/hm²。根据蓟马虫害轻重按照 $3\sim5$ 天的间隔进行替换。

(3)化学防治 选用 10％吡虫啉可湿性粉剂 $1500\sim2000$ 倍液,或 5％啶虫脒 1000 倍液＋2.5％高效氯氟氰菊酯 1500 倍液或 $1500\sim2000$ 倍液,或 1.8％阿维菌素乳油 $1500\sim2000$ 倍液,喷药液量不低于 450 kg/hm²。喷药要全面,特别要注意喷施到叶背面。一般间隔 $7\sim10$ 天喷 1 次,连喷 $2\sim3$ 次。几种药剂应交替使用,以免蓟马产生抗药性。根据蓟马昼伏夜出的特性,建议在早晨露水未干前或下午 6:00 后用药。如果条件允许,建议用灌根和叶面喷雾相结合的方法。提前预防,不要等到泛滥后再用药。在高温期间用药,药剂最好同时喷雾植株中下部和地面,因为这些地方是蓟马若虫栖息地(孙晓艳 等,2018)。

(4)生物防治 保护黄花菜田间的瓢虫、食蚜螨、小花椿等蓟马天敌,利用自然天敌抑制蓟马发生;选用 25 g/L 多杀菌素悬浮剂 $1000\sim1500$ 倍液,或 60 g/L 乙基多杀菌素悬浮剂 2000 倍液,或 1.5％苦参碱可溶剂 $1000\sim1500$ 倍液等生物制剂喷雾防治。也可以用绿都菌剂五号等生物农药,建议提前使用、加大使用频度,做到提前预防、综合防治(陈兰珍等,2021)。

(二)蚜虫

1.生物学特性

(1)分类地位 蚜虫俗称腻虫或蜜虫等,隶属于半翅目(原为同翅目 Hemiptera),包括球蚜总科 Adelgoidea 和蚜总科 Aphidoidea,主要分布在北半球温带地区和亚热带地区,热带地区分布很少。世界已知约 4700 余种,中国分布约 1100 种(黄晓磊等,2005)。为害黄花菜的主要种类为印度修尾蚜 *Indomegoura indica* (Van et Goot)(也称为桃蚜)和金针瘤蚜 *Myzus hemerocatlts* Takahashi(也称为萝卜蚜)。

(2)形态特征 蚜虫分有翅、无翅两种类型,体色为黑色。体长 $1.5\sim4.9$ mm,多数约 2 mm。有时被蜡粉,但缺蜡片。触角 6 节,少数 5 节,罕见 4 节,圆圈形,罕见椭圆形,末节端部常长于基部。眼大,多小眼面,常有突出的 3 小眼面眼瘤。喙末节短钝至长尖。腹部大于头部与胸部之和。前胸与腹部各节常有缘瘤。腹管通常管状,长常大于宽,基部粗,向端部渐细,中部或端部有时膨大,顶端常有缘突,表面光滑或有瓦纹或端部有网纹,罕见生有或少或多的毛,罕见腹管环状或缺。尾片圆锥形、指形、剑形、三角形、五角形、盔形至半月形。尾板末端圆。表皮光滑、有网纹或皱纹或由微刺或颗粒组成的斑纹。体毛尖锐或顶端膨大为头状或扇状。有翅蚜触角通常 6 节,第 3 或 3 及 4 或 $3\sim5$ 节有次生感觉圈。前翅中脉通常分为 3 支,少数分为 2 支。后翅通常有肘脉 2 支,罕见后翅变小,翅脉退化。翅脉有时镶黑边。身体半透明,大部分是绿色或是白色(黄晓磊 等,2005)。

(3)生活习性 夏末出现雌蚜虫和雄蚜虫,交配后,雌蚜虫产卵,以卵越冬,最终产生干母。温暖地区可无卵期。蚜虫有蜡腺分泌物,所以许多蚜虫外表像白羊毛球。多数种类为寡食性或单食性,少数为多食性,部分种类是粮、棉、油、麻、茶、菜、烟、果、药和树木等经济植物的重要害虫。由于迁飞扩散寻找寄主植物时要反复转移尝食,所以可传播许多种植物病毒病,造成更大危害。其中包括麦长管蚜、麦二叉蚜、棉蚜、桃蚜及萝卜蚜等重要害虫。蚜虫也是地球上最具破坏性的害虫之一。其中大约有250种对农林业和园艺业危害严重(屈天祥 等,1980)。

(4)生活史 蚜虫的繁殖力很强,一年能繁殖10~30个世代,世代重叠现象突出。桃蚜一般营全周期生活。早春,越冬卵孵化为干母,在冬寄主上营孤雌胎生,繁殖数代皆为干雌。当断霜以后,产生有翅胎生雌蚜,迁飞到十字花科、茄科作物等侨居寄主上为害,并不断营孤雌胎生繁殖出无翅胎生雌蚜,继续进行为害。直至晚秋当夏寄主衰老,不利于桃蚜生活时,才产生有翅性母蚜,迁飞到冬寄主上,生出无翅卵生雌蚜和有翅雄蚜,雌雄交配后,在冬寄主植物上产卵越冬。越冬卵抗寒力很强,即使在北方高寒地区也能安全越冬。桃蚜也可以一直营孤雌生殖的不全周期生活,如在北方地区的冬季,可在温室内的茄果类蔬菜上繁殖为害。在同一地区不同条件下,或同一地区同一条件下,同一种蚜虫可以既有不全周期的类群,又有全周期类群。如桃蚜在华北大都孤雌世代与两性世代交替发生。一部分以卵在桃树上。华北地区年发生10~20代,以5—6月和9—10月发生量大。以卵在蔬菜心叶等隐蔽处越冬。翌春3—4月孵化为干母,在越冬寄主上繁殖几代后,产生有翅蚜,向其他蔬菜上转移蔓延,扩大为害,无转换寄主的习性。到晚秋,部分产生雄性蚜,交配产卵越冬;部分在温室内继续繁殖为害。萝卜蚜繁殖适温为15~26 ℃,适宜相对湿度为75%以下,比桃蚜适温范围广,温度较低时发育快(屈天祥等,1980)。

(5)危害时期和症状 蚜虫在春季黄花菜出苗后迁入,在花蕾期发生最多。6月中旬至8月上旬为蚜虫集中危害时期,尤其在降雨少、气候干燥情况下发生重,可使黄花菜产量损失20%以上。印度修尾蚜以卵在寄主根际处越冬。7—8月危害最重,茎、花蕾、叶片背面上布满虫体,刺吸汁液,易造成黄叶、落叶,并排泄大量蜜露,引起煤污病,枝叶变黑,不能正常开花。随着气温升高产生有翅蚜迁飞他处危害,10月后陆续回迁至寄主根际处产卵越冬。金针瘤蚜为春苗期重要害虫。5—6月为虫口高峰期,集中于黄花心叶及嫩叶基部为害,严重地块,基部10~12 cm常被蚜虫盖满,可导致心叶枯死。6月下旬以后蚜虫数量下降,可在花序上少量发生。危害黄花菜的主要有萝卜蚜和桃蚜,甘蓝蚜次之。以成蚜、若蚜群集在黄花菜叶片、蕾薹等部位,以吸食叶片、茎秆汁液,造成叶片失绿和茎秆枯死,对产量影响较大(任天锋,1998)。

2. 防治措施

(1)农艺防治 秋、冬季在树干基部刷白,防止蚜虫产卵;结合修剪,剪除被害枝梢、残花,集中烧毁,降低越冬虫口;冬季刮除或刷除树皮上密集越冬的卵块,及时清理残枝落叶,减少越冬虫卵;春季花卉上发现少量蚜虫时,可用毛笔蘸水刷净,或将盆花倾斜放于自来水下旋转冲洗。

(2)物理防治 按照每亩30~40块的比例架设黄色粘虫板诱杀有翅蚜,高度与花薹基本持平。即可防治蚜虫又可防治烟粉虱;悬挂银灰色塑料条,或铺设银灰色地膜驱避蚜虫(任天锋,1998)。

(3)化学防治 发现大量蚜虫时,及时喷施农药。用50%马拉松乳剂1000倍液,或50%杀螟松乳剂1000倍液,或50%抗蚜威可湿性粉剂3000倍液,或2.5%溴氰菊酯乳剂3000倍液,或2.5%灭扫利乳剂3000倍液,或40%吡虫啉水溶剂1500~2000倍液等,喷洒植株1~2次;用1:6~1:8比例配制辣椒水(煮半小时左右),或用1:20~1:30比例配制洗衣粉水喷洒,或用1:20:400比例配制洗衣粉、尿素、水混合溶液喷洒,连续喷洒植株2~3次;对桃粉蚜一类本身披有蜡粉的蚜虫,施用任何药剂时,均应加入1%肥皂水或洗衣粉,增加黏附力,提高防治效果(任天锋,1998)。

(4)生物防治　蚜虫的天敌很多,有瓢虫、草蛉、食蚜蝇和寄生蜂等,对蚜虫有很强的抑制作用。尽量少施广谱性农药,避免在天敌活动高峰时期施药,有条件的可人工饲养和释放蚜虫天敌(付建华 等,2021)。用 400 mL 蚜虫信息素装入棕色塑料瓶,引诱蚜虫,在其下方放置水盆,使其落水死亡。选用充分发酵过的沼液,或大蒜汁 1000 倍液,或生姜汁 500 倍液,或苦参水 400 倍液,或烟杆水煮液,或藜芦碱 500 倍液,或 5％除虫菊素乳油 1000～1500 倍液,于晴天傍晚或阴天施药,均匀喷洒在叶片正背两面及花蕾。或 10％吡虫啉可湿性粉剂 2000 倍液,或0.26％苦参碱水剂 500～1500 倍液,或 1.8％阿维菌素 3000 倍液,或 10％烟碱乳油 500～1000倍液(何莉 等,2007;牛清玉 等,2020)。

(三)红蜘蛛(叶螨)

1. 生物学特性

(1)分类地位　叶螨是朱砂叶螨、截形叶螨、二斑叶螨的总称,因身体红色,外形酷似蜘蛛,亦称红蜘蛛、蛛螨,属蛛形纲,蜱螨亚纲 Acarina,叶螨科 Tetranychidae 的植食螨类。

(2)形态特征　红蜘蛛为刺吸式口器,头胸部与腹部愈合,不分节,有足 4 对,体长 0.1～0.5 mm。雌成虫背面椭圆形,雄成虫背面近三角形(孙庆田 等,2001)。

(3)生活习性　红蜘蛛成、若螨聚集在黄花菜叶片背部吐丝结网,刺吸叶片汁液,被害叶片不断失绿、变黄、干枯,一般先从下部叶片开始侵害,逐渐向上蔓延。春天随着气温的回升越冬成螨开始活动、取食、繁殖,出苗后,在杂草上危害的红蜘蛛开始向田迁移。随着气温攀升,红蜘蛛繁殖加快,在 7 月中下旬开始扩散蔓延,7—8 月达到为害盛期,在田间点片发生的红蜘蛛,一旦遇到适宜的气候条件将迅速蔓延全部田块,为害猖獗(孙庆田 等,2001)。

(4)生活史　红蜘蛛一生经过卵、幼螨、若螨和成螨,若螨期又分为前期若螨和后期若螨,每龄期蜕皮后增羽化为雌性成螨,雄性螨则无后期若螨阶段而提前进入成虫态。红蜘蛛主要是有性繁殖,而雌成螨还有不经交配亦能产卵的功能,其后代均为雄性。红蜘蛛生活史短,代数多,繁殖量大,从幼螨到成螨一般用时 7 天左右,在大同市 7 月气温升高后,最快可用 5 天左右时间就进入新一轮繁殖。大同市红蜘蛛在 1999 年以前是点片发生,一年仅发生 13～15 代左右,21 世纪后最高一年发生 20 代左右,秋天雌成螨爬入作物和杂草根下的土缝、枯叶等处潜伏越冬。

(5)危害时期和症状　红蜘蛛是黄花菜上多见的害虫,在温暖地区一年可发生 20 代左右,危害程度仅次于蚜虫和蓟马,黄花菜南北产区均有发生,发生程度与气候、水肥管理有重大关系。每年 4—7 月均可发生,降雨少,田间干旱情况下发生较重。高温干旱有利于叶螨生长,一般在 25 ℃以上危害最烈。叶螨以黄花菜叶片叶绿素颗粒和细胞汁液为食,危害叶片。危害时成虫和若虫群集叶背面,刺吸汁液。被害处出现灰白色小点,严重时整个叶片呈灰白色,逐渐枯黄,造成大量减产(张和义,2003)。

2. 防治措施

(1)农艺防治　加强肥水管理,铲除田间以及周边杂草;深秋将黄花菜田周边的树干涂上石灰水(陈阔,2018)。

(2)物理防治　红蜘蛛对黄色具有趋向性,可在红蜘蛛侵入田间初期,在行间插置黄色木板或纸板(40 cm×26 cm),包上透明塑料膜后再涂上黄机油,诱杀红蜘蛛(陈阔,2018)。

(3)化学防治　红蜘蛛抗药力强,各阶段虫态混合发生,且多栖息于叶背丝网下取食,因此,施用一般杀虫剂效果不明显,要选用杀螨剂和杀卵效果好的内吸性杀虫剂。当发现红蜘蛛在田间为害时,遵循发现一株、防治一片,发现一片、防治一块的原则,选用高效、低毒、低残留的农药。可选用杀螨剂如73%克螨特乳油2000倍液、40%炔螨特乳油2000倍液、20%哒螨灵乳油2000倍液喷雾防治,也可选用1.8%阿维菌素2000倍液、25%三唑锡可湿性粉剂1000~1500倍液等广谱性杀虫杀螨剂进行防治,在药液中加入尿素水、展着剂等可起到恢复叶片、提高防效的作用。在进行化学防治的同时,也要对其他寄主植物进行药剂防治,以便彻底消灭红蜘蛛。喷洒方法:从外向内、从下往上,全部喷到,重点喷中下部。每公顷用15 kg锌硫磷拌沙土施于行间熏蒸或用烟雾发生机进行熏杀;阿维菌素乳油或阿维高氯乳油与柴油进行混合使用(霍宇恒,2020)。

(4)生物防治　在黄花菜田周围种植油菜、牧草等有利于红蜘蛛天敌深点食螨瓢虫和七星瓢虫栖息的作物,降低红蜘蛛对黄花菜的危害。在田间进行药剂防治时,应首推苦参碱、苦皮藤素等生物类农药,减少对红蜘蛛天敌的危害。用0.3%苦参碱水剂800~1000倍液(陈阔,2018)。

（四）粉虱

1. 生物学特性

(1)分类地位　危害黄花菜的粉虱叫烟粉虱,隶属节肢动物门,昆虫纲,半翅目,粉虱科。粉虱是一类体型微小的植食性刺吸式昆虫,分布在世界各大动物区系,主要是热带和亚热带(赵兴能 等,2020)。

(2)形态特征　雌虫体长0.90~1.05 mm,翅展约2.10 mm;雄虫体长约0.85 mm,翅展约1.80 mm。虫体淡黄色,翅白色,附有蜡粉,没有斑点,前翅脉一条不分叉,左右翅合拢呈屋脊状,从上方常可看见黄色腹部。雌雄个体常成对出现。复眼大,红色,肾形,单眼两个;触角5节,足两对,4~5节;刺吸式口器,口针较长。

(3)生活习性　烟粉虱的种群发生动态与气温显著相关。在热带和亚热带地区,一年发生的世代数为11~15,且世代重叠现象特别明显。烟粉虱可以在中国南方的露天大田中安全越冬,也可以在野外杂草和花卉上越冬,全年危害作物。在中国北方地区则无法露地越冬,可以在保护地作物和杂草上越冬,在保护地中,烟粉虱可常年发生,每年繁殖10代以上。温度、寄主植物和地理种群在很大程度上影响烟粉虱的生长发育和产卵能力(杨益芬 等,2020)。

(4)生活史　粉虱若虫期都是寄生在植物叶片上,大部分是在反面。其生殖方式主要为两性生殖为主,有时也可以孤雌生殖;没受精的卵直接发育成雄虫,受精卵可以发育成雌、雄成虫。雌成虫会选择一片良好的叶片产卵,在食物充足的情况下一头雌成虫一次最多能产卵150~200粒。粉虱在不同地区发生代数不同,在温带及热带每年可发生多代,有明显世代重叠现象。其生活周期有卵、4个若虫期和成虫期,通常将第4龄若虫称伪蛹(puparium)。卵一端具有卵柄插入叶片组织中,通常被产在叶背面上,少数在叶上面或叶缘。第1龄若虫从卵壳中孵化后会待一段时间,最多12 h后会缓慢爬行,很活跃,具有触角与足,搜寻一个适宜短暂停留并且可取食的位置后将自己与叶片表面相连;1龄若虫通常较透明或者颜色较淡,而且体型较小。第2、3、4龄若虫触角和足退化至只可见一节,固定在叶面取食。成虫从4龄若虫背面的"T"形线羽化出来。据报道不同种类粉虱成虫寿命有所不同,短的仅2~3天,长的达100天以上(杨益芬 等,2020)。

(5)危害时期和症状　烟粉虱成虫喜欢在黄花菜嫩叶产卵,随着植株生长,若虫在嫩叶及下部叶片聚集刺吸叶片汁液,严重的可导致植株萎蔫,若虫变成成虫后大量迁出。一般生产中氮肥施用过多,气候干热,烟粉虱危害严重。成、若虫分泌蜜露,造成霉污,严重影响光合作用。

烟粉虱迁移时还可传播病毒病,引发黄花菜病毒病流行,造成新的损害。在黄花菜上危害程度各地差异较大,但总体上属于可防控范围。危害严重的影响黄花菜的产量和品质。烟粉虱危害程度与温度有重大关系,在 18～21 ℃的温度下大量繁殖,随着温度的升高,烟粉虱危害逐渐加重。烟粉虱能忍受 40 ℃以上高温。随着设施农业的发展,北方地区日光温室数量不断增加,许多烟粉虱迁移至日光温室越冬,不休眠,使冬季具备了繁殖条件,第二年春季转入露地,随风扩散,造成烟粉虱危害呈逐年上升态势。烟粉虱在大多数植物上均可寄生,寄主范围十分广泛,也给防控带来了较大困难(霍宇恒,2020)。

2. 防治措施

(1)物理防治　每亩悬挂 30～40 块黄板诱杀,悬挂高度上部与花薹等高(孙璐 等,2015;李依晨 等,2021)。

(2)生物防治　发病初期,早晨或傍晚用怀农特 200～1000 倍液,或 70%吡虫啉水分散粒剂 10000 倍液,或 25%噻嗪酮可湿性粉剂 1500 倍液,或 2.5%联苯菊酯乳油 3000 倍液,或 25%噻虫嗪水分散颗粒剂 5000 倍液,或 20%甲氰菊酯乳油 2000 倍液,或 10%吡虫啉可湿性粉剂 1500 倍液喷雾防治。烟粉虱若虫数量大时,喷洒 10.8%吡丙醚 1000 倍液。隔 10 天左右喷 1 次,连续防治 2～3 次,停药 15 天后方可采收黄花菜花蕾。如果烟粉虱危害较重时,按照 5%阿维菌素 3000 倍液、螺虫乙酯 4000～5000 倍液的比例制作混配药液,喷雾防治,用药 40 天后方可采摘(孙璐 等,2015;李依晨 等,2021)。

(五)粉斑螟蛾

1. 生物学特性

(1)分类地位　粉斑螟蛾隶属鳞翅目,螟蛾科,危害多种谷物和储藏性产品,为世界性禾谷类害虫(古崇,2008)。

(2)形态特征　粉斑螟蛾成虫体长 6～7 mm,翅展 14～16 mm,前翅狭长,淡褐色,有时为灰黑色,近基部 1/3 处有一不明显的淡色纹横断前翅,纹外翅色较深。后翅灰白色。卵球形,乳白色,老熟幼虫体长 12～14 mm,头部赤褐色,刚毛基部有较明显的小黑点(古崇,2008)。

(3)生活习性　粉斑螟蛾一般 1 年发生 4 代,以幼虫在包装物、垫仓板、屋柱、板壁或仓内阴暗避风处潜藏越冬,次年继续为害。粉斑螟蛾的食性很杂,所有植物性产品如稻、谷、米、面粉、药材、油料等均可受害。常见于进口食品货物中。是储存的谷物、坚果、干果、油籽及油饼等的首要害虫。很少攻击烟草和动物制品。成年蛾不进食。

(4)危害时期和症状　幼虫在包装物、垫仓板、屋柱、板壁或仓内阴暗避风处潜藏越冬,次年继续危害,亦可从附近粮食仓库传入黄花菜库房内繁衍。粉斑螟蛾通常在干黄花菜间产卵孵化幼虫,在干黄花菜表面吐丝结茧并藏匿其中取食危害。幼虫咬食黄花菜后,菜条断裂,有的干黄花菜条外表完整内部肉质被掏空,失去商品价值。

2. 防治措施

(1)农艺防治　搞好环境卫生,贮藏前将库房内、外彻底打扫,剔刮虫巢,缝隙用纸筋石灰堵塞嵌平。库房门窗加设纱门、纱窗,防止成虫飞入(古崇,2008)。

(2)物理防治　用装有性信息素的粉斑螟蛾诱捕器捕杀雄成虫。采用黑光灯、振频式杀虫灯诱杀。发现虫蛀时及时过筛,之后在太阳下曝晒杀死粉斑螟蛾,有条件的可在-1 ℃以下冷冻 1 天,冻死成、幼虫。

（六）蛴螬

1. 生物学特性

（1）分类地位　蛴螬是昆虫纲，鞘翅目，金龟甲幼虫的总称，是常见的地下害虫，也是危害黄花菜的主要地下害虫之一（郝小燕，2013）。

（2）外形特征　蛴螬体肥大，较一般虫类大，体型弯曲呈 C 形，多为白色，少数为黄白色。头部褐色，上颚显著，腹部肿胀。体壁较柔软多皱，体表疏生细毛。头大而圆，生有左右对称的刚毛，刚毛数量的多少常为分种的特征。如华北大黑鳃金龟的幼虫为 3 对，黄褐丽金龟幼虫为 5 对。蛴螬具胸足 3 对，一般后足较长。腹部 10 节，第 10 节称为臀节，臀节上生有刺毛，其数目的多少和排列方式也是分种的重要特征。

（3）生活习性　蛴螬幼虫和成虫在上中越冬，成虫即金龟子，白天藏在土中，晚上 8—9 时取食。蛴螬有假死和负趋光性，对未腐熟的粪肥有趋性，喜欢生活在甘蔗、木薯、番薯等肥根类植物种植地。蛴螬幼虫始终在地下活动，与土壤温湿度关系密切。当 10 cm 土温达 5 ℃时开始上升土表，13～18 ℃时活动最盛，23 ℃以上则往深土中移动，至秋季土温下降到其活动适宜范围时，再移向土壤上层（杨星勇 等，1999）。

（4）生活史　成虫交配后 10～15 天产卵，产在松软湿润的土壤内，以水浇地最多，每头雌虫可产卵 100 粒左右。蛴螬年生代数因种、因地而异，是一类生活史较长的昆虫，一般 1 年 1 代，或 2～3 年 1 代，长者 5～6 年 1 代。如大黑鳃金龟两年 1 代，暗黑鳃金龟、铜绿丽金龟一年 1 代，小云斑鳃金龟在青海 4 年 1 代，大栗鳃金龟在四川甘孜地区则需 5～6 年 1 代。蛴螬共 3 龄，1、2 龄期较短，第 3 龄期最长。

（5）危害时期和症状　蛴螬对黄花菜的危害以春秋两季最重。蛴螬咬食幼苗嫩茎，根部被钻成孔眼，当植株枯黄而死时，转移到别的植株继续危害。此外，因蛴螬造成的伤口还可诱发病害。其中植食性蛴螬食性广泛，危害多种农作物、经济作物和花卉苗木，喜食刚播种的种子、根、块茎以及幼苗，是世界性的地下害虫，危害很大。蛴螬以黄花菜的幼嫩根、根状茎以及幼芽为食，主要危害黄花菜根部，咬伤、咬断根、根状茎后苗叶萎蔫、枯黄，严重的枯死，常常造成缺苗断垄。春季随地温上升，蛴螬咬食花肉质根，影响根的吸收功能。

2. 防治措施

（1）农艺防治　一是施用充分腐熟、杀卵率＞95％的高质量有机肥，不给蛴螬提供生存环境。二是秋季收获后，及时清除田间杂草和作物秸秆，让成虫产卵和幼虫取食没有环境。三是蛴螬危害盛期也是植株进入需水临界期，如遇干旱，可结合抗旱浇水淹杀。四是科学施肥浇水管理，做到氮、磷、钾平衡施肥，控制氮肥，增施磷肥、钾肥，补充中微肥，培育健壮植株，提高植株的抗病虫能力。五是利用金龟子喜食蓖麻叶的特性，在村边、地边、沟边空地点种蓖麻，用蓖麻的毒素作用毒杀金龟子，可有效防治金龟子，减少成虫密度。

（2）物理防治　一是使用土壤电灭虫机。利用放电电极将高压电容贮存的电能通过高速点击开关迅速将电能释放到土壤，相当于在土壤中形成闪电，区域内的害虫就可迅速被土壤中的闪电消灭掉。二是药剂诱杀。抓住 6 月中下旬成虫出土高峰期防治的最佳时机，将截成长 50～70 cm 的新鲜榆树、杨树枝条 5～7 枝捆成一束，均匀喷洒 90％晶体敌百虫 500～800 倍液，于傍晚插到农田内，每亩插 5～6 把，第 2 天早上收起并保存于阴暗潮湿处，一把药枝能连续用 2～3 天（张美翠 等，2014）。三是灯光诱杀。利用成虫的趋光性，采用频振式杀虫灯、太阳能杀虫灯直接诱杀成虫。

(3)化学防治 一是播前土壤处理。用5％辛硫磷颗粒剂撒于地表，随耕地翻入土中。二是药剂拌种。用30％毒死蜱拌种剂拌种，高效持久防治地下蛴螬。三是撒毒饵。6—7月，幼虫孵化盛期和幼龄期，每亩用40％甲基异柳磷或50％辛硫磷乳油150 mL，拌炒香的麦麸7.5 kg，制成毒饵，于傍晚撒于土表，诱杀幼虫，10天诱杀1次，连续诱杀2～3次。四是药剂灌根。用50％辛硫磷乳油，或80％敌百虫可湿性粉剂800倍液，或1.8％阿维菌素乳油1500倍液，或80％敌敌畏乳油1500倍液等灌根，每穴用药液量200～250 mL(陈永明 等，2014)。

(4)生物防治 利用白僵菌、绿僵菌或乳状菌防治蛴螬。每亩用10亿孢子/g绿僵菌微粒剂3～5 kg，掺细土按1∶5至1∶10的比例，混合均匀，沟穴撒施。

(七)地老虎

1. 生物学特性

(1)分类地位 地老虎隶属昆虫纲，鳞翅目，夜蛾科，又名土蚕、切根虫等，是中国各类农作物苗期的重要地下害虫，也是危害黄花菜的主要地下害虫之一(李永禧，1964)。中国记载的地老虎有170余种，已知为害农作物的大约有20种左右。其中小地老虎、黄地老虎、大地老虎、白边地老虎和警纹地老虎等危害较重。

(2)形态特征 体长16～23 mm，翅展42～54 mm。触角雌蛾丝状，双栉齿状，栉齿仅达触角之半，端半部则为丝状。前翅黑褐色，亚基线、内横线、外横线及亚缘线均为双条曲线；在肾形斑外侧有一个明显的尖端向外的楔形黑斑，在亚缘线上有2个尖端向内的黑褐色楔形斑，3斑尖端相对，是其最显著的特征。后翅淡灰白色，外缘及翅脉黑色。

(3)生活习性 小地老虎成虫产卵和幼虫生活最适宜的气温为14～26 ℃，相对湿度为80％～90％，土壤含水量为15％～20％，当气温在27 ℃以上时发生量即开始下降，在30 ℃且湿度为100％时，1～3龄幼虫常大批死亡。如果当年8—10月份降雨量在250 mm以上，次年3—4月份降雨在150 mm以下，会使小地老虎大发生，而秋季雨少春季雨多则不利于其发生。小地老虎喜欢温暖潮湿的环境条件。因此，凡是沿河、沿湖、水库边、灌溉地、地势低洼地及地下水位高、耕作粗放、杂草丛生的田块虫口密度大。春季田间凡有蜜源植物的地区发生亦重。凡是土质疏松、团粒结构好、保水性强的壤土、黏壤土、沙壤土更适宜于发生，尤其是上年被水淹过的地方发生量大，为害更严重(赵和庚，1983)。

(4)生活史 全国各地发生世代各异，发生代数由北向南逐渐增加，东北1～2代、广西南宁5～6代。该虫无滞育现象，在中国广东、广西、云南全年繁殖为害，无越冬现象；在长江流域以老熟幼虫和蛹在土壤中越冬，成虫在杂草丛、草堆、石块下等场所越冬；在中国北纬33°以北不能越冬。

(5)危害时期和症状 地老虎主要危害生长过旺盛的幼嫩黄花菜植株。一般近地面切断黄花菜茎叶结合部，使整个植株死亡，造成缺苗断垄。危害黄花菜的地老虎主要有小地老虎和黄地老虎，以小地老虎居多。小地老虎在雨量充沛、气候湿润的南方黄花菜产区危害相对较重，北方地区较轻。小地老虎幼虫行动敏捷，对光线极为敏感，有假死习性，受到惊扰即蜷缩成团，白天潜伏于表层土壤的干湿层结合处，夜晚出土危害。适宜生存温度为15～25 ℃。成虫白天不活动，傍晚至前半夜活动最盛，对黑光灯极为敏感，有强烈的趋向性。小地老虎一年发生3～4代，在南方地区以蛹及幼虫越冬，在北方室外不能越冬，北方在日光温室内以蛹及幼虫越冬，个别以成虫越冬。

2. 防治措施

(1)农艺防治 栽植前深翻土壤，暴晒2～3天以上，让喜鹊、灰椋鸟等益鸟和蟾蜍等地老虎天敌捕食幼虫和蛹。

(2)物理防治 黑光灯诱杀成虫,使用土壤电灭虫机灭杀(李永禧,1962)。

(3)化学防治 可将辛硫磷毒土撒入距离黄花菜基部15 cm左右的深沟,覆土;一般虫龄较大时可采用毒饵诱杀,用50%辛硫磷乳油500 mL,兑水2.5～5L,喷在50 kg碾碎炒香的麦麸、棉籽饼、豆饼上,于傍晚在受害黄花菜田间每隔2～3 m撒一小堆;或按照每亩用5 kg在根系附近围施。停药15天后方可采收花蕾(向玉勇,2008)。

(4)生物防治 按照每亩用每克含70亿个孢子的白僵菌粉1 kg拌5～10 kg潮湿麦麸,在距黄花菜基部15 cm左右开10 cm以上的沟施药覆土;或将白僵菌粉1 kg与适量鲜草或甘蓝菜切碎,加入少量麦麸,搅拌均匀,于傍晚分成小堆放置在黄花菜株丛下,侵染杀死害虫。

（八）蝼蛄

1. 生物学特性

(1)分类地位 蝼蛄(Gryllotalpa spps.)是昆虫纲,直翅目,蟋蟀总科,蝼蛄科昆虫的总称,俗名拉拉蛄、地拉蛄、天蝼、土狗等(姜丰秋 等,2009)。

(2)形态特征 雌成虫体长45～50 mm,雄成虫体长39～45 mm。形似东方蝼蛄,但体黄褐至暗褐色,前胸背板中央有1心脏形红色斑点。后足胫节背侧内缘有棘1个或消失(此点是区别东方蝼蛄的主要特征),腹部近圆筒形,背面黑褐色,腹面黄褐色,有尾须一对。

(3)生活习性 蝼蛄食性广,可采食菊科、藜科和十字花科等多个科的植物,不仅采食植物叶片,还采食根、茎。温度影响蝼蛄采食,20 ℃以下,随着温度降低,采食量逐渐减少,活动也逐渐减少,5 ℃时蝼蛄几乎不再活动,20～25 ℃有利于蝼蛄采食,高于25 ℃,采食量又开始下降。蝼蛄生活于土壤中,在土壤中挖掘洞穴,在挖掘洞穴过程中寻找食物,到了产卵期,就产卵于洞穴中。采用吸水脱脂棉作为介质代替土壤,蝼蛄可在其中挖洞、疾走和鸣叫,并在其中生长、产卵繁殖,完成各种行为活动(许春远等,1982)。

(4)生活史 华北蝼蛄和东方蝼蛄生活史很长,均以成虫或若虫在土下越冬。华北蝼蛄3年完成1个世代,若虫13龄;东方蝼蛄1年1代或2年1代(东北),若虫共6龄。蝼蛄1年的生活分6个阶段:冬季休眠、春季苏醒、出窝迁移、猖獗危害、越夏产卵、秋季危害。

(5)危害时期和症状 一般夜间9—11时最活跃,雨后活动更甚。以成虫、若虫在土壤中咬食幼苗、幼芽,受害后根茎部呈乱麻状,幼苗死亡,老植株萎蔫或死亡,造成缺苗断垄。

2. 防治措施

(1)农艺防治 深翻暴晒,精耕细作,不施未充分腐熟的农家肥。

(2)物理防治 利用蝼蛄具有趋光性用灯光诱杀。

(3)生物防治 按照每亩用每克含70亿个孢子的白僵菌粉1 kg拌5～10 kg潮湿麦麸,在距黄花菜基部15 cm左右开10 cm深的沟施药覆土;或在距离黄花菜基部15 cm左右开深沟,将辛硫磷毒土撒入沟内。虫害较重时,辛硫磷用量加倍。利用对香甜物质如炒香的豆饼、麦麸以及马粪等农家肥有强烈趋性的特点,拌入白僵菌粉、辛硫磷等农药撒施防治。停药15天后方可采收花蕾。栽植前深翻土壤,暴晒2～3天以上,让喜鹊、灰椋鸟等益鸟和蟾蜍等地老虎天敌捕食幼虫和蛹(许春远 等,1982;姜丰秋 等,2009)。

（九）金针虫

1. 生物学特性

(1)分类地位 金针虫是叩甲(昆虫纲、鞘翅目、叩甲科)幼虫的通称,成虫俗称叩头虫,广布世界各地,危害小麦、玉米等多种农作物以及林木、中药材和牧草等,多以植物的地下部分为食,是一类极为重要的地下害虫(郭亚平 等,2000)。

(2)形态特征　金针虫主要有沟金针虫、细胸金针虫等。沟金针虫末龄幼虫体长 20～30 mm,体扁平,黄金色,背部有一条纵沟,尾端分成两叉,各叉内侧有一小齿;沟金针虫成虫体长 14～18 mm,深褐色或棕红色,全身密被金黄色细毛,前脚背板向背后呈半球状隆起。细胸金针虫幼虫体长 23 mm 左右,圆筒形,尾端尖,淡黄色,背面近前缘两侧各有一个圆形斑纹,并有四条纵褐色纵纹;成虫体长 8～9 mm,体细长,暗褐色,全身密被灰黄色短毛,并有光泽,前胸背板略带圆形(徐华潮 等,2002)。

(3)生活习性　金针虫随着土壤温度季节性变化而上下移动,在春、秋两季表土温度适合金针虫活动,上升到表土层危害,形成两个危害高峰。夏季、冬季则向下移动越夏越冬。如果土温合适,危害时间延长。当表土层温度达到 6 ℃左右时,金针虫开始向表土层移动,土温 7～20 ℃ 是金针虫适合的温度范围,此时金针虫最为活跃。春季雨水适宜,土壤墒情好,危害加重,春季少雨干旱危害轻,同时对成虫出土和交配产卵不利;秋季雨水多,土壤墒情好,有利于老熟幼虫化蛹和羽化(刘细群 等,2014)。

(4)生活史　金针虫一般 3 年完成 1 代,老熟幼虫于 8 月上旬至 9 月上旬,在 13～20 cm 土中化蛹,蛹期 16～20 天,9 月初羽化为成虫,成虫一般当年不出土,在土室中越冬,第二年 3 月、4 月份交配产卵,卵 5 月初左右开始孵化。由于生活历期长,环境多变,金针虫发育不整齐,世代重叠严重。细胸金针虫一般 6 月下旬开始化蛹,直至 9 月下旬(王靖 等,2014)。

(5)危害时期和症状　危害黄花菜的主要是细胸金针虫。不同地区金针虫危害程度差异较大,但都集中在黄花菜返青期。细胸金针虫耐低温能力强,幼虫喜湿。金针虫以黄花菜的地下部分为食,咬食幼嫩根、根状茎以及幼芽,咬伤、咬断使植株枯死,造成缺苗断垄,严重减产。

2. 防治措施

(1)农艺防治　栽植前深翻土壤,暴晒 2～3 天,给天敌捕食金针虫创造条件。精耕细作,加强苗圃管理,避免施用未腐熟的农家肥(王靖 等,2004)。

(2)生物防治　播种新田时沟(穴)内撒入配制好的白僵菌制剂或辛硫磷毒土。黄花菜刚返青时沿行开沟撒入配制好的白僵菌制剂或辛硫磷毒土。也可用每克含 70 亿个孢子的白僵菌粉 600～800 倍液,或 50%辛硫磷乳油 800 倍液,或 50%丙溴磷 1000 倍液等药剂灌根防治。停药 15 天后方可采收花蕾(徐华潮 等,2002)。

(十)其他害虫

1. 刺足根螨

(1)生物学特性

①分类地位　刺足根螨 Rhizoglyphus echinopus,粉螨科根螨属的一个物种。主要危害韭黄、韭菜、葱类、百合、芋、甜菜、马铃薯、唐菖蒲、半夏、贝母等作物。

②形态特征　雌性成螨体长 0.58～0.87 mm,宽卵圆形,白色发亮。螯肢和附肢浅褐红色,前足体板近长方形,后缘不平直,基节上毛粗大,马刀形。格氏器官末端分叉。顶内毛与胛内毛等长,或稍长;顶外毛短小,位于前足体侧缘中间,胛外毛长为胛内毛的 2～4 倍,足短粗,跗节Ⅰ、Ⅱ有一根背毛呈圆锥形刺状。交配囊紧接于肛孔的后端,有一较大的外口。雄性成螨体长 0.57～0.8 mm,体色和特征相似于雌螨,阳茎呈宽圆筒形。跗节爪大而粗,基部有一根圆锥形刺。卵椭圆形,长 0.2 mm,乳白色半透明。若螨体长 0.2～0.3 mm,体形与成螨相似,

颗体和足色浅,胴体呈白色(高丽霞,2009)。

③生活习性

年发生9～18代,以成螨在土壤中越冬,腐烂的鳞茎残瓣中最多,也有在贮藏的鳞茎鳞瓣内越冬。喜欢高湿的土壤环境,高温干旱对其生存繁殖不利(张丽芳 等,2010)。

④生活史 两性生殖。在相同的高湿下,温度18.3～24 ℃时,完成1代需17～27天,在20～26.7 ℃时,只需9～13天。雌螨交配后1～3天开始产卵,每雌平均产卵200粒左右。卵期3～5天。1龄和3龄若螨期,遇到不适条件时,出现体形变小的活动化休眠播体。

⑤危害时期和症状 若螨和成螨开始多在块根周围活动为害,当鳞茎腐烂便集中于腐烂处取食。螨量大小与鳞茎腐烂程度关系密切。该螨既有寄生性也有腐生性,同时也有很强的携带腐烂病菌和镰刀菌的能力。

(2)防治措施

①农艺防治 选用无病虫的田块,不连茬种植,可减少虫源;高温季节深耕暴晒,可消灭大量根螨;栽种前对土壤严格消毒,并选用无虫的鳞茎,以防止根螨和腐烂病的发生蔓延(刘汉舒 等,1999)。

②化学防治 用20%杀灭菊酯、辛硫磷混合乳油,每亩用200～250 mL拌湿润的细土,翻耕后撒入田内,然后整地种植。鳞茎在种植前用1.2%烟参碱乳油800～1000倍液,或10%天王星乳油6000倍液、73%克螨特乳油2000倍液、30%蛾螨灵可湿性粉剂2000倍液、15%扫螨净乳油3000～4000倍液喷洒,晾干后栽种或贮藏,能杀死大量根螨及其他害虫,或将种球浸入上述任何一种药剂稀释液中浸10～15 min,然后晾干种植,均收到很好的效果(陈德西 等,2013)。

2. 长角毛跳虫

(1)生物学特性

①形态特征 长角跳虫身体长形,触角较长,有些种类甚至超过体长很多。跳虫终生无翅,仔虫酷似成虫,大多数种类分布于温带及极区,跳虫是一种小型的无翅非昆虫六足动物,之所以能跳,是靠腹部下力的弹器抵住所栖息的地面,再腾空跃起。向前跳跃的距离可达身长的15倍,在其腹部第四或第五节的这对弹器不用时,可将之把在第三腹节下方的攫器下,在腹部第一节的下方还有一根腹管。这类昆虫通常都是体躯柔软,腹部节数不超过六节,眼不发达,足的胫节、附节愈合成胫附节,尖端有爪,除非是有敌物接近或是受到侵扰,爪尖往往只是用来协助移动而已,在栽培作物上为害根、茎、叶或幼苗(黄毅,1986)。

②生活习性 跳虫喜潮湿环境,以腐烂物质、菌类为主要食物,主要取食孢子、发芽种子。卵散产或堆产于百合鳞茎底盘茎周围及土缝内。低龄若虫活泼,活动分散。成虫喜群集活动,善跳跃,1个百合鳞茎球上常有虫多达数百头甚至几千头,像弹落的烟灰。若、成虫都畏光,喜阴暗聚集,一旦受惊或见阳光,即跳离躲入黑暗角落。成虫喜有水环境,常浮于水面,并弹跳自如。近距离扩散靠自身爬行或跳跃,远距离借风力、雨水和人为携带传播。

(2)防治措施

①农业防治 清除园地残株落叶及周围场所垃圾,排除积水,防止跳虫的滋生。施用鸡粪、猪牛粪应腐熟或高温处理,以杀死成虫及卵,消灭外来虫源。发生园地进行中耕划锄,弥封土壤裂缝,可杀死土壤缝隙中的跳虫;灌水可直接杀死部分跳虫,亦有部分跳虫从土壤中逃逸到水面上聚集成堆,可利用橘皮和蚊香防治(唐煜昌,1989)。

②化学防治 土壤和有机粪肥处理,每亩用50%辛硫磷乳剂或48%毒死蜱乳油200～

300 g,喷拌细土 50～60 kg,于耕地前均匀撒施耕入土中,或施入播种沟内。施用有机动物粪肥的,可将上述药土均匀拌入粪肥中,再撒施耕入土中。蔬菜生长期可施用 50％辛硫磷乳剂 800～1000 倍液,或 90％敌百虫可湿性粉剂 1200～1500 倍液,或 48％毒死蜱乳油 1000～1500 倍液喷雾或灌根。防治应重点做好出苗至苗期的防治。

三、杂草及其防除

(一)中国杂草区系

杂草的分布和种类与自然环境条件密切相关,是各种生态因素综合作用的反映,温、光、水和土壤中矿物质条件,都会明显影响到杂草的分布和生长。因此,杂草的种类和分布,能够反映当地自然条件的特征。中国自然条件复杂,在地形上,既有世界最高的山脉和高原,还有盆地、丘陵、峡谷;在气候上,从最北的寒温带到最南的热带,气候类型多样。复杂的环境条件,造成了中国杂草种类和杂草组合多种多样。调查表明,中国从北到南的各个温度带,从东南到西北的各个湿度带,都与杂草分区相吻合。按照气候带特征,《中国杂草志》将中国杂草分布划分为 8 个区系(李扬汉,1998)。

1. 寒温带杂草区系分布　本区为大兴安岭北部山地,地形不高,海拔 700～1100 m,是中国最寒冷的地区。年平均温度低于 0 ℃,最低温曾达－45 ℃,夏季最长不超过一个月。年平均降水量 360～500 mm,90％以上集中在 7 月、8 月,有利于作物与杂草生长。本区主要杂草有北山莴苣、鼬瓣花、野燕麦、苦荞麦、叉分蓼、刺藜等。

2. 青藏高原高寒带杂草区系分布　本区位于中国西南部,平均海拔 4000 m 以上,东与云贵高原相接,北达昆仑山,西至国境线。地形多样,主要有高山、高原、谷地和沿湖盆地。气候主要表现为气温低,年变化小,日变化大,干湿季和冷暖季变化分明。本区常见杂草有野燕麦、野荞麦、猪殃殃、卷茎蓼、野荠菜、田旋花、萹蓄、藜、薄蒴草、大刺儿菜、遏兰菜、大巢菜、苣荬菜、密穗香薷等。

3. 温带杂草区系分布　本区包括东北松嫩平原以南、松辽平原以北的广阔山地,地形复杂,河川密布,山峦重叠。年平均气温较低,冬季长而夏季短。由于本区域南北跨度大,水热条件差异明显,形成北部和南部两个不同的杂草分布亚地带。北部亚地带年平均温度为 1～2 ℃,年降水量为 500～700 mm,典型杂草有野燕麦、狗尾草、卷茎蓼、柳叶刺蓼、大刺儿菜、藜、稗草、眼子菜、问荆等。南部亚地带,气候较为温暖湿润,年平均温度 3～6 ℃,年降水量 500～800 mm,主要杂草有黄花稔、胜红蓟、圆叶节节菜等。

4. 温带草原杂草区系分布　本区包括松辽平原、内蒙古高原及新疆北部等地,面积辽阔,属于半干旱型气候。海拔由东向西逐渐上升,年降水量由东到西变幅为 500～150 mm,越至西部,越是干燥。年平均温度由北向南从－2.5 ℃逐渐增至 10 ℃左右。本区主要杂草有藜、野燕麦、狗尾草、卷茎蓼、柳叶刺蓼、大刺儿菜、稗草、紫背浮萍、问荆、凤眼莲、藨草、扁秆藨草等。

5. 温带荒漠杂草区系分布　本区位于中国西北部,包括新疆、青海、甘肃、宁夏和内蒙古等地区,有大面积的沙漠和戈壁。气候具有明显的强大陆性特点,季日温差大,年降水量大都在 250 mm 以下,气候干旱,大部分地区年降水量不到 100 mm,最低的只有 5 mm。西部典型荒漠地区,杂草极为稀少,水源较丰富的地方有杂草分布。本区主要杂草有藜、野燕麦、问荆、卷茎蓼、狗尾草、柳叶刺蓼等。

6. 暖温带杂草区系分布 本区主要分布在辽东半岛和华北地区大部分,南到秦岭淮河一线。气候特点是夏季炎热多雨,冬季寒冷晴燥。年平均温度 8~14 ℃,由北向南递增,年降水量 500~1000 mm,由东向西北递减。本区杂草种类和组合复杂丰富,常见杂草有稗草、藜、葎草、荠菜、田旋花、香附子、空心莲子草、酸模叶蓼、小藜、马齿苋、茨藻、狗牙根、萹蓄、葶苈、反枝苋、马唐、扁秆藨草、千金子、播娘蒿、牛筋草、野慈姑、水莎草、看麦娘、离子草、牛繁缕、双穗雀稗等。

7. 亚热带杂草区系分布 本区位于中国东南部,西至西藏东南部的横断山脉,北起秦岭淮河一线,南到南岭山脉间,包括台湾省北部在内。地势西高东低,东部平均温度在 15 ℃ 以上,年降水量 800~2000 mm,自然条件优越。本区典型杂草有马唐、水莎草、千金子、刺儿菜、稗草、田旋花、牛筋草、看麦娘、牛繁缕、萹蓄、播娘蒿、矮慈姑、双穗雀稗、异型莎草、碎米莎草、节节菜、鳢肠、棒头草、猪殃殃、硬草、离子草、空心莲子草、牛毛草、雀舌草、粟米草、臭矢菜、铺地黎、碎米荠、鸭舌草、丁香蓼、大巢菜。南亚热带分布有竹节菜、草龙、凹头苋、腋花蓼、圆叶节节菜、白花蛇舌草、两耳草、臂形草、四叶萍、芫荽菊、裸柱菊、水龙等。

8. 热带杂草区系分布 本区从台湾省南部至大陆的南岭以南到西藏的喜马拉雅山南麓,是中国最南部的一个杂草区域。具有典型的热带气候特点,温度高而雨量多,年平均温度 20~22 ℃,最冷月平均气温 12~15 ℃,全年基本无霜,各地年降水量大都超过 1500 mm,是中国年降水量最高的区域。由于水热条件优越,地形复杂而多样,植物资源丰富,杂草种类众多,主要有热带和亚热带两种类型杂草。热带类型主要杂草有香附子、含羞草、脉耳草、马唐、水龙、碎米莎草、圆叶节节菜、臭矢菜、龙爪茅、草决明、千金子、稗草、日照飘拂草、四叶萍、尖瓣花等。亚热带类型杂草主要有两耳草、凹头苋、马唐、稗草、草龙、水龙、莲子草、竹节草、铺地黎、白花蛇舌草、牛筋草、胜红蓟、臂形草、异型莎草等。

(二)杂草的生物学特性

杂草是一类适应性广而繁殖力强的特殊类型植物,具有和作物不断竞争的能力,比作物更能忍受复杂多变或较为不良的环境条件。杂草与作物的长期共生和适应,导致其自身生物学特性上的变异,加之漫长的自然选择,更造成了杂草多种多样的生物学特性。杂草的生物学特性,是指杂草对人类生产和生活所致的环境条件(人工环境)长期适应,形成的具有不断延续能力的表现(强胜,2008)。因此,了解杂草的生物学特性及其规律,可能了解到杂草延续过程中的薄弱环节,对制定科学的杂草治理策略和探索防除技术具有重要的理论与实践意义。

1. 杂草形态结构的多型性

(1)杂草个体大小变化大 不同种类杂草个体大小差异明显,高的可达 2 m 以上,如芦苇、假高粱等,中等的有约 1 m 的梵天花等,矮的仅有几厘米,如鸡眼草等。主要农作物的田间杂草,多数株高范围集中在几十厘米左右。同种杂草在不同的生境条件下,个体大小变化亦较大。如荠菜生长在土壤肥力充足、水分光照条件较好的半裸地带,株高可在 50 cm 以上,生长在干燥贫瘠的裸地上,则植株矮小,高度仅在 10 cm 以内。

(2)根茎叶形态特征多变化 在阳光充足地带生长的杂草,如马齿苋、繁缕等常常茎秆粗壮、叶片厚实、根系发达,具较强的耐旱、耐热能力。相反,如果上述杂草生长在阴湿地带,其茎秆细弱,叶片宽薄,根系不发达,当进行生境互换时,后者的适应性明显下降。

(3)组织结构随生态环境变化 生长在水湿环境中的杂草如空心莲子草等,通气组织发达,机械组织薄弱;生长在陆地低湿地段的杂草如狗尾草等,则通气组织不发达,机械组织、薄壁组织都很发达。同一杂草生活在水环境中,其茎中通气组织发达、茎秆中空,生长在低湿环境下则茎秆多数实心、薄壁组织发达、细胞含水量高,如鳢肠等。

2. 杂草生活史的多型性　杂草生活史类型多样,主要有一年生、二年生和多年生 3 种类型。一年生杂草在一年中完成从种子萌发到产生种子直至死亡的生活史全过程,如狗尾草、牛筋草等。二年生杂草的生活史跨年度完成,第一年秋季杂草萌发生长产生莲座叶丛,第二年抽茎、开花、结籽、死亡,如野胡萝卜等。多年生杂草可存活两年以上。这类杂草不但能结子传代,而且能通过地下变态器官生存繁衍。一般春夏发芽生长,夏秋开花结实,秋冬地上部枯死,但地下部不死,翌年春可重新抽芽生长,如蒲公英、车前草等。但是,不同类型之间在一定条件下可以相互转变。多年生的蓖麻发生于北方,则变为一年生杂草。当一年生或二年生的野塘蒿被不断刈割后,即变为多年生杂草。这也反映出杂草本身不断繁衍持续的特性。

3. 杂草营养方式的多样性　绝大多数杂草是光合自养的,但亦有不少杂草属于寄生性的。寄生性杂草在其种子发芽后,历经一定时期生长,必须依赖于寄主的存在和寄主提供足够有效的养分才能完成生活史全过程。例如,菟丝子类是苜蓿、大豆等植物的茎寄生性杂草;列当是瓜类等作物的根寄生性杂草。

4. 杂草适应环境能力强　杂草具有很强的环境适应能力,主要表现在:

(1)抗逆性强　杂草对盐碱、人工干扰、旱涝、极端高低温等有很强的耐受能力(方永生,2013)。藜、扁秆藨草等都有不同程度耐受盐碱的能力。马唐在干旱和湿润土壤生境中都能良好的生长。野胡萝卜作为二年生杂草,在营养体被啃食或被刈割的情况下,可以保持营养生长数年,直至开花结实为止。黄花蒿、天名精等会散发特殊的气味,趋避禽畜和昆虫的啃食。

(2)可塑性大　植物在不同生境下对其个体大小、数量和生长量的自我调节能力被称为可塑性。一般杂草具有不同程度的可塑性。如藜和反枝苋的株高可矮小至 5 cm,高至 300 cm,结实数可少至 5 粒,多至百万粒。当土壤中杂草籽实量很大时,其发芽率会大大降低,以避免由于群体过大而导致个体的死亡率的增加。

(3)生长势强　杂草中的 C_4 植物比例较高,全世界 18 种恶性杂草中,C_4 植物有 14 种,占 78%。全世界 16 种主要作物中,只有玉米、谷子、高粱等是 C_4 植物,不到 20%。C_4 植物比 C_3 植物具有净光合效率高、CO_2 和光补偿点低,饱和点高、蒸腾系数低等优点,因而能够充分利用光能、CO_2 和水进行有机物的生产。所以,杂草比作物表现出较强的竞争能力,这也是为什么 C_3 作物田中 C_4 杂草疯长成灾的原因。

(4)杂合性高　由于杂草群落的混杂性、种内异花授粉、基因重组、基因突变和染色体数目的变异性,一般杂草基因型都具有杂合性,这也是保证杂草具有较强适应性的重要因素。杂合性增加了杂草的变异性,从而大大增强了抗逆性能,特别是在遭遇恶劣环境条件如低温、旱涝以及使用除草剂治理杂草时,可以避免整个种群的覆灭,使物种得以延续。

(5)拟态性强　稗草与水稻伴生,狗尾草与谷子、亚麻荠与亚麻、野燕麦或看麦娘与麦类作物伴生等,这是因为它们在形态、生长发育规律以及对生态因子的需求等方面有许多相似之处,很难将这些杂草与其伴生的作物分开或从中清除。杂草的这种特性被称之为对作物的拟态性,这些杂草也被称为伴生杂草。杂草的这种拟态性给除草,特别是人工除草带来了极大的困难。如狗尾草经常混杂在谷子中,被一起播种、管理和收获,在脱皮后的小米中仍可找到许多狗尾草的籽实。此外,杂草的拟态性还可以经与作物的杂交或形成多倍体等使杂草更具多态性。

5. 杂草繁衍滋生的复杂性与强势性

(1)强大的繁殖能力　杂草结实一般比作物多而持续,绝大多数杂草的结实力高于作物几倍或几百倍。一株杂草往往能结出成千上万甚至数十万粒细小的种子,如蒿可结81万粒种子。杂草强大的结实能力,是一年生和二年生杂草在长期竞争中处于优势的重要条件。

(2)繁殖方式多样　杂草的繁殖方式主要有两大类:营养繁殖和有性生殖。营养繁殖是指杂草以其营养器官根、茎、叶或其一部分传播、繁衍滋生的方式。如蒲公英的根、香附子等的球茎、马唐等的匍匐枝都能产生大量的芽,并形成新的个体。空心莲子草可通过匍匐茎、根状茎和纺锤根等3种营养器官繁殖。杂草的营养繁殖特性使杂草保持了亲代或母体的遗传特性,生长势、抗逆性、适应性都很强。具这种特性的杂草给人类的有效治理造成极大的困难。

有性生殖是指杂草经一定时期的营养生长后,经花芽(序)分化,进入生殖生长,产生种子(或果实)传播繁殖后代的方式。在有性生殖过程中,杂草一般既可异花受精,又能自花或闭花受精,且对传粉媒介要求不严格,其花粉可通过风、水、昆虫、动物或人进行传播。多数杂草具有远缘亲和性和自交亲和性。异花传粉受精有利于为杂草种群创造新的变异和生命力更强的种子,自花授粉受精可保证其杂草在独处时仍能正常受精结实、繁衍滋生蔓延。具有这种生殖特性的杂草其后代的变异性、遗传背景复杂,杂草的多型性、多样性、多态性丰富,是化学药剂控制杂草难以长期稳定有效的根本原因所在。

(3)种子的长寿性和顽强性　与作物相比,所有杂草种子的寿命都较长。许多杂草的种子埋于土中,经历多年仍能存活。藜等植物的种子最长可在土壤中存活1700年之久,野燕麦、早熟禾、马齿苋、荠菜等都可活数十年。有些杂草种子,如马齿苋、稗草等,通过牲畜的消化道排出后,仍有一部分可以发芽。稗草等杂草种子,在堆肥或厩肥中仍能保持一定的发芽力。

(4)种子的成熟度与萌发时期参差不齐　藜、荠菜等杂草,即使其种子没有成熟,也可萌发长成幼苗。很多杂草被连根拔出后,其植株上的未成熟种子仍能继续成熟。与作物的种子同时成熟不同,杂草种子的成熟往往参差不齐,呈梯递性、序列性。同一种杂草,有的植株已开花结实,而另一些植株则刚刚出苗。即使在同一植株上,有的杂草一面开花,一面继续生长,种子成熟期延绵达数月之久。杂草与作物常同时结实,但成熟期比作物早。种子继续成熟,分期分批散落田间,由于成熟期不一致,对第二年的萌发时间也有一定影响,这也为清除杂草带来了困难。

有些杂草种子在形态和生理上具有某些特殊的结构或物质,从而具有保持休眠的机制。如含有抑制萌发的物质,坚硬不透气的种皮或果皮,种子需经过后熟作用或需光等刺激才能萌发等。由于不同时期、植株不同部位产生的杂草种子的结构和生理抑制性物质含量的差异,使其成为杂草种子萌发不整齐的又一重要原因。此外,杂草种子基因型的多样性,对逆境的适应性差异、种子休眠程度以及田间温、光、水、湿条件的差异和对萌发条件要求和反应的不同等都是田间杂草出草不齐的重要因素。如滨藜是一种耐盐性的杂草,能结出3种类型的种子,上层的粒大呈褐色,当年即可萌发;中层的粒小,黑色或青灰色,翌年才可萌发;下层的种子最小,黑色,第三年才能萌发。

(5)籽实传播方式和途径多样　杂草的种子或果实易脱落,有些杂草具有适应于散布的结构或附属物,可借外力传播很远,分布很广。如酢浆草的蒴果在开裂时,会将其中的种子弹射出去,散布;菊科如刺儿菜、蒲公英等杂草的种子往往有冠毛,可借助风力传播;有的杂草如苍耳等果实表面有刺毛,可附着他物而传播;有些杂草如独行菜等果实上有翅或囊状结构,可随水漂流。还有的杂草如反枝苋、稗草、繁缕等籽实被动物吞食后,随粪便排出而传播等。此外,杂草种子还可混杂在作物的种子内,或饲料、肥料中而传播,也可借交通工具或动物携带而传播。

(三)黄花菜田间常见杂草种类

黄花菜田间杂草种类繁多。据单业发(1993)踏田调查,江苏省宿迁市泗阳县黄花菜田杂草就有51种,隶属23个科,其中一年生草本32种分属15个科,多年生草本17种分属10个科,灌木2种分属2个科。黄花菜田杂草主要是一年生草本植物,主要分属于禾本科、茄科、菊科和大戟科等,其他科杂草所占比例较小。其中禾本科种类最多,常见的有狗尾草、马唐、千金子、牛筋草、画眉草、野燕麦、荩草、无芒稗、棒头草等;茄科主要有曼陀罗、龙葵、苦茄等;菊科有苍耳、一年蓬、野塘蒿、黄花蒿、苣荬菜、苦荬菜、蒲公英、鳢肠等;大戟科有地锦、铁苋菜、泽漆等;旋花科有菟丝子、打碗花等;马齿苋科有马齿苋、反枝苋等;藜科典型杂草有藜;锦葵科典型杂草有苘麻等;桑科典型杂草有葎草等(曹广才 等,2008;王疏 等,2008)。上述黄花菜田常见杂草种类的形态特征和生活习性如下。

1. 禾本科

(1)狗尾草

①形态特征　秆高20～60 cm,丛生,直立或倾斜,基部偶有分枝。叶片线状披针形,长6～20 cm,宽2～18 mm,顶端渐尖,基部圆形;叶舌膜质,长1～2 mm,具毛环。圆锥花序紧密,呈圆柱状,长2～10 cm,直立或微倾斜,小穗长2～2.5 mm,2至数枚成簇生于缩短的分枝上,基部有刚毛状小枝1～6条,成熟后与刚毛分离而脱落。颖果近卵形,腹面扁平,脐圆形,乳白色带灰色,长1.2～1.3 mm,宽0.8～0.9 mm。

②生活习性　一年生草本。夏秋季抽穗,种子繁殖。一般4月中旬至5月份种子发芽出苗,发芽适温15～30 ℃,5月上、中旬发生高峰期,8—10月份为结实期。种子可借风、流水与粪肥传播,经越冬休眠后萌发。生于海拔4000 m以下的荒野、道旁,为旱地作物常见的一种杂草。

(2)马唐

①形态特征　秆丛生,基部展开或倾斜,着土后节易生根或具分枝,光滑无毛。叶鞘松弛包茎,大部短于节间,叶舌膜质,黄棕色,先端钝圆,长1～3 mm;叶片线状披针形,长3～17 cm,宽3～10 mm,两面疏生软毛或无毛。总状花序3～10个,长5～18 cm,上部互生或呈指状排列于茎顶,下部近于轮生。小穗披针形,长3～3.5 mm,通常孪生,一具长柄,一具极短的柄或几无柄。带稃颖果,颖果椭圆形,长约3 mm,淡黄色或灰白色。

②生活习性　一年生草本。苗期4—6月,花果期6—11月抽穗。种子繁殖,边成熟边脱落。在中国分布于西藏、四川、新疆、陕西、甘肃、山西、河北、河南及安徽等地。种子传播快,繁殖力强,植株生长快,分枝多。马唐是秋熟旱作作物地常见的恶性杂草,发生数量、分布范围在旱作杂草中均居首位。

(3)千金子

①形态特征　秆丛生,直立,基部膝曲或倾斜,着土后节上易生不定根,高30～90 cm,平滑无毛。叶鞘无毛,多短于节间;叶舌膜质,长1～2 mm,撕裂状,有小纤毛;叶片扁平或多少卷折,长5～25 cm,宽2～6 mm,先端渐尖。圆锥花序长10～30 cm;小穗多带紫色,长2～4 mm,有3～7个小花。颖果长圆形,长约1 mm。

②生活习性　一年生草本。苗期5—6月,花果期8—11月抽穗。籽实边熟边落入土壤。分布于中国陕西、山东、江苏、安徽、浙江、台湾、福建、江西、湖北、湖南、四川、云南、广西、广东等省区。生于海拔200～1020 m潮湿之地。

(4)牛筋草

①形态特征　秆丛生,基部倾斜向四周开展,高 15～90 cm。叶鞘压扁,有脊,无毛或生疣毛;叶舌长约 1 mm,叶片扁平或卷折,长达 15 cm,宽 3～5 mm,无毛或表面常被疣基柔毛。须根较细而稠密,为深根性,不易整株拔起。穗状花序 2 至数个呈指状簇生于秆顶,小穗含 3～6小花,长 4～7 mm,宽 2～3 mm。囊果,果皮薄膜质,白色,内包种子 1 粒;种子呈三棱状长卵形或近椭圆形,长 1～5 mm,宽约 0.5 mm,黑褐色。

②生活习性　一年生草本。苗期 4—5 月,花果期 6—10 月。有性繁殖通过种子繁殖,无性繁殖通过根、茎、叶或根茎、匍匐茎、块茎、球茎和鳞茎等器官繁殖。分布于中国南北各省区及全世界温带和热带地区。多生于农田地边、路边、沟边、林地或草丛中,对豆类、薯类、蔬菜、果树等危害较重,是近年来较为难防除的恶性杂草之一。

(5)画眉草

①形态特征　秆丛生,直立或基部膝曲上升,高 15～60 cm。叶鞘疏松裹茎,长于或短于节间,扁压,鞘口有长柔毛;叶舌为一圈纤毛,长约 0.5 mm;叶片线形扁平或内卷,长 6～20 cm,宽 2～3 mm,无毛。圆锥花序较开展,长 10～25 cm,分枝单生、簇生或轮生,腋间有长柔毛;小穗长 3～10 mm,有 4～14 小花,成熟后暗绿色或带紫色。颖果长圆形,长约 0.8 mm。

②生活习性　一年生草本。花果期 8—11 月,种子繁殖。分布于全世界温暖地区,生于海拔 1200～3000 m 的坝区或山坡草地、田边地中、宅旁路边、墙头及干涸河床或流水旁。

(6)野燕麦

①形态特征　秆高 30～150 cm,直立,光滑。叶鞘松弛;叶舌膜质透明,长 1～5 mm;叶片长10～30 cm,宽 4～12 mm。圆锥花序,开展,长 10～25 cm,分枝具棱,粗糙;小穗长 18～25 mm,含 2～3 花,小穗柄弯曲下垂,顶端膨胀。颖果纺锤形,被淡棕色柔毛,腹面具纵沟,长 6～8 mm,宽2～3 mm。

②生活习性　一年生或二年生旱地杂草。西北地区 3—4 月出苗,花果期 6—8 月;华北及以南地区 10—11 月出苗,花果期 5—6 月。分布于中国南北各省,麦田危害严重,也危害大麦、燕麦、豌豆、黄花等作物,直接影响主作物产量和品质。

(7)茵草

①形态特征　秆细弱无毛,基部倾斜,高 30～45 cm,具多节,常分枝;叶鞘短于节间,被短硬疣毛;叶片卵状披针形,长 2～4 cm,宽 8～15 mm,两面无毛。总状花序细弱,长 1.5～3 cm,2～10 个指状排列或簇生于秆顶;穗轴节间无毛,有柄小穗退化成很短的柄,无柄小穗卵状披针形,长 4～4.5 mm,灰绿色或带紫色。颖果长圆形。

②生活习性　一年生草本。花果期 8—11 月,种子繁殖。全国均有分布。生长于山坡、草地和阴湿处。

(8)无芒稗

①形态特征　秆绿色或基部带紫红色,高 40～110 cm。叶条形,宽 8～10 mm。圆锥花序尖塔形,较狭窄,长 15～18 cm,直立或微弯,分枝长 3～6 cm,一般 10 个以上,总状花序互生或对生或近轮生状,有小分枝,着生小穗 3～10 个,基部多,顶端少,小穗长 4～5 mm,无芒,或有短芒,但芒长不超过 3 mm,以顶生小穗的芒较长,无色或紫红色。颖果椭圆形,长 2.5～3.5 mm,黄褐色。

②生活习性　一年生草本。一般 6 月开花,边成熟边落籽。分布于全世界温暖地区;中国东北、华北、西北、华东、西南及华南等省区也有分布。多生于水边或路边草地上,是一种分布普遍的田间杂草。

(9)棒头草

①形态特征　秆丛生,光滑无毛,高 15~75 cm。叶鞘光滑无毛;叶舌膜质,长圆形,长 3~8 mm,常 2 裂或顶端呈不整齐的齿裂;叶片扁平,长 5~16 cm,宽 4~9 mm,微粗糙或背部光滑。圆锥花序穗状,长圆形或兼卵形,较疏松,具缺刻或有间断;小穗长约 2.5 mm,灰绿色或部分带紫色。颖果椭圆形,一面扁平,长约 1 mm。

②生活习性　一年生草本。4—6月开花,种子繁殖。具有广泛的适生性,经常生长于低注、潮湿、土壤肥沃的地区,属于喜湿性杂草,可以在作物田、蔬菜田、苗圃、育秧田、城市绿地等生长,尤以水改旱时生长量大。

2. 茄科

(1)曼陀罗

①形态特征　株高 1~2 m;叶宽卵形,长 8~17 cm,宽 4~12 cm,先端渐尖,基部为不对称的楔形,叶缘有不规则波状浅裂,裂片三角形,叶柄长 3~5 cm;花常单生于枝分叉处或叶腋,直立,具短梗,花萼筒状,筒部有 5 棱角,长 4~5 cm;花冠漏斗状,长 6~10 cm,径 3~5 cm,下半部被绿色,上部白色或淡紫色,5 浅裂。蒴果,直立,卵状,长 3~4 cm,径 2~3.5 cm,表面生有坚硬的针刺,成熟后为规则的 4 瓣裂,种子卵圆形,稍扁,长 3~4 mm,黑色,略有光泽,表面具粗网纹和小凹穴。

②生活习性　一年生草本,有时为亚灌木。植株有异味,有毒。花期 6—10月,果期 7—11月。中国各省区都有分布,常生长于住宅旁、路边或草地上。宜生长在阳光充足处,适应性强,不择土壤,但以富含有机质和石灰质的土壤为好。

(2)龙葵

①形态特征　植株粗壮,高 0.3~1 m;茎直立,多分枝,绿色或紫色,近无毛或被微柔毛;叶卵形,长 2.5~10 cm,宽 1.5~5.5 cm,先端短尖,叶基楔形至阔楔形而下延至叶柄,全缘或具不规则的波状粗齿,光滑或两面均被稀疏短柔毛,叶柄长 1~2 cm。短蝎尾状聚伞花序腋外生,通常着生 4~10 朵花;花萼杯状,绿色,5 浅裂;花冠白色,辐状,5 深裂。浆果球形,直径约 8 mm,成熟时黑色;种子近卵形,两侧压扁,长约 2 mm,淡黄色,表面略具细网纹及小凹穴。

②生活习性　一年生直立草本。花果期 9—10月,种子繁殖。分布在全国各地,为豆类、薯类、禾谷类、黄花等作物田间的常见杂草,发生量小,危害一般。

(3)苦茄

①形态特征　植株高 0.5~1 m;茎及小枝密被具节长柔毛;单叶互生,叶片多为琴形,长 3.5~5.5 cm,宽 2.5~4.8 cm,先端渐尖,基部常 3~5 深裂,裂片全缘,叶片两面均被白色长柔毛;叶柄长 1~3 cm,被长柔毛。聚伞花序顶生或腋外生,总花梗长 2~2.5 cm;花萼杯状,直径约 3 mm,无毛,萼齿 5,花冠蓝色或白色,直径约 1 cm,5 深裂,裂片披针形,有柔毛。浆果球状,成熟时红黑色,直径约 8 mm;种子近盘状,扁平,直径约 1.5 mm。

②生活习性　多年生草质藤本。花果期 7—10月,种子繁殖。生长于林边、坡地等。分布于四川、云南等地。

3. 菊科

(1)苍耳

①形态特征　株高 30~150 cm;茎直立;叶互生,具长柄;叶片三角状卵形或心形,长 4~10 cm,宽 5~12 cm,先端锐尖或稍钝,基部近心形或截形,叶缘有缺刻及不规则的粗锯齿,两面被贴生的糙伏毛;叶柄长 3~11 cm。头状花序腋生或顶生,花单性,雌雄同株。聚花果宽卵

形或椭圆形,长 12~15 mm,宽 4~7 mm,外具长 1~1.5 mm 的钩刺,淡黄色或浅褐色,坚硬;聚花果内有 2 个瘦果,倒卵形,长约 1 cm,灰黑色。

②生活习性　一年生草本,粗壮,生命力强。4—5 月萌发,7—9 月开花结果,动物传播。种子繁殖,适宜稍潮湿的环境。生于旱作物田间、果园、路旁、荒地、低丘等处。广布于全国各地。作为杂草,主要危害果树、棉花、玉米、豆类、谷子、马铃薯、黄花等作物。田间多单生,在果园和荒地等处常成群生长。

（2）一年蓬

①形态特征　株高 30~120 cm;茎直立,被硬伏毛;基生叶卵形或卵状披针形,先端钝,基部狭窄下延成狭翼,叶缘有粗锯齿;茎生叶互生,披针形或长椭圆形,有少数锯齿或全缘,具短柄或无柄。头状花序直径 1.2~1.6 cm,多数排列成伞房状或近似圆锥状。瘦果倒窄卵形至长圆形,压扁,具浅色翅状边缘,长 1~1.4 mm,宽 0.4~0.5 mm,表面浅黄色或褐色,有光泽。

②生活习性　通常为二年生草本,在温暖地带为一年生。早春或秋季萌发,5—6 月开花,9—10 月结果,以种子繁殖。广布于吉林、河北、山东、江苏、安徽、浙江、江西、福建、河南、湖北、湖南、四川及西藏等地。生于山坡、路边及田野中,在黄花菜田中危害较轻。

（3）野塘蒿

①形态特征　茎高 30~80 cm,被疏长毛及贴生的短毛,灰绿色。下部叶有柄,披针形,边缘具稀疏锯齿;上部叶无柄,线形或线状披针形,全缘或偶有齿裂。头状花序直径 0.8~1 cm,再集成圆锥状花序;总苞片 2~3 层,中央花两性,管状,微黄色,顶端 5 齿裂。瘦果长圆形,略有毛;冠毛污白色,刚毛状。

②生活习性　一年生或二年生草本。苗期于秋、冬季或翌年春季;花果期 5—10 月,以种子繁殖。生于路边、田野及山坡草地。分布于江苏、江西、福建、台湾、河南、湖北、湖南、广东、海南、广西、四川、贵州、云南及西藏等地。

（4）黄花蒿

①形态特征　茎单生,高 100~200 cm,基部直径可达 1 cm,有纵棱,幼时绿色,后变褐色或红褐色,多分枝;茎、枝、叶两面及总苞片背面无毛或初时背面微有极稀疏短柔毛,后脱落无毛。基部及下部叶花期枯萎,中部叶卵形,3 回羽状深裂,长 4~7 cm,宽 1.5~3 cm。头状花序极多数,球形,排列成总状及复总状。花筒状,长不过 1 mm,外层雄性,内层两性。瘦果矩圆形,长 0.7 mm。花果期 8—11 月。

②生活习性　种子和幼苗越冬,解冻不久就返青,迅速生长根和簇叶,7—8 月开花,8—9 月成熟。分布在草原、森林草原、干河谷、半荒漠及砾质坡地等,也见于盐渍化的土壤上,黄花菜田分布较多,危害较重。

（5）苣荬菜

①形态特征　植株高 25~90 cm,含乳汁。具匍匐根状茎,在地下横生,白色。茎直立,单一,无毛,下部带紫红色,不分枝。叶片生于茎中下部叶倒披针形或长圆状倒披针形,灰绿色,长 10~20 cm,宽 2~5 cm,基部渐狭稍扩大,先端小刺尖,两面无毛;头状花序数个,排列成聚伞状;总苞钟状,卵形或长卵形;花鲜黄色,花期 6—8 月,果期 6—9 月。

②生活习性　以根茎繁殖为主,种子也能繁殖。生于田间、撂荒地、路旁、河滩、湿草甸及山坡。对各种旱田作物玉米、高粱、谷子和蔬菜黄花,以及果树均有危害。

（6）苦荬菜

①形态特征　根垂直伸,生多数须根。茎直立,高可达 80 cm,基生叶花期生存,叶片线形

或线状披针形,基部箭头状半抱茎或长椭圆形,基部收窄,全部叶两面无毛,边缘全缘,头状花序多数,在茎枝顶端排成伞房状花序,花序梗细。苞片卵形,内层卵状披针形,舌状小花黄色,极少白色,瘦果压扁,褐色,长椭圆形,冠毛白色,纤细,微糙,6—9月开花结果。

②生活习性　以根茎繁殖为主,种子也能繁殖。生于田间、撂荒地、路旁、河滩、湿草甸及山坡。对各种旱田作物玉米、高粱、谷子和蔬菜黄花,以及果树均有危害。

（7）蒲公英

①形态特征　全体有白色乳汁。主根粗壮,圆锥形。叶基生,莲座状开展,长圆状倒披针形或倒披针形,倒向大头羽状分裂或羽状分裂,裂片三角形,基部渐狭成短柄,全缘或有齿。花萼2～3条,与叶等长或比叶长,直立,中空,上端有毛。头状花序单生于葶顶。花全为两性舌状花,黄色。

②生活习性　多年生草本。花期4—5月。果期6—7月。种子繁殖和地下芽繁殖。生于山坡草地、荒地、河岸沙地、田野等处。分布遍及全国。在黄花菜田发生量较小,危害较轻。

（8）鳢肠

①形态特征　全株具褐色水汁;茎直立,下部伏卧,节处生根,疏被糙毛;叶对生,叶片椭圆状披针形,全缘或略有细齿,基部渐狭而无柄,两面被糙毛。头状花序有梗,直径5～10 mm;总苞5～6层,绿色,被糙毛,中央花管状,4裂,黄色,两性。瘦果黑褐色,顶端平截,长约3 mm,由舌状花发育成的果实具三棱,较狭窄,由管状花发育成的呈扁四棱状,较肥短,表面有明显的小瘤状突起,无冠毛。

②生活习性　一年生草本。苗期5—6月,花果期7—11月。中国全国各省区均有分布。生于河边,田边或路旁。喜湿润气候,耐阴湿。以潮湿、疏松肥沃,富含腐殖质的沙质壤土或壤土栽培为宜。

4. 大戟科

（1）地锦

①形态特征　茎匍匐,纤细,带红紫色,长10～30 cm,近基部多分枝,无毛;叶对生,长圆形,长5～10 mm,宽4～7 mm,先端钝圆,基部偏斜,边缘有细锯齿,绿色或带淡红色。杯状花序单生于叶腋;总苞倒圆锥形,长约1 mm,浅红色,顶端4裂。蒴果三棱状球形,直径2 mm,无毛;种子卵形,长约1.2 mm,宽约0.7 mm,黑褐色,外被白色蜡粉。

②生活习性　一年生草本。华北地区4—5月出苗,6—10月为花果期,种子繁殖。除广东、广西外分布于中国各地。主要危害旱地作物。

（2）铁苋菜

①形态特征　茎直立,高30～60 cm;单叶互生,卵状披针形或长卵圆形,先端渐尖,基部楔形,基三出脉明显;叶片长2.5～6 cm,宽1.5～3.5 cm,叶缘有钝齿,茎与叶上均被柔毛;叶柄长1～3 cm。穗状花序腋生,花单性,雌雄同株且同序。蒴果小,钝三棱状,直径3～4 mm,3室,每室具1位种子。种子卵球形,灰褐色,长约2 mm,表面有极紧密、细微、圆形的小穴。

②生活习性　一年生草本。苗期4—5月,花果期7—10月,果实成熟开裂,散落种子,种子繁殖。中国除西部高原或干燥地区外,大部分省区均有分布。生于海拔20～1200 m平原或山坡较湿润耕地和空旷草地,有时也生于石灰岩山疏林下。

（3）泽漆

①形态特征　株高10～30 cm,通常基部多分枝而斜生,茎无毛或仅分枝略具疏毛,基部紫红色,上部淡绿色;单叶互生,叶倒卵形或匙形,长1～3 cm,宽0.5～1.5 cm,先端钝或微凹,

基部楔形;茎顶端有 5 枚轮生的叶状苞片。多歧聚伞花序,顶生,有 5 伞梗,每伞梗分为 2～3 小伞梗,每小伞梗又分成 2 叉状。蒴果,无毛;种子倒卵形,长约 2 mm,暗褐色,无光泽,表面有凸起的网纹。

②生活习性 一年生或二年生草本。花果期 4—7 月,种子繁殖。分布于中国华北、东北、西北、华东等地,生于路旁、杂草丛、山坡、林下、河沟边、荒山、沙丘及草地,黄花菜田危害较轻。

5. 旋花科

(1)菟丝子

①形态特征 茎肉质,多分枝,形似细麻绳,直径 1～2 mm,黄白色至枯黄色或稍带紫红色,上具有突起紫斑。花小而多,聚集成穗状花序;苞片和小苞片鳞状,卵圆形;花萼碗状,5 裂,背面常有紫红色瘤状突;花冠钟状,绿白至淡红色,顶端分 5 裂,裂片稍立或微反折;雄蕊 5 枚,花药黄色,卵圆形;花柱细长,合生为一,柱头两裂。果实为蒴果,卵圆或椭圆形,内有种子 1～2 粒,略扁有棱角,褐色。

②生活习性 分布于中国东北、华北、西北、内蒙古、华东、西南等地,遇到适宜寄主就缠绕在上面,在接触处形成吸根伸入寄主,吸根进入寄主组织后,自寄主吸取养分和水分。对胡麻、麻类、花生、马铃薯等农作物有危害,为黄花菜田常见杂草。

(2)打碗花

①形态特征 又名"小旋花""燕覆子"等,是旋花科,打碗花属草本植物。全体不被毛,植株通常矮小,常自基部分枝,具细长白色的根;茎细,有细棱;叶片基部心形或戟形;花腋生,花梗长于叶柄,苞片宽卵形;蒴果卵球形,种子黑褐色,表面有小疣。

②生活习性 打碗花 3 月下旬实生苗开始出土,花果期 5—10 月。喜冷凉湿润的环境,耐热、耐寒、耐瘠薄,适应性强,对土壤要求不严,以排水良好、向阳、湿润而肥沃疏松的沙质壤土栽培最好。土壤过于干燥容易造成根状茎纤维化,土壤湿度过大,则易使根状茎腐烂。常见于田间、路旁、荒山、林缘、河边、沙地草原,为黄花菜田常见杂草。

6. 马齿苋科

(1)马齿苋

①形态特征 株高 30～35 cm。茎呈淡紫红色,主茎直径达 0.9～1 cm,粗大,节间 7～7.5 cm,平滑多肉成圆柱状。叶多肉质,倒卵形,似瓜的子叶,全缘,圆头,叶长 7～8 cm,叶宽 2.5～2.8 cm,无柄,对生。花小,无柄,集中在顶端数叶的中心,簇生 5～6 个花。萼片 2,花瓣 5,黄色;雄蕊 12,雌蕊 1,柱头 1,先端五裂。蒴果盖裂。

②生活习性 一年生肉质草本,以种子繁殖。春夏都有幼苗发生,盛夏开花,夏末秋初果实成熟。喜欢肥沃土壤,耐旱亦耐涝,生命力强,危害蔬菜、豆类、棉花、薯类、花生等作物,为秋熟旱作作物的主要恶性杂草。

(2)反枝苋

①形态特征 植株高可达 1 m 多;茎粗壮直立,淡绿色,叶片菱状卵形或椭圆状卵形,顶端锐尖或尖凹,基部楔形,两面及边缘有柔毛,下面毛较密;叶柄淡绿色,有柔毛。圆锥花序顶生及腋生,直立,顶生花穗较侧生者长;苞片及小苞片钻形,白色,花被片矩圆形或矩圆状倒卵形,白色,胞果扁卵形,薄膜质,淡绿色,种子近球形,边缘钝。

②生活习性 一年生草本植物,7—8 月开花,8—9 月结果。分布于黑龙江、吉林、辽宁、内蒙古、河北、山东、山西、河南、陕西、甘肃、宁夏、新疆。已被列为中国入侵植物,是一种全国性分布的恶性杂草,主要旱地作物薯类、豆类,蔬菜瓜类、黄花菜等地常见。

7. 藜科

藜

①形态特征 茎直立,有棱,并有绿色或紫红色的细条纹,分枝多。单叶互生,有长柄,叶形变异大,下部为卵形、菱形或三角形,上部叶全缘,形狭,淡绿色而稍带紫,叶背披白粉。花极小,组成短穗状花序,萼片有棱,包围着极小的胞果。

②生活习性 种子繁殖,3—5月出苗,6—10月开花、结果,随后果实渐次成熟。生于田野、荒地、河边湿地等。主要危害棉花、豆类、薯类、蔬菜、黄花菜、花生、甜菜、小麦、玉米、果树等作物。为黄花菜田发生较为严重的杂草。

8. 锦葵科

苘麻

①形态特征 高达 $1\sim2$ m,茎枝被柔毛。叶圆心形,边缘具细圆锯齿,两面均密被星状柔毛;叶柄被星状细柔毛;托叶早落。花单生于叶腋,花梗被柔毛;花萼杯状,裂片卵形;花黄色,花瓣倒卵形。蒴果半球形,种子肾形,褐色,被星状柔毛。

②生活习性 一年生亚灌木草本,花期 7—8 月。主要为害豆类、薯类、瓜类、蔬菜、油菜、花生、棉花、烟草、果树等农作物,黄花菜田偶有发生,危害较轻。

9. 桑科

葎草

①形态特征 茎、枝、叶柄均具倒钩刺。叶片纸质,肾状五角形,掌状,基部心脏形,表面粗糙,背面有柔毛和黄色腺体,裂片卵状三角形,边缘具锯齿;雄花小,黄绿色,圆锥花序,雌花序球果状,苞片纸质,三角形,子房为苞片包围,瘦果成熟时露出苞片外。花期春夏,果期秋季。

②生活习性 种子繁殖。在黄花菜田常成片生长,缠绕黄花菜薹部,危害严重。

（四）杂草防除措施

杂草防除是将杂草对人类生产和经济活动的有害性减低到人们能够承受的范围之内。即杂草防治的目标不是消灭杂草,而是在一定的范围内控制杂草。杂草防除的方法很多,大致包括农艺防除、物理防除、化学防除、生物防除、生态治草、杂草检疫等,其中农田杂草的化学防除水平,已成为衡量农业现代化程度的重要标志之一。黄花菜田杂草种类虽多,但不是每种杂草都能造成危害,在不同条件下杂草发生的种群和危害程度也不一样,必须根据其具体条件采取相应措施才能有效。根据黄花菜田及田间典型杂草的特点,生产上主要采取农艺、物理和化学三种防除方法。

1. 农艺防除 农艺防治是指利用农田耕作、栽培技术和田间管理措施等控制和减少农田土壤中杂草种子基数,抑制杂草的成苗和生长,减轻草害,降低农作物产量和质量损失的杂草防治的策略方法。其优点主要是对作物和环境安全,不会造成任何污染,联合作业时,成本低、易掌握、可操作性强。

（1）中耕治草 中耕治草是借助土壤耕作的各种措施,在作物生长期间消灭杂草幼芽、植株,或切断多年生杂草的营养繁殖器官,进而有效治理杂草的一项农业措施。黄花菜田大多数杂草可经过中耕除草防除,如采用中耕除草配合田间开沟降渍防治鳢肠效果较好,狗牙根、白茅、芦苇多的田,要增加中耕次数,捡出地下根茎,特别是抓住冬季耕翻黄花菜行间,使地下根茎失去生命力,达到控制杂草基数的目的(单业发,1993)。

（2）轮作治草 轮作治草是通过不同作物间交替或轮番种植,克服作物连作障碍,抑制病虫草害的一项重要农艺措施。通过轮作能有效地防止或减少伴生性杂草,尤其是寄生性杂草的危害。对黄花菜重草田可以结合老菜田更新进行轮作换茬灭草,对一年生杂草如马唐、稗草等有较强的抑制作用,对多年生杂草也有一定的防治作用,大大减轻了杂草的危害。

(3)覆盖治草 覆盖治草是指在作物田间利用秸秆、稻壳、色膜、腐熟有机肥等,在一定的时间内遮盖一定的地表或空间,阻挡杂草的萌发和生长的方法,具有简便、易行、高效等优点。秸秆覆盖又称秸秆还田,可直接还田的秸秆主要是稻草、麦秸秆、苇草和玉米秆等。柴小佳等(2018)总结了甘肃省庆城县黄花菜玉米秸秆间隙覆盖栽培技术,将玉米秸秆间隙覆盖在黄花菜田,既能抑制土壤水分蒸发、减少地表径流,又能蓄水保墒;既能保温,又能降低伏天土壤温度,同时还能抑制杂草和病虫害,提高水分利用率。

2. 物理防除 物理防除是指用物理性措施或物理性作用力,如人工、机械等,导致杂草个体或器官受伤受抑或致死的杂草防除方法。物理性防治对作物、环境等安全、无污染,同时,还兼有松土、保墒、培土、追肥等有益作用。

(1)人工除草 人工除草是最原始、最简便的除草方法,主要通过人工拔出、刈割、锄草等措施来有效治理杂草。除草效果较为彻底,但无论是手工拔草,还是锄、耙、犁等进行除草,都很费工、费时,劳动强度大,除草效率低。何红君等(2021)研究发现,人工除草,对黄花菜叶长和叶宽的生长有一定的促进作用。在不发达地区人工除草仍然是目前主要的除草手段。

(2)机械除草 机械除草是在作物生长的适宜阶段,根据杂草发生和危害的情况,运用机械驱动的除草机械(如中耕除草剂、除草施药机、旋耕机等)进行除草的方法。机械除草显著提高了除草劳动效率,具有降低成本、不污染环境等优点。此外,机械除草除进行常规的中耕除草外,还可进行播前封闭除草、深耕灭草等,是农艺和农机紧密结合的配套除草措施。机械除草不仅促进黄花菜叶的生长,还可对黄花菜起到堆苑作用,增加分蘖数,提高产量。

3. 化学防除 化学防除是一种应用化学药物(除草剂)有效治理杂草的快捷方法,特点是见效快、使用方法简单,但同时也会污染环境,长期使用后,杂草容易产生抗药性。近年来,一些生物毒性较强、残留期较长、用量较大以及可能致癌的除草剂已被禁用。黄花菜对除草剂往往较为敏感,同一种农药用于水稻、玉米和甘蔗除草,或用于大豆、花生和蔬果上除草无药害,用于黄花菜除草则药害严重,甚至会菜草"同归于尽"。如早已禁用的氯磺隆用于大麦、小麦和亚麻等作物除草安全,用于黄花菜则药害严重,菜草同除。因此,使用除草剂防治黄花菜田杂草,要慎重选择合适的药剂,规范用药时期和用药方法。

新栽一年内的黄花菜,不能使用除草剂,必须人工除草,一般 2~3 年即可使用除草剂。药剂除草适宜在黄花菜苗期杂草大量萌发前后,且土壤湿润时为防除适期。北方黄花菜苗期除草应掌握在雨后用药,气温高于 33 ℃以上时要停止用药,以免药剂挥发造成药害。在黄花菜抽薹前半月至采收期,不宜使用化学药剂除草,避免给花蕾带来药物残留。化学除草剂种类繁多,有效成分含量不一,使用数量也不尽相同。除草剂的选择应根据杂草种类和使用时间来确定,要严格掌握用药量,切忌用量过大或过小,既要保证除草效果,又不能影响作物生长。黄花菜田常见除草剂如下。

(1)草甘膦/N-(磷酸甲基)甘氨酸 草甘膦,又名农达、镇草宁、农民乐等,属有机磷类除草剂,有效成分为草甘膦,对杂草有内吸型广谱灭生性除草作用,用于茎叶处理,并可杀死多年生深根杂草的地下部分,但遇到土壤则很快失效,对未出土的杂草无效。黄花菜地灭草时,可在花期用 10% 水剂 1~2 kg 兑水 50 kg,全田喷雾,能灭除白茅、双穗雀稗、狗牙根、黄(紫)香附等杂草。对黄花菜安全(冯小鹿,2010)。

花期黄花菜田,白茅、狼尾草、双穗雀稗、狗牙根、黄香附、紫香附等多年生杂草和少量一年生杂草,与黄花菜等高,以每亩有效成分 200 g 兑水 50 kg,进行全面喷雾。结果表明,用草甘麟制剂在不加任何防护措施和不需定向喷雾,兑水直接全面喷布于黄花菜地,不但除草效果好,而且对黄花菜安全(赵国晶等,1988)。

(2)乳油类农药 以禾草克(10%)、精稳杀得(15%)、盖草能(12.5%),1500 mL/hm²,兑水 50 kg 于杂草 4 叶期全田喷雾。三种除草剂都能有效的防除黄花菜田的一年生和多年生禾本科杂草,而且见效快,用药后 7 天已有明显防效,15 天杂草防除效果达 90% 以上,而且在使用过程中均未发现药害,对黄花菜表现安全(陈阔,2018)。

另外,用二甲戊乐灵(33%)、异丙甲草胺(72%)防除大花萱草田杂草,推荐用量为二甲戊乐灵 1500 mL/hm²、异丙甲草胺乳油 1350～1800 mL/hm²,防除效果良好,而且对大花萱草安全。对大花萱草田进行茎叶喷雾防除杂草试验表明,稀禾定与吡氟禾草灵对禾本科杂草的防除效果较好,对阔叶杂草的防除效果较差,推荐用量为 12.5% 稀禾定 1200～1800 mL/hm²,15% 吡氟禾草灵 1050～1575 mL/hm²(杜娥 等,2005)。

(3)黄花菜田苗后专用除草剂 目前,市面上已研发出黄花菜田苗后专用除草剂。该除草剂属于一种广谱高效、内吸传导型除草剂,能防除黄花菜田中的一年生禾本科杂草、阔叶杂草,克服了其他苗后除草剂只杀禾本科杂草、不杀阔叶草的缺点,特别适合种植密度大、人工除草困难的黄花菜基地除草,省工省力。一般在黄花菜 3 叶期以后,植株长至 10 cm 以上,每亩用药 50 g,施药时压低喷头,尽量避开黄花菜心叶,顺垄低喷。实践证明,该除草剂具有以下优点:一是安全性好。黄花除草剂只除杂草,不伤黄花;二是禾阔双除。黄花菜除草剂对一年生的禾本科和阔叶杂草,一次用药,同时防除;三是籽草同灭。黄花除草剂为茎叶兼土壤处理除草剂,既可杀死 5 片叶以下的一年生幼龄杂草,又可在药效期内杀死早、中、迟发芽的杂草幼芽;四是持效期长。一次用药,确保近两个月无草害;五是耐雨冲刷。药后遇雨,不但不影响药效,而且防效更好。

以上介绍了多种黄花菜田杂草防治方法。事实上,任何一种方法或措施都不可能完全有效地防治杂草。只有坚持"预防为主,综合治理"的防治方针,才能真正积极、安全、有效地控制杂草,保障黄花菜高产优质生产活动顺利进行。

第二节 非生物胁迫及其应对

一、水分胁迫

(一)黄花菜在水分胁迫下的生产状况

黄花菜是一种耐瘠薄、耐干旱,喜湿润,但又不耐涝的作物。黄花菜最怕土壤积水,保持土壤适宜湿度,有利于根系生长,土壤过湿或积水(0～30 cm 土层土壤相对湿度≥100% 时),不利于黄花菜根系生长,会诱发烂根和枯叶病、叶斑病、根腐病等病害的发生,进而导致黄花菜落蕾、减产。由于黄花菜的根系为肉质根,贮存水分能力强,即使气候炎热干燥,黄花菜也不会受太大影响。黄花菜对土壤结构性质要求不严,在地缘或山坡也可栽培,但是,无论在坡地还是在平地种植黄花菜,都必须要做好排水工作,如果是低洼地种植就要开沟排水。晋小军等(2004)曾调查了甘肃省镇原县特大干旱年份（1999 年 9 月—2000 年 7 月）黄花菜的生产力，并与当地主要粮食作物冬小麦、玉米进行了比较。结果表明，在干旱年份，黄花菜干菜产量较正常年份减产 25.42%，但减产幅度明显低于其他粮食作物，其降水利用效率为 4.22 kg/(mm·hm²)，对土壤水分利用效率较高，优于小麦、玉米等大田作物，说明黄花菜的抗旱性强，在干旱年份栽培经济效益高。尽管黄花菜较为耐旱，但其现蕾开花期对水分敏感，需水量大，特别是采蕾期，若遇干旱（0～20 cm 土层土壤相对湿度≤65%时），容易导致早熟、植株枯黄、花蕾脱落甚至减产等。

干旱和干热风能够引起黄花菜落蕾，导致产量降低。邹家祥（1986）研究发现，在缺少灌溉条件的种植区，干热风和少雨气候如果与黄花菜盛花期重叠，或稍晚于采摘高峰期，黄花菜的落蕾数能占到总落蕾数的 74.5%～93.9%，采摘前期和末期落蕾数占总落蕾数的 6.1%～25.6%。导致这一现象的原因，一是采摘前期和后期花蕾数较少，需求的水分和养分也较少，供求矛盾不明显，因此落蕾数较少；而盛花期黄花菜对水分较为敏感，每天成熟的花蕾多，消耗的水分和养分较多，干旱状态下，水分供应不能满足需要。二是土壤缺水也导致根系对养分吸收运输能力下降，花蕾因缺水缺养分而脱落。颉敏昌等（2015）研究发现，30 cm 内土层含水量对黄花菜落蕾影响十分显著，干旱时间越长，黄花菜可采花蕾数越少，落蕾率也就越高。干旱主要导致现蕾 4～5 天的黄花菜幼蕾干枯脱落，可采花蕾数减少，同时花蕾长度变短、重量减轻，这是黄花菜减产的主要原因之一。

（二）不同季节水分胁迫对黄花菜生产的影响

因黄花菜各生育期对水分需求不一致，土壤水分状况、降水的季节性对黄花菜生产影响较大。黄花菜的抽薹现蕾期是其需水关键期。李海凤等（2016）认为，这一期间黄花菜地适宜的土壤水分条件是 0～30 cm 土层相对湿度以 80%～90% 为宜，不能满足这一条件，将不同程度导致黄花菜产量的降低。

1. 春季水分胁迫　黄花菜北方产区在春季降水普遍较少。李海凤等（2016）对山东聊城地区黄花菜生产过程中多年气象因素分析后发现，该地区 2000 年、2001 年 6 月都出现了连续15 天以上的高温少雨天气，期间日平均气温≥30 ℃的天数分别为 6 天和 11 天，0～10 cm 土层相对湿度下降到 50% 左右，10～20 cm 土层相对湿度下降到 60% 左右，春季干旱导致了早熟黄花菜发生严重落蕾现象，造成黄花菜大量减产。因此，对于黄花菜，特别是早熟品种应该特别注意春季干旱天气，如果出现春季干旱，造成土壤相对湿度小、墒情差时，应及时进行灌溉补水，提高土壤湿度。

2. 夏季水分胁迫　夏季是黄花菜抽薹现蕾的关键时期，也是产量形成的重要时段，这一阶段黄花菜对水分胁迫较为敏感。受气候影响，夏季是一年中降水集中时期，但部分地区伏旱也经常性发生。李效珍等（2020）调查了山西省大同市黄花菜产区 1978—2019 年的降水变化，发现该地区黄花菜需水关键期 6—7 月的自然降水正以 0.485 mm/a 的速率减少。刘娟霞等（2019）调查了宁夏回族自治区盐池县黄花菜种植区的生产状况，发现夏季黄花菜正处于一个高温环境，根据历史资料统计，盐池县伏旱的发生概率约为 70%，2016 年盛夏时节全县平均降水量仅为 3.4 mm，较常年同期降低 38%，加之连续的高温天气，造成严重的伏旱，影响了黄花菜中期的生长发育，导致因水分供给不足而大量落蕾，从而导致减产。邓振镛等（2012）调查发现，甘肃省庆阳地区黄花菜在抽薹到采蕾期，严重的伏旱引起大量落蕾，导致产量下降 20%～30%。这一地区的光热资源较为适宜黄花菜的生长发育，其品质与产量的提升主要依赖于现蕾至开花期的降水，随着气候变化，这一地区 4—8 月降水量每 10 年减少了 17 mm，2001 年、2007 年这一时期降水量仅占全年

50％和55％,降水不能保障黄花菜需水关键期的要求,使其品质和产量受到较大影响,因此伏旱对黄花菜生产的影响不容忽视。

(三)黄花菜种植中应对季节性干旱的措施

黄花菜植株对干旱胁迫的抗性较强,这是由其本身生物学特征及其生理代谢决定的,是对环境胁迫的一种适应性反应,同时生产中也可以采取一些措施提高黄花菜应对干旱胁迫的能力。黄花菜根系发达,既有肉质根,又有纤细根,贮藏水分能力特别强,因而其耐旱性也很强。观察发现,一年生幼苗在从土壤中挖出后,装于编织袋中放置于阴凉处3个月甚至更长时间,只要根系还没有彻底干枯,在种植后正常灌水仍能够存活,逐渐发生新根、抽生新叶,正常生长发育。这种抗旱能力是绝大多数草本植物所不具有的。除根系发达,贮水能力强外,这种超强的抗旱能力与其细胞内含物特别是可溶性物质含量高,抵抗渗透胁迫的能力强有密切的关系。

从栽培角度看,在黄花菜种植中,为了应对季节性干旱,一是要培育耐旱黄花菜品种,用抗旱性强的优良品种逐年取代耐旱力差的劣种黄花菜;二是要因地制宜地优化品种布局,实行早、中、晚熟不同熟性品种合理搭配,避免季节性干旱对产量的影响;三是在黄花菜田增施有机肥,培肥土壤,加厚土层,增强土壤保水抗旱能力;四是充分利用降水进行雨水集流,在黄花菜株丛周围,沿着栽植行修建一外高内低的小斜坡,在坡面铺上地膜,将膜边缘用土压实,使雨水能够汇集到黄花菜根部;五是在有条件的地区利用节水灌溉,采用喷灌、滴灌等节水灌溉措施适时补充土壤水分。

此外,还可以采用化学抗旱保水剂。可选用20％先科哺育、20％先科急救液、20％快速生长剂。在黄花菜抽薹后10～15天,每天选用1种药品,按600～900 mL/hm²兑水450～675 kg/hm²叶面喷雾,喷雾时喷头离植株40～50 cm为宜。3种药品分3天喷完,每隔15天左右重复喷施1次,可有效提高黄花菜抗旱保蕾能力。还可以使用植物生长调节剂。选用40～80 mg/kg的6-卡氨基嘌呤(6BA)、10 mg/kg的萘乙酸(NAA),10～20 mg/kg的2,4-D,防落素300倍药液4种中的任一种喷雾,在采蕾期每隔7～10天喷1次,可有效缓解干旱导致的落蕾现象。

二、盐碱胁迫

(一)黄花菜在盐碱地上的种植状况

生产实践早已证明,黄花菜植株的耐盐碱性很强,种植中一般不表现盐碱胁迫伤害,正如黄花菜具有耐寒、耐旱、耐贫瘠的特性一样。山西省大同市云州区瓜园乡东紫峰村西原有大片盐碱地,玉米、豆类、马铃薯等许多作物都难以生长,但十多年前当地村民开始试种黄花菜获得成功,尽管植株生长势较慢,明显不如正常土壤种植的黄花菜,产量也较低。但种植3年后,黄花菜植株生长已与正常土壤种植的植株相近,产量也相差无几,土壤也不再出现白色盐分结皮。证明黄花菜的耐盐碱能力很强,同时也说明种植黄花菜植株可以有效改良盐碱地,使其逐渐成为可正常栽培作物的宜耕良田。

1985—1988年,山西省忻州地区繁峙县大营镇盐碱荒地种植黄花菜表明,二年生黄花菜亩产干黄花20～35 kg,三年生黄花菜亩产干黄花150～200 kg(任天应 等,1989)。但是,盐碱地种植黄花菜需要注意多个栽培技术环节:一是选地,要选全盐含量在0.8％以下,pH<9的土壤;全盐含量在>0.8％,pH值>9的盐碱地种植黄花菜成活率低,没有经济意义。同时,地块最好具有排灌条件,以便水分过多时及时排除渍水,降低地下水位,减轻盐害;水分不足时则可用于灌溉。二是整地施肥,选定地块后,要及时浅耕晒垡,促进土壤熟化;距种植前 6～7 天,再次浅耕细耙,施足底肥,平整作畦;同时根据土壤盐碱程度挖排水沟,以利田间排水,防止渍害。三是种植,春苗萌发前或秋季凋萎后,选择健壮种苗分成单株,将短缩茎下层的老根、朽根剪去,保留 2～3 层新根剪短到 10 cm 左右,再将地上部苗叶剪短到 6 cm 左右;按宽窄行穴栽,穴距 60 cm,穴内呈三角形栽 3 株,亩栽 4000 株。春栽后灌水,2～3 天后浅锄 1 次以利缓苗。四是幼龄植株保苗,幼龄黄花菜苗在盐碱地成活率一般比正常土壤低 10％～30％,春季幼龄植株正逢返盐高峰期,更易受盐碱危害,造成缺苗断垄。盐碱地一年生黄花菜覆膜可提高土壤表层地温,降低盐分含量,减轻盐碱危害,保苗率比露地高 10％ 以上。五是盛产期管理,秋后或早春在株行间深翻,疏松熟化土壤,促进根系生长;夏季中耕松土,铲除杂草,减少水分和养分消耗。早春深翻时施入充足有机底肥,抽薹初期和采摘初期追施速效化肥,提高成蕾率。此外,北方春季黄花菜幼苗萌发时恰逢干旱少雨,易发生干旱和盐害,要及时灌溉,促进生长,同时起到脱盐作用;进入抽薹和花蕾盛期,要及时灌水,促进花蕾生长,缩短采收期,防止干旱导致薹弱脱蕾;如遇雨水过多,要及时排除积水,以降低地下水位和土壤湿度,防止渍害。

(二)黄花菜的耐盐碱性研究

任天应等(1990)曾在滹沱河流域的繁峙县大营村和河南村开展盐碱滩地种植黄花菜试验。该地盐碱土既有硫酸盐氯化物盐土(全盐含量 0.81％、Cl^- 0.08％、SO_4^{2-} 0.3％、HCO_3^- 0.03％,pH7.8)、中度盐碱土(全盐含量 0.33％、Cl^- 0.028％、SO_4^{2-} 0.083％、HCO_3^- 0.042％,pH8.6),也有碱化盐土(全盐含量 0.41％、Cl^- 0.07％、CO_3^{2-} 0.01％、HCO_3^- 0.05％,pH8.7)。结果表明,种植黄花菜能使盐碱地土壤含盐量降低,土壤容重变小,空隙度增大,有机质、氮、磷等土壤养分增加,具有明显的脱盐改土效果;且种植年限越长,脱盐改土效果越明显,距离黄花菜植株越近,脱盐改土效果越好。种植 2 年黄花菜以后就可取得理想的脱盐改土效果,种植 3 年后即可获得接近正常土壤栽培同苗龄黄花菜的产量。

在非盐渍耕作土壤中,加入 $NaCl$、Na_2SO_4、$NaHCO_3$ 配制盐土,采用盆栽方法研究土壤盐分对黄花菜存活率、生长发育和产量的影响(任天应等,1991)。结果表明,土壤全盐含量＜0.5％,新栽黄花菜存活率与非盐渍土一致;盐分含量 0.5％～2.0％,黄花菜存活受明显抑制,存活率为 46.7％～100％,缓苗后长出新叶时间较正常耕作土推迟 7～40 天;土壤全盐含量＞2.0％,黄花菜不能存活,即使有少量存活,生长发育也严重受阻。土壤全盐含量＜0.3％对黄花菜生长发育无显著不良影响;全盐含量 0.3％～0.5％,黄花菜生长发育受到抑制,株高降低 10％ 左右;全盐含量＞0.6％,黄花菜生长发育明显受阻,株高降低 20％ 以上。且黄花菜幼苗受盐碱危害比成苗大,随苗龄增加,耐盐能力逐渐提高。与禾谷类作物中耐盐性较强的高粱相比,黄花菜的耐盐能力更强,土壤全盐含量达到 0.6％,高粱基本不能出苗,黄花菜仍有近 100％ 的成活率,在全盐含量＞0.3％ 的盐渍土中植株相对高度也比高粱高出 30 个百分点以上。盆栽条件下盐分集聚期土壤全盐含量＜0.3％,黄花菜生物量与非盐碱土接近;全盐含量 0.3％～0.4％,减产 10％～20％;全盐含量 0.4％～0.6％,减产 20％～50％;全盐含量＞0.6％,减产 50％ 以上;土壤全盐量愈大,生物量愈低。此外,用 Na_2CO_3、$NaHCO_3$ 配制碱土、碱化土壤种植黄花菜,发现其幼苗成活率及生物量都比盐化土壤中种植的低。当 8.5＜pH＜9,幼苗存活率为 77.8％～100％,生物量降低 45.4％～69.8％;pH＞9,幼苗存活率降低到 55.6％ 以下,生物量减少 80％ 以上。

在山西省繁峙县大营村重度硫酸盐氯化物盐化土壤(全盐含量 0.81％、Cl^- 0.08％、

SO_4^{2-} 0.3%、HCO_3^- 0.03%)的盐碱荒地上种植黄花菜试验发现,除种植后当年幼苗存活率较低外,其产量和生育表现与正常土壤同苗龄黄花菜相近;与盆栽试验相比,中度、重度盐碱地大田种植黄花菜减产幅度较低,多年种植具有明显的脱盐改土效应,可直接实现对中度、轻度盐碱土壤的有效开发利用(任天应 等,1991)。如果在栽植后第一、二年采取保苗措施,在全盐含量 0.6%~0.8%重度盐化土上也可获得较高产量。盐土盆栽黄花菜减产幅度大大高于大田盐碱地,原因是盆栽条件下盐分集聚时间长、土壤供肥能力不足。桑干河流域的大同县东水地村盐碱荒地有苏打盐化土壤(全盐含量 0.58%、Cl^- 0.03%、SO_4^{2-} 0.17%、CO_3^{2-} 0.07%、pH 9.3),总碱度较高,但全盐含量较低,种植黄花菜生长性状与产量表现远不及盐化土壤。说明黄花菜耐碱能力不如耐盐能力,在苏打盐化土上种植黄花菜,只有配合其他改碱措施,才有可能取得较好的效果。大同县东水地村盐碱荒地还有苏打盐土(全盐含量 0.82%、Cl^- 0.07%、SO_4^{2-} 0.39%、CO_3^{2-} 0.04%,pH 9.5),在这种盐碱交加的苏打盐土上种植黄花菜,存活率、抽薹率和产量都很低,品质也很劣,说明黄花菜对苏打盐土的抗性和适应性较弱,单纯种植黄花菜难以实现苏打盐土的开发利用。

研究表明,不论是盆栽沙培,还是营养液水培,单纯 NaCl 胁迫、$Ca(NO_3)_2$ 胁迫或二者混合胁迫,均会造成黄花菜植株形态生长和生物量随营养液中盐浓度提高而显著降低,叶片含水量也明显降低。同时,光合色素和可溶性糖含量明显降低,质膜透性、丙二醛和脯氨酸含量及 SOD、POD 活性显著增加,可溶性蛋白和抗坏血酸含量变化幅度相对较小(韩志平 等,2018,2020a;耿晓东 等,2021),说明盐胁迫对黄花菜植株造成了过氧化伤害和渗透胁迫,且盐胁迫对叶片光合色素合成的抑制和过氧化伤害程度均随盐浓度增加而增大,同时黄花菜植株自身抗氧化能力和渗透调节能力在盐胁迫下明显提高,一定程度上缓解了盐胁迫对其植株的伤害。但是这种自我调节不足以消除盐胁迫带来的破坏性,使得黄花菜植株生长被显著抑制。同时,在黄花菜抵抗盐胁迫的过程中,主要依靠提高抗氧化酶清除活性氧自由基的过氧化伤害,依靠积累脯氨酸提高细胞渗透调节能力,抗坏血酸和可溶性糖以及可溶性蛋白在黄花菜抵抗盐胁迫过程中基本不起作用。研究证明,黄花菜植株对盐胁迫的耐性很强,150 mmol/L 以下 NaCl 胁迫对植株生长影响较小,250 mmol/L NaCl 的高盐胁迫下仍没有死苗,还能保持一定的生长;单纯 $Ca(NO_3)_2$ 胁迫或 NaCl 和 $Ca(NO_3)_2$ 混合胁迫下,植株在 200 mmol/L 以上盐胁迫才会出现死苗,表现出比瓜类、茄果类蔬菜更强的耐盐性。这既与黄花菜在盐胁迫下体内的生理适应机制有关,也与黄花菜植株根系发达,吸收水分和养分能力较强,在盐胁迫下根系含水量仍能保持稳定有密切关系。

韩志平等(2020b)研究发现,营养液水培条件下,随 NaCl 胁迫或 $Ca(NO_3)_2$ 胁迫浓度提高,黄花菜根系和叶片中 Na^+、Ca^{2+}、Fe^{2+}、Zn^{2+} 及 Cl^- 含量均呈"升高-降低"的变化规律,Mg^{2+} 含量逐渐降低,Cu^{2+} 含量无明显变化规律,NO_3^- 含量逐渐增加。Na^+ 和 Cl^- 的过量积累易对细胞造成离子毒害,Ca^{2+}、Fe^{2+}、Zn^{2+}、NO_3^- 等的积累则易造成其他矿质元素的亏缺,引起细胞内离子平衡的失调,最终使黄花菜植株生长受到严重抑制。且除 Mg^{2+} 和 Cl^- 含量外,盐胁迫下根系中矿质离子含量均高于叶片,说明根系中矿质元素的吸收会直接影响地上部的含量,其中 Ca^{2+} 和 Na^+ 更多地积累在根系可能是黄花菜植株耐盐性较高的原因之一。

上述研究证明,黄花菜比一般耐盐作物的耐盐碱能力更强。一般耐盐作物的耐盐极限一般不超过 0.4%,否则很难捉苗;黄花菜可以在 0.6%以下的盐化土壤上正常生长,种植三年后其产量及品质即与非盐渍土接近。因此,在中度、轻度(全盐含量<0.6%)盐化土壤和轻度碱化土壤上可直接种植黄花菜,既有利于扩大黄花菜的生产规模,提高其产量,又可以降低盐碱

地中盐离子的含量,逐渐改良盐碱地。若盐化土壤全盐含量＞0.6％,需要在新栽黄花菜后的第一、二年辅以保苗措施,否则难以成活;全盐含量＞0.8％的盐化土和 pH ＞9 的碱化土,则必须先排盐改土,才能种植黄花菜。在盐碱地种植黄花菜,具有明显的脱盐改土效应,可以直接实现对盐碱荒地的有效开发利用,而且投资小、见效快,是一项改良与利用相结合的生物治理措施,既有明显的经济效益,又具有良好的生态和社会效益。

(三)黄花菜对盐碱胁迫的应对机制

已有的研究证明,黄花菜具有较强的抗盐碱能力,可用来对盐碱荒地进行开发利用,实现有效脱盐改土,改善盐碱土理化性状,使其逐渐变为宜耕良田。分析总结黄花菜对盐碱胁迫的这种高抗机制,是由其生物学特性和生理代谢特点共同决定的,是一种对盐碱胁迫的适应性表现。

黄花菜的耐盐碱能力首先是由其生物学特性决定的(任天应 等,1991)。一是植株根系发达。黄花菜根系由不定根组成,既有肉质根又有纤细根,根系粗壮,且数量大、分布深广。土壤耕作层有大量根群分布,且每年都有大量的新根代替老根、腐根,多数纤细根每年都要更新,可吸收底层土壤的水分和养分,使作物免受因土壤表层盐分积聚使溶液渗透势增加而造成的作物吸水困难危害,还有利于增加土壤有机质,培肥土壤,促进土壤团粒结构形成,容重变小,孔隙度增大,改善土壤物理性状。二是植株叶片繁茂。黄花菜属耐寒作物,日平均气温＞5 ℃就开始萌发生长,春季生长速度快,叶片数量多、叶片长,一个半月时间叶面积系数就可达到 1.5左右,形成生物覆盖,减少土壤水分蒸发,减缓土壤干湿交替,有利于抑制土壤盐分随毛细管上升,且能强化淋洗脱盐过程,减轻盐碱危害。三是黄花菜属于多年生作物。种植一次,可连续生产 10 年或更长时间,避开了一般农作物每年在春季或秋季两个土壤表层盐分积聚时期播种容易出现的捉苗困难问题。四是种植时施肥、中耕的作用。黄花菜萌发出土时进行中耕松土,同时结合施用大量有机肥和氮磷化肥,抽薹、采摘前还会再中耕施肥,可促进土壤熟化,积累有机质、增加土壤养分,也可改善耕层结构,有机肥施用越多,黄花菜生长越好,脱盐效果也越好。

黄花菜的耐盐碱能力还与其在盐碱胁迫下的生理变化关系密切。作物遭受盐碱伤害的原因,一是盐碱土壤中含有大量的盐分离子,被植物根系吸收后细胞中浓度过高造成的离子毒害;二是盐分过高使土壤溶液的渗透势提高,造成作物吸水困难,体内生理干旱,生长发育受阻;三是植物吸收大量盐离子后导致细胞内活性氧自由基大量产生,对细胞膜、核酸、蛋白质等造成过氧化伤害,破坏细胞膜结构,影响生理代谢;四是大量盐分离子被根系吸收运输到体内后造成植株体内部分矿质元素亏缺,引发营养平衡失调,出现缺素症或过量伤害。此外,盐碱胁迫还会造成植物光合作用、呼吸作用等不正常,直接影响植物的生存和生长发育。研究发现,黄花菜根系对盐分离子的选择性吸收能力较强,在盐碱胁迫下吸收的盐分离子较多地贮存于根系中,运输和积累到叶片中较少,对植株的离子毒害较轻(韩志平 等,2020b)。黄花菜肉质根的可溶性糖含量达到 20.4％,纤细根含糖量达到 12.5％,远高于一般作物根系中可溶性物质的含量,如玉米种子根含糖量 3.2％、须根含糖量 6.1％,同时黄花菜在盐碱胁迫下体内脯氨酸含量明显增加,因此黄花菜根系具有较高的渗透调节能力,表现出较强的耐盐性。黄花菜植株在盐碱胁迫下体内抗氧化酶活性明显提高,清除细胞内活性氧自由基的能力较强,有利于减轻过氧化伤害。这些生理调节机制共同作用,使黄花菜植株能够抵抗一定程度的盐碱胁迫伤害,在盐碱胁迫下光合作用和呼吸作用等相对正常进行,植株仍能保持一定的生长量,维持相对较好的生长发育状态。

已有研究表明,适当施用钙肥能缓解盐胁迫对黄花菜的伤害程度(程维舜 等,2020),因此盐碱荒地上种植黄花菜可以适当喷施或根施钙肥以减轻盐碱胁迫。此外,不同黄花菜品种的耐盐性正如其抗虫性一样存在基因型差异,生产中还是要选用耐盐碱品种,以抵御盐碱胁迫造成的生长和产量降低等影响。

三、其他胁迫

(一)温度胁迫对黄花菜生长的影响

黄花菜种植适应性比较宽泛,其生长过程中对温度要求并不严格。生长的一般温度为5~34 ℃,最适宜气温为20~25 ℃,根芽分生组织活跃,终年都可长芽(李海凤 等,2016)。一般当旬平均温度达到5 ℃以上时,幼苗开始出土,随着温度的升高,叶片迅速生长,叶丛生长的适宜温度为14~20 ℃。黄花菜花蕾分化的最宜温度和适合花蕾生长的温度在28~33 ℃,而且受到昼夜温差的影响,对花蕾分化会有好的影响。在进入冬季休眠期间,地面上的花薹、叶片不耐霜冻,会受寒而死亡,但是地下部分的肉质根和短缩茎由于土壤的保护和本身耐寒性较强,不易死亡,来年可以继续生长发芽(邱志远,2017)。关于温度胁迫对黄花菜生长发育的影响,目前鲜有报道,前人的研究大多数都是针对萱草进行的。

对于高温胁迫对萱草生长的影响,朱华芳等(2007)研究表明,在夏季持续高温期,萱草的观赏价值受到一定程度的影响,包括开花不良、花期持续时间缩短、植株叶子枯黄等。通过在正常温度和高温条件下对不同耐热性表现的6个萱草品种叶片的部分生理生化指标进行测定,结果表明经高温胁迫后,萱草叶片含水量变化与田间观察结果基本一致,可作为萱草品种耐热性检测指标。同时,高温下萱草叶片含水量变化大小和自由水/束缚水比值的上升与其耐热性呈负相关,而抗氧化酶活性、可溶性蛋白含量的变化与其耐热性呈正相关。同样,赵天荣等(2015)研究发现,大花萱草耐高温能力较强,高温后恢复较快,在园林绿化上有重要作用。但是长期高温干旱会造成大花萱草叶片焦枯,花量减少,花期较短,部分材料花苞出现灼伤萎蔫,甚至整个花序失水下垂等现象。李效珍等(2020)调查发现,近年来山西省大同市黄花主产区云州区黄花菜主要生育期气温呈升高趋势,黄花菜生育期进程加快,不利于黄花菜生产。

对于低温胁迫对萱草生长的影响,张超等(2019)以栽培萱草和野生萱草为材料,在枯黄期至落叶期定期测量发现,相对电导率和可溶性蛋白含量随着低温胁迫时间的延长均呈现先上升后下降的趋势,叶绿素含量和类胡萝卜素含量呈下降趋势。陈曦等(2020)通过测定丙二醛、脯氨酸、电导率、超氧化物歧化酶和根系活力,研究6种萱草在低温胁迫下的抗寒性,发现6种萱草都可在−35 ℃条件下安全越冬。

(二)光照胁迫对黄花菜生长的影响

光是众多环境因素中对植物发育具有最深远影响的因素,对植物生长发育、生理生化及形态建成有着至关重要的作用。光可以为光合作用提供能量,从而影响植物的生长发育;另一方面,光也可以通过影响植物的形态建成直接影响植物的生长发育。同时,植物对光信号的方向、强度、光谱质量、光照时间的改变都会做出反应从而适应环境。

黄花菜对光照适应范围较广,属长日照作物,强光有利于光合作用和养分的积累,促进花蕾的形成进而提高产量。李军超等(1995)研究表明,黄花菜植株能在相对光照强度12%~100%条件下正常生长发育,且不影响经济产量。随着环境中相对光强降低,植株花葶高度增加,单叶面积增大,单株叶片数量减少,总生物量增量减少,地上部分生物量与地下部分生物量的比值升高,光合速率日变化的差异较复杂。颉敏昌等(2018)采用田间小区试验方法,观察直射阳光照射时间对黄花菜落蕾的影响,结果表明直射阳光照射时间与落蕾有直接关系。减少直射阳光照射12天,落蕾率增加0.75%,减少直射阳光照射24天,落蕾率增加8.29%,减少直射阳光照射48天,落蕾率增加15.43%。随着直射阳光照射时间减少,落蕾加重。李效珍等(2020)分析表明,山西省大同市云州区近年来黄花菜主要生育期日照时数呈减少趋势,不利于黄花菜光合作用。

植物生长的弱光条件可以通过遮阴来实现。陈丽飞等(2011)通过对大花萱草进行不同遮阴处理进行研究,结果发现从大花萱草的形态解剖结构来看,不同光强对大花萱草的叶片上、下表皮的细胞大小及叶主脉导管直径都不存在明显差异;在15%以下透光率的大花萱草开始徒长,影响大花萱草的观赏特性,但适度遮阴(40%)条件可以改善各个环境因子,利于大花萱草的生长发育,观赏性佳;生物量方面,遮阴使干物质积累降低,15%和5%光照下的生物增量相较于对照组和40%处理明显降低,说明40%以下透光率不利于其物质积累;叶片光合特性方面,适度的遮阴使净光合速率在一定范围内增加,40%光照处理下的净光合速率最大,100%光强的最大净光合速率大于15%,而5%下的净光合速率最小;生理生化指标方面,遮阴条件下大花萱草的叶绿素含量较全光照下有所增加,在15%光照下达到最高,之后开始下降。随着光照时间的增加,叶花色素含量呈下降趋势。光照越强,花色素苷含量越高,反之,光照越弱,花色素苷含量越低。可溶性糖含量总体上随着遮阴程度的增加呈缓慢下降趋势。脯氨酸在5%遮阴处理下含量最大,说明在5%遮阴处理下,大花萱草仍能调动体内内源物质,以适应不同的遮阴条件。

(三)灾害性天气对黄花菜生长的影响

1. 影响黄花菜生长的灾害性天气种类　近年来,随着全球气候变化,灾害性天气频发,对农业生产的影响也越来越大。山西省大同市云州区是全国黄花菜四大产区之一,黄花菜种植面积已达26.1万亩,各种灾害性天气的发生对该地黄花菜的生产产生了一定程度的影响。

(1)春季干旱　大同地区受全球气候变暖的影响,春季降雨量越来越少,春季干旱发生频率较高,很容易导致早熟黄花菜落蕾,影响产量。黄花菜植株根系主要分布在土壤的浅土层,环境过于干旱直接影响土壤表层的水分,导致植株枯黄,花蕾脱落。另外,由于黄花菜抽薹结蕾时对水分需要十分敏感,在这个阶段缺水,抽薹延期,甚至不抽薹,持续缺水花蕾脱落,甚至可能造成植株死亡。因此,春季干旱和夏季伏旱是制约黄花菜生长的主要灾害之一。

(2)夏季伏旱　夏季伏旱是黄花菜种植区最为炎热的时期,大同地区伏旱天气发生概率较大,并且在此时间段内降水量较少,严重影响黄花菜中期的生长发育。此外,炎热的天气还加大了植物的蒸腾作用,使植物在长时间缺水的状况下干枯、萎蔫,甚至抑制植株的生长,使植株矮小、发黄。李效珍等(2020)分析了山西省大同市黄花菜主产区云州区的气象资料,指出黄花菜关键生育期降水呈减少趋势,不利于黄花菜抽薹开花及产量的形成,缺水严重时会出现落花落蕾,即使有灌溉条件,由于灌溉次数的增加,增加了黄花菜的生产成本。此外,干旱还会引起病虫害的大爆发,导致农药用量增多,黄花菜品质下降或减产。

(3)暴雨洪涝　大同市由于连续降雨造成夏季暴雨洪涝发生情况较多,且强度非常大。此时根部积水不能及时排出,根部长时间浸泡导致烂根,再加上环境气温升高,极易导致黄花菜病害,严重影响黄花菜的生长。另外,暴雨洪涝天气没有足够的阳光照射,植株光合作用减弱,导致黄花菜长势瘦弱,营养不足,无法开花,对植株生长造成极大威胁。

(4)冰雹 夏季冰雹也是影响黄花菜生长的主要灾害性天气。冰雹灾害持续时间虽短,但是会对农作物造成大面积毁坏,导致黄花菜产量降低。根据李效珍等(2020)统计分析,大同市云州区历年降雹日数为2.6天,6月出现日数最多,其次主要出现在5月、7月、8月3个月,进入2010年以来黄花菜关键生育期6—7月冰雹日数明显减少,抽薹、采摘期冰雹日数少,有利于黄花菜的稳产高产。

2. 应对灾害性天气的措施

(1)培育抗逆性强的品种,做好相关防御措施 由于气象条件复杂多变,解决灾害性天气对黄花菜生长影响的最根本途径就是培育抗逆性强的品种,包括抗寒、抗旱、耐热、耐涝等品种选育。在干旱多发的春季早期,一定要及时引水灌溉,使其保持一定的生长湿度,培育健康良好的黄花菜幼苗,为抗旱高产做准备。此外,针对伏旱和暴雨洪涝天气造成的植株病害,提前预防,除了药物治疗外,还需多施腐熟农家肥,少施氮肥,也可适量施加石灰,防止土壤偏酸性。

(2)加强农业设施建设,做好田间管理 黄花菜在结蕾期间田间适宜的土壤水分条件是0~30 cm土层相对湿度以80%~90%为宜。因此,要加强农业设施建设,提高抗旱排涝能力,完善灌溉体系,遇到多雨天气要及时排水,预防渍涝;遇到干旱天气要适当松土,及时灌溉。另外,由于黄花菜属多年生作物,在黄花菜定植前要施加足够的基肥,以农家肥最优,在田间栽培时,植株之间的距离要合理安排,不能过于密植,最好宽窄行交替种植。

(3)建立健全灾害性天气的防御体系 主要从两方面进行:一是要加强对灾害性天气的预测预报工作,提高预测预报的及时性和准确率,气象部门预报有灾害性天气出现时,要及时通过各种新闻媒介通知种植户,做好预防工作。二是要建立健全灾害性天气的预警系统,应该建立健全暴雨、洪水等突发性气象灾害的信息及防灾决策信息快速传递系统。

(4)采取促花保蕾措施 种植黄花菜时,尽量选择耐旱、耐高温的品种。在黄花菜结蕾期格外注意天气状况和天气预报,叶面适当喷施钼酸铵,防止不利天气引起的落蕾现象。

参考文献

曹广才,王俊英,王连生,2008. 中国北方农田药用杂草[M]. 北京:中国农业科学技术出版社.

柴小佳,王本辉,2018. 庆城县旱地黄花菜玉米秸秆间隙覆盖栽培技术[J]. 中国农技推广,34(7):38-39.

陈德西,何忠全,郭云建,等,2013. 大蒜刺足根螨的发生与防治[J]. 四川农业科技(4):36-37.

陈冬梅,李文军,2016. 黄花菜主要病虫害防治技术[J]. 西北园艺:蔬菜(4):46.

陈阔,2018. 黄花菜绿色高产栽培技术[J]. 农业技术与装备(5):176.

陈兰珍,刘生瑞,2021. 陇东黄花菜蓟马的发生及综合防治[J]. 现代农业科技(2):93-94.

陈丽飞,王克凤,金鹏,等,2011. 不同遮阴处理对大花萱草形态及生物量的影响[J]. 安徽农业科学,39(29):17808-17810.

陈利锋,徐敬友,2007. 农业植物病理学(第三版)[M]. 北京:中国农业出版社.

陈曦,刘志洋,2020. 低温胁迫下六种萱草的抗寒性比较[J]. 黑龙江农业科学(5):7-11.

陈永明,林付根,朱志良,等,2014. 花生田蛴螬的防控技术研究进展[J]. 江西农业学报(10):58-60.

程维舜,祝菊红,蔡翔,等,2020. 百合炭疽病研究进展[J]. 中国植保导刊,40(2):33-36,25.

邓振镛,张强,孙兰东,等,2012. 甘肃特种作物对气候暖干化的响应特征及适应技术[J]. 中国农学通报,28(15):112-121.

董国堃,张惠琴,沈建新,2005. 台州金针菜主要病害的发生及防治[J]. 长江蔬菜(9):35-36.

杜娥,张志国,马力,2005. 大花萱草化学除草试验[J]. 农药 (7):328-330.

方永生,2013. 杂草的生物学特性分析[J]. 现代农业科技(7):170,174.

冯小鹿,2010. 菜田草甘膦安全施用要点[J]. 节水灌溉(1):53.

付建华,周小阳,2021. 不同放蜂次数对祁东县黄花菜蚜虫田间控防效果探索[J]. 南方农业,15(14):2.

高丽霞,2009. 大蒜刺足根螨的发生规律及防治技术[J]. 现代农业科技 (22):154,156.

高倩,周鑫,2013. 黄花菜蓟马的综合防治技术[J]. 长江蔬菜 (1):46.

耿晓东,周英,于明华,等,2021.NaCl胁迫对小黄花菜生长及相关生理指标的影响[J]. 广西植物,41(06):930-936.

郭亚平,李月梅,马恩波,等,2000. 山西省金针虫种类、分布及生物学特性的研究[J]. 华北农学报,15(1):53-56.

古崇,2008. 粉斑螟蛾的综合防治[J]. 湖南农业(10):10.

韩志平,张海霞,刘冲,等,2018.NaCl胁迫对黄花菜生长和生理特性的影响[J]. 西北植物学报,38(9):1700-1706.

韩志平,张海霞,周桂伶,等,2020a. 混合盐胁迫下黄花菜生长和生理特性的变化[J]. 河南农业科学,49(02):116-122.

韩志平,张海霞,张红利,等,2020b.Ca(NO_3)_2胁迫对黄花菜植株体内矿质离子含量的影响[J]. 西北农林科技大学学报(自然科学版),48(04):115-122.

郝笑微,伍建榕,王锦,等,2012. 铁线莲茎枯病的综合防治技术[J]. 北方园艺 (3):145-146.

郝小燕,2013. 草坪蛴螬的生物学特性及其化学防治[J]. 内蒙古农业科技 (1):88,108.

何红君,王茹,2021. 黄花菜田间杂草绿色防除技术对产量及品质影响研究[J]. 绿色科技,23(3):60-61,63.

何莉,张天伦,贾国瑞,等,2007. 黄花菜蚜虫的生物防治技术[J]. 北方园艺 (10):197-198.

何永梅,刘建中,2012. 黄花菜主要病虫害的识别与防治技术[J]. 农药市场信息 (7):42-43.

胡庆玲,2013. 中国蓟马科系统分类研究(缨翅目:锯尾亚目)[D]. 杨凌:西北农林科技大学.

胡岳标,2015. 缙云黄花菜三大病害发生趋势与防控[J]. 中国农业信息 (4):86-87.

黄晓磊,乔格侠,2005. 蚜虫类昆虫生物学特性及蚜虫学研究现状[J]. 生物学通报,40(12):5-6.

黄毅,1986. 跳虫的危害及其防治[J]. 食用菌 (3):37.

霍宇恒,2020. 大同黄花菜病虫害监测及绿色防控技术[J]. 农业技术与装备 (2):50-51.

姜丰秋,姜达石,2009. 华北蝼蛄的生物学特性及防治技术[J]. 林业勘查设计 (2):86-88.

姜凤丽,钮友民,顾文琪,1993. 萱草炭疽病的研究[J]. 浙江林学院学报 (1):27-33.

晋小军,黄高宝,2004. 陇东旱塬特大干旱年份苜蓿、黄花菜与主要作物的抗旱性比较[J]. 草业科学,21(8):41-45.

李海凤,戴诚,王先芸,2016. 黄花菜种植气象条件分析及灾害防御对策[J]. 现代农业科技 (14):239,244.

李军超,苏陕民,1995. 光强对黄花菜植株生长效应的研究[J]. 西北植物学报,15(1):78-81.

李效珍,秦雅娟,李小强,等,2020. 晋北黄花菜主产区气候变化特征及其对黄花菜生产的影响[J]. 农村经济与科技,31(2):12-13.

李扬汉,1998. 中国杂草志[M]. 北京:中国农业出版社,.

李侬晨,许一诺,张晶,等,2021. 烟粉虱防治药剂筛选研究[J]. 现代农业科技 (10):2.

李永禧,1964. 小地老虎生活习性及防治[J]. 昆虫知识(01):1-5.

廖华俊,丁建成,董玲,2013. 百合炭疽病、疫病化学药剂防控试验初报[J]. 中国瓜菜,26(01):37-39.

刘娟霞,赵久顺,丁伏斌,2019. 盐池县黄花菜种植气象条件及灾害研究分析[J]. 江西农业(2):39-40.

刘树芳,李艳琼,曾莉,等,2006. 放线菌次生代谢产物对百合灰霉病菌的抑菌活性筛选[J]. 西南农业学报 (04):627-630.

刘细群，郑基焕，曹红梅，2014. 清远麻竹笋沟金针虫生物学特性及其土壤空间分布[J]. 农学学报（11）：39-41.
刘新民，刘安民，2002. 祁东黄花锈病发生规律及防治技术[J]. 植保技术与推广（4）：19-20.
牛清玉，王媛，牛涵艺，2020. 黄花菜蚜虫的植物防治[J]. 科技资讯，18(07)：62-63.
潘俊，张焱珍，李晚谊，等，2011. 红葱抑制植物病原菌活性成分研究[J]. 西南农业学报，24(6)：2246-2248.
潘雅文，2009. 黄花菜叶斑病的发生及防治[J]. 现代农业(12)：27.
彭美蓉，2019. 祁东当前黄花菜病虫害发生特点与无公害绿色防控对策[J]. 农业与技术（17）：117-118.
强胜，2008. 杂草学[M]. 北京：中国农业出版社.
邱志远，2017. 黄花菜种植气象条件分析及灾害防御对策[J]. 种子科技（7）：106-107.
邱亨池，杨峰，铁曼曼，等，2016. 黄花菜锈病抗源材料抗性评价[J]. 安徽农业科学(20)：42-43，98.
邱亨池，杨峰，王志德，等，2019. 达州地区黄花菜锈病的发生与防治[J]. 现代农业科技（19）：115，118.
屈天祥，陈其瑚，冯剑虹，等，1980. 蚜虫生活习性观察及防治试验[J]. 浙江农业大学学报，6(2)：67-68.
任天锋，1998. 黄花菜蚜虫的发生与防治[J]. 农业科技与信息（6）：24.
任天应，张冰，刘计良，1989. 谈谈盐碱地栽植黄花菜[J]. 乡镇论坛（12）：41-42.
任天应，张乃生，张全发，1990. 盐碱地种植黄花菜脱盐改土效果的研究[J]. 盐碱地利用(3)：33-36.
任天应，张乃生，张全发，1991. 黄花菜耐盐能力的研究与生产应用[J]. 山西农业科学（9）：13-15.
单业发，1993. 黄花菜田杂草与防除技术探讨[J]. 杂草科学（2）：22-23.
孙璐，赵安平，张胜菊，等，2015. 6 种药剂防治大棚番茄烟粉虱效果[J]. 中国植保导刊，35(4)：71-72.
孙庆田，孟昭军，2001. 为害蔬菜的朱砂叶螨生物学特性研究[J]. 吉林农业大学学报，23(2)：24-25.
孙晓艳，陈建功，贾王军，2018. 黄花菜蓟马综合防治[J]. 西北园艺（1）：52.
谭小艳，马耀华，李创，等，2021. 黄花菜叶锈病发病情况调查及防治对策[J]. 中国瓜菜，34(5)：101-104.
唐煜昌，1989. 跳虫的简易防治方法[J]. 中国食用菌(01)：24.
王迪轩，2017. 黄花菜叶斑病的显微识别与综合防治[J]. 农村实用技术（1）：34-35.
王峰，白晓红，2017. 黄花菜主要病虫害绿色防控技术[J]. 现代农业科技（12）：25-26.
王靖，刘飞，李宝强，等，2014. 临沂市麦田金针虫的发生与防治[J]. 现代农业科技（20）：121.
王乃庭，张小来，泮建富，2008. 黄花菜主要病害及其防治[J]. 现代农业（4）：21-22.
王疏，董海，2008. 北方农田杂草及防除[M]. 沈阳：沈阳出版社.
王孝春，程玲娟，王少枫，等，2008. 金针菜枯死原因及综合防治对策[J]. 安徽农学通报（10）：77.
汪海洋，2006. 百合叶尖干枯病、炭疽病的发生与防治[J]. 安徽农学通报，12(5)：212.
吴志强，周萍，2016. 黄花菜锈病的发生与防治[J]. 现代园艺（21）：133.
向玉勇，2008. 小地老虎在我国的发生危害及防治技术研究[J]. 安徽农业科学，36(33)：14636-14639.
颉敏昌，张晓霞，冯敏，等，2015. 30 cm 内土层含水量对黄花菜落蕾的影响[J]. 现代农业科技（11）：101-106.
颉敏昌，张红霞，2018. 直射阳光照射时间对黄花菜落蕾的影响[J]. 新农村(黑龙江)（26）：79.
徐华潮，吴鸿，周云娥，等，2002. 沟金针虫生物学特性及绿僵菌毒力测定[J]. 浙江林学院学报，19(2)：166-168.
徐同，林振玉，夏声广，1989. 哈茨木霉拮抗白绢病菌机制的研究[J]. 云南农业大学学报，4(2)：179-180.
许春远，刘绍清，周存仁，1982. 华北蝼蛄生物学特性和药剂拌种防治的研究[J]. 安徽农业科学（3）：82-85.
杨馥霞，汤玲，贺欢，等，2018. 兰州地区草莓蓟马发生规律与防治措施[J]. 甘肃农业科技（8）：93-94.
杨佩文，李艳琼，尚慧，等，2006. 放线菌发酵提取物对百合炭疽病的抗菌活性筛选[J]. 农药，45(8)：571-573.
杨顺光，杨秋芬，吴珊，等，2013. 不同药剂防治百合炭疽病效果研究[J]. 园艺与种苗(7)：23-24，28.
杨星勇，刘先齐，胡周强，1999. 川麦冬蛴螬优势种生物学特性及危害规律研究[J]. 中国中药杂志，124(03)：143.
杨益芬，闫芳芳，张瑞平，等，2020. 烟粉虱的生物学特性、测报及防控技术研究进展[J]. 安徽农学通报，26(2)：3.

杨正锋,王本辉,范学钧,等,2005.黄花菜锈病转主寄生及其发生、流行与防治研究[J].蔬菜(8):24-25.

张超,贾民隆,宋卓琴,等,2019.野生萱草与栽培萱草的耐寒性分析[J].山西农业科学,47(10):1730-1733.

张国柱,姜双林,1994.黄花菜锈病研究初报[J].甘肃农业科技(6):37.

张和义,2003.黄花菜虫害的防治[J].农业科技与信息(3):16-17.

张丽芳,施永发,瞿素萍,等,2010.刺足根螨的生物学研究[J].江西农业学报,22(2):93-94.

张黎杰,周玲玲,余翔,等,2019.黄花菜锈病研究进展[J].北方农业学报(4):81-86.

张美翠,尹姣,李克斌,等,2014.地下害虫蛴螬的发生与防治研究进展[J].中国植保导刊,34(10):20-28.

赵国晶,王家银,卓志云,1988.草甘膦对黄花菜高度安全[J].植物保护(2):55.

赵和庚,1983.小地老虎生物学特性的研究[J].湖南农业科学(04):40-41,45.

赵天荣,徐志豪,张晨辉,等,2015.持续极端高温干旱天气对大花萱草生长的影响[J].草业科学,32(2):196-202.

赵兴能,李文红,2020.烟粉虱的生物学特性及综合防治[J].云南农业(9):2.

曾慧兰,李润根,卢其能,2020.龙牙百合炭疽病病原菌鉴定[J].植物病理学报,50(6):779-783.

郑硕理,2021.萱草属植物常见病虫害防治[J].林业与生态(5):1.

周检军,李红云,许云和,等,2002.黄花菜病害的发生规律及综合防治技术[J].湖南农业科学(3):46-48.

周检军,周颖,匡志高,2004.黄花菜地下害虫的种类及综合防治技术[J].湖南农业科学(2):50-51,54.

邹家祥,1986.干旱与黄花菜落蕾关系的初步探讨[J].农业气象(2):24-27.

朱华芳,胡永红,蒋昌华,2007.高温对萱草园艺品种部分生理指标的影响[J].中国农学通报,23(6):422-427.

第五章 黄花菜品质与利用

第一节 黄花菜品质

黄花菜是百合科萱草属多年生草本植物,其根、茎、叶、花在东亚地区作为食品和传统药品已有几千年的历史(Tai et al.,2000)。有研究表明,每 100 g 黄花菜干品中含有钙 463 mg、磷 173 mg、铁 16.5 mg、胡萝卜素 3.44 mg、核黄素 0.14 mg、硫胺素 0.3 mg、烟酸 4.1 mg,其中碳水化合物、蛋白质、脂肪 3 大营养物质分别占到 60%、14%、2%,此外,磷的含量也高于其他蔬菜。

毛建兰(2008)介绍,黄花菜还含有丰富的糖类、蛋白质、脂肪、维生素 C、氨基酸、胡萝卜素等人体必需的营养成分。黄花菜含有丰富的卵磷脂,是机体中许多细胞,特别是大脑细胞的组成分,有较好的健脑、抗衰老功效,被称为"健脑菜"。

黄花菜有显著降低血清胆固醇的作用,能预防中老年疾病和延缓机体衰老。中医学认为,黄花菜性味甘凉,具有平肝养血、消肿利尿、止血、消炎、清热、消食、明目、镇痛、通乳、健胃和安神等功效,能治疗肝炎、大便下血、小便不通、乳汁不下、感冒、头晕、耳鸣、心悸、失眠、腰痛、关节肿痛等多种病症,可作为病后或产后的调补品(王树元,1990)。不过黄花菜属于接近湿热的食物,因此胃肠不好的人,平时应该少吃,特别是哮喘病人,最好不食用黄花菜。鲜黄花菜新鲜花蕾因含有秋水仙碱,处理不当的食用可能会中毒;因此,正确处理方法是多次盐水浸泡或者热水烫漂后凉水多次冲洗,然后再食用,同时尽量食用量每次不超过 100 g(邓放明 等,2003)。孙中山先生保健的食疗养生"四物汤",含有黄花菜、黑木耳、豆腐、豆芽。四种食材相互搭配使营养成分齐全,不仅是日常经济实惠的素食佳品,还是滋阴补血和养颜美容的妙方。黄花菜的营养成分对人体健康特别是胎儿发育尤为重要,因此可作为孕妇的保健食物。黄花菜具有很好的健脑抗衰老功效,精神过度疲劳的人应该经常食用。它的花、茎、叶和根均可入药,具有明目、安神、消肿、利尿、活血、降血压等功效,对神经衰弱、高血压、动脉硬化、乳汁缺少、月经不调、风湿性关节炎等有一定疗效。黄花菜有美容功效,常吃可以滋润皮肤,增强皮肤的弹性。黄花菜还有抗菌、增强人体免疫力的功能,并有消炎解毒的功效。

综上所述,黄花菜不仅有良好的食用营养价值,同时也有优良的药用价值。它兼备药用价值和食用价值,加上丰富的资源分布,因此黄花菜的开发利用具有广阔前景。

一、黄花菜的营养品质(化学成分)

(一)营养品质

1. 糖类 鲜黄花菜中总糖含量为 5.95%,含量比番茄和黄瓜等蔬菜高,与洋葱和胡萝卜等蔬菜的含量相差不大,因此在食用的时候可以感受到一定程度的甜味。四倍体黄花菜花蕾中总糖分含量有所提高。分析表明,四倍体的总糖分含量为 41.65%,二倍体为 40.33%。总糖中还原糖含量大约为 3.72%（g/100 g），蔗糖含量大约为 1.31%（g/100 g）。在这些糖类中低聚糖和多糖对人体具有重要的生理功能，能抑制肠道腐败菌和增加胃肠蠕动，解除便秘，降低血清中低密度脂蛋白（LDL），有利于防止心脑血管病。周纪东等（2015）通过设计单因素试验和正交试验得到了黄花菜中多糖提取的最佳工艺条件，使得黄花菜中多糖的提取率达到28.36%，进一步研究了黄花菜中精多糖的抑菌作用，结果显示，当精多糖溶液浓度超过 25 mg/mL 时对金黄色葡萄球菌、铜绿假单胞菌、大肠杆菌均有一定的抑制作用，这为黄花菜中多糖的开发前景奠定了基础。

2. 氨基酸　黄花菜中营养成分丰富，含有多种人体生长必需的氨基酸。刘选明等（1995）曾测定，四倍体黄花菜花蕾中氨基酸总量为 10.016%，二倍体为 8.916%，前者比后者提高1.1 个百分点。在分析的 17 种氨基酸中，四倍体中有 16 种氨基酸含量比二倍体高，只有天门冬氨酸的含量有所降低，从而提高了花蕾的营养价值。此外，脯氨酸含量四倍体比二倍体相对提高 32.4%，而脯氨酸与植物抗性有关，因此，四倍体黄花菜的抗性（抗旱性等）较二倍体有所提高，与田间试验结果相吻合。杨大伟等（2003a）研究发现，黄花菜中氨基酸含量呈现不平衡性，且在烹饪时高含量的谷氨酸转为谷氨酸钠，口味更加鲜美；加上呈味氨基酸天门冬氨酸，因而鲜黄花菜食用时呈现鲜嫩的口感；黄花菜中必需氨基酸含量高，增加其营养价值。但和某些食物相比较时，鲜黄花菜中所含的氨基酸并不是理想的氨基酸模式，存在着赖氨酸和苏氨酸等限制性氨基酸，同时异亮氨酸和亮氨酸含量丰富，因此可以通过与其他食物的合理搭配来达到理想的氨基酸模式。唐道邦等（2006）发现，与鲜黄花菜花蕾相比，在花粉中氨基酸含量富集，同时氨基酸品种齐全且必需氨基酸含量高；丰富的天门冬氨酸和丝氨酸含量是形成黄花菜味道鲜美的主要原因。

3. 蛋白质　蛋白质不仅是人体细胞结构的组成部分，同时也参与机体各种生命活动。蛋白质的基本组成单位氨基酸对人体组织修复与体细胞的构建也有很大作用（邵泓 等，2011）。黄花菜属于高蛋白蔬菜（傅茂润 等，2006）。研究表明，蛋白质不仅参与免疫，而且可以增加食品鲜味（Cordoba，1994）。唐道邦等（2003）研究鲜花黄菜的花蕾与花粉得出：花粉中富含天冬氨酸与丝氨酸等氨基酸，这也就是黄花菜味道可口的重要原因。四倍体黄花菜的蛋白质含量为 17.31%，二倍体为 15.7%，四倍体比二倍体相对提高 12.5%，表明培育多倍体是提高黄花菜蛋白质含量，改善营养品质的有效途径之一（刘选明等，1995）。

4. 维生素　秋天新发的黄花菜嫩叶中维生素 C 含量高于豆类、叶菜类、瓜果类蔬菜的平均值，维生素 C 含量 35%（mg/100 g）远远高于番茄 8%（mg/100 g）、黄瓜、胡萝卜及洋葱等蔬菜，接近甘蓝等蔬菜中的维生素 C 含量（陈莉 等，1994）。黄花菜中胡萝卜素丰富，含量是枸杞的三倍，对自由基的清除作用较强，同时也是维生素 A 的重要前体。Tai 等（2000）从萱草花中分析到了 21 种色素成分，类胡萝卜素成分：新黄质、紫堇质、叶黄素、叶黄素环氧化物、玉米黄质、隐黄质胡萝卜素以及它们的顺反异构体。黄花菜中维生素 A 的含量较丰富，大约是胡萝卜中含量的 3 倍，还含有丰富的硫胺素和维生素 C。Hsu 等（2011）运用超临界萃取法从萱草花中提取出叶黄素和玉米黄素，并测定了抗氧化能力；结果表明 0.3～2.7 mg/mL 的萱草花提取物起作用，清除自由基能力从 7% 达到 97%，比维生素 E 清除自由基的能力更高。研究表明，绿色植物含有类胡萝卜素，其中大约 10% 的类胡萝卜素可以通过各种生理生化反应变为维生素 A（胡英考 等，2004），而鲜黄花菜中大约含有胡萝卜素 3.44 mg/100 g（毛建兰，2008）。

5. 矿物质元素　矿物质元素作为人体必需的营养物质，在预防疾病、保持身体健康方面有非常重要的作用,但是矿物质元素只能从食物中获取(Klevay,2000)。胡英考等(2004)研究表明黄花菜作为一种可食用蔬菜,其也含有多种矿物质元素。洪亚辉等(2003a)通过分析对不同品种的鲜黄花菜和干黄花菜营养成分,结果发现 Ca、Fe、P 和 Mn 这几种矿质元素在鲜黄花菜和干黄花菜均可检测到,其含量远高于香菇、木耳和冬笋中相应矿物质元素的量。白雪松等(2012a)应用火焰原子吸收光谱法测定了黄花菜中 7 种矿物质元素含量,结果显示,K、Ca、Mg、Fe、Zn、Cu 和 Mn 在黄花菜中的含量分别是 14.12 mg/g、27.48 mg/g、1.21 mg/g、0.24 mg/g、4.80 mg/g、0.19 mg/g 和 0.46 mg/g,说明黄花菜中矿质元素丰富,食用价值高。大部分萱草属植物中的矿质元素含量会有地域差异,这主要与其所在的地理环境差异有关系,因此,可以针对地域优越性对不同地方的萱草属植物可进行选择性的开发利用(张珠宝 等,2014)。

6. 膳食纤维　黄花菜中的膳食纤维含量很高,达 17.5 g/(100 g),也远远高于一般蔬菜。膳食纤维在人体内能延缓食物中葡萄糖的吸收、增加饱腹感,可防止餐后血糖急剧上升。同时水溶性纤维吸收水分后还能在小肠薄膜表面形成一层"隔离层",从而阻碍了肠道对葡萄糖的吸收,没被吸收的葡萄糖随大便排出体外。另外,膳食纤维还可以增加胰岛素的敏感性,对糖尿病患者非常有益;可以减少肠道对胆固醇的吸收,促进胆汁的排泄,降低血胆固醇水平,预防冠心病和胆石症的发生,以及排除毒物和防癌的作用。

7. 微量元素　黄花菜中矿物质品种全、含量高,尤其是硒(8.9 μg/100 g)、铁(2.74 mg/100 g)、锌(5.22 g/100 g)、钙(295.1 mg/100 g)等含量较高,适合少年儿童生长发育需要。硒是具有抗氧化作用的微量元素,能有效保护视觉器官,是谷胱甘肽过氧化物酶的组成成分,能清除体内过氧化物,保护细胞和组织免受过氧化物的损害;非酶硒化物具有很好地清除体内自由基的功能,可提高肌体的免疫力,抗衰老;并可维持心血管系统的正常结构和功能,预防心血管病;是部分有毒重金属元素如镉、铅的天然解毒剂;能有效提高肌体免疫力,具有抗化学致癌功能,预防和治疗克山病和大骨节病。4~6 岁儿童推荐每日硒摄入量为 30~150 μg,成人每日推荐摄入量为 50~100 μg。锌是体内数十种酶的主要成分,能促进大脑的发育和提高青少年智力,锌还具促进淋巴细胞增殖,增强人体免疫力、提高抵抗力的作用。尤新(2000)发现黄花菜花朵和花粉中各种氨基酸品种齐全且含量较高,其中必需氨基酸含量较一般植物花粉高,近年发现由氨基酸组成的小肽具有重要生理功能。从酵母中提取的谷胱甘肽(CPP)能促进钙、铁吸收,是钙元素的吸收促进剂,有助于儿童生长发育。黄花菜中的卵磷脂占干重的 0.25%,具有防止动脉硬化、改善神经组织、提高大脑动力的作用。随着社会的发展,普通人群都有了高质量的生活,人们对自身健康的关注也越来越多,对于那些具有保健预防作用的绿色蔬菜需求量也越来越多,黄花菜正是一类这种适应社会消费潮流的保健蔬菜,会受到更多消费者青睐。

(二)化学成分

张治雄等(2011)曾对陇东地区产的黄花菜根的化学成分进行研究。采用微波 80% 乙醇浸提法和硅胶柱色谱分离纯化,根据理化性质和波谱数据鉴定结构。结果从黄花菜的 80% 乙醇提取物中共分离鉴定出 7 种化合物,分别为大黄酚(Ⅰ)、美决明子素甲醚(Ⅱ)、美决明子素(Ⅲ)、大黄酸(Ⅳ)、芦荟大黄素(Ⅴ)、萱草酮(Ⅵ)、萱草素(Ⅶ)。其中,化合物Ⅳ、Ⅵ为首次从该植物中分离得到。

郭冷秋等(2013)曾通过对国内外近 20 年来的文献查阅、整理与分析,阐述有关萱草根和萱草花的化学成分和药理作用的研究概况。结果是萱草的主要成分为蒽醌和 2,5-二氢呋喃酸胺衍生物,还含有生物碱、黄酮、儿茶酚等脂肪族单苯环衍生物等。

罗波(2016)曾采用分光光度法测定黄花菜中亚硫酸盐含量,通过系列试验对样品的前处理,试剂的配制方法进行优化。结果表明,在最佳实验条件下,黄花菜中亚硫酸盐浓度在二氧化硫含量在 $1.0\sim60\ \mu g/mL$ 范围内与吸光值呈良好的线性关系,相关系数为 0.9994,检出限为 0.85 mg/kg,回收率为 92.1%～106.2%,相对标准偏差小于 6.2%。

1. 黄酮类　黄酮类化合物是泛指 $C_6-C_3-C_6$ 结构的一系列化合物。Asen 等(1968)和 Martin 等(1969)相继发现黄酮类物质属于花色素型,主要对花色尤其是黄色的表型影响较大。Robert 等(2002)从萱草花中提取获得了 10 个黄酮类化合物:槲皮素木糖苷、槲皮素葡萄糖苷、山柰酚阿拉伯糖苷、异鼠李素-鼠李糖-葡萄糖苷等。Zhang 等(2004)从小萱草(H. minor)中分离得到了萱草酮,小鼠实验表明该化合物具利尿作用,同时从叶子中分离得到了槲皮素-3-O-鼠李糖醇-葡萄糖-7-O-葡糖糖苷和槲皮素两个黄酮化合物。詹利生等(2005)从萱草花中提取到的总黄酮,可以抑制细菌的生长,因此认为萱草花具有杀虫和抑菌活性。杨青等(2006)曾测定了黄花菜中黄酮的化学成分。利用荧光法与化学检识法对黄花菜中的黄酮类别确定为黄酮醇类黄酮。倪健等(2008)介绍了黄花菜中总黄酮在抗抑郁药物上的新应用,能刺激血清素、去甲肾上腺素、多巴胺等药物的水平,通过实验证实了黄花菜总黄酮对动物的抑郁行为有所缓解,对记忆能力可起到提高作用。Lin 等(2011)从花中得到了绿原酸和两个山柰酚黄酮化合物,三者都具有抗氧化作用,绿原酸衍生物和黄酮类化合物能够清除自由基。

2. 挥发类成分　挥发油是一类存在于植物体中的有挥发性的油状液体的统称。黄花菜的挥发油按提取工艺分主要有精油和净油。王鹏(1994)对黄花菜的鲜花和干花分别提取净油和精油进行气相质谱分析,虽然从净油和精油中鉴定的化合物数量不一样,含量上有较大变化,但是主要化学成分基本一致;鲜花中检测到一个含量高的苯乙腈化合物以及一个没有在香料应用和天然挥发油中报道过的化合物异氰基甲苯;从黄花菜中共检测到芳香醇、橙花叔醇、苯乙氰、吲哚和烷烃等 58 种一系列的挥发油。Lin 等(2003)采用 GC 和 GC-MS 对黄花菜花中的挥发油组分进行分析,检测出 51 种组分约占该精油 92%,含量较大的为 3-糠醇(47.9%)、5-羟甲基糠(10.4%)和棕榈酸(4.9%)。

3. 蒽醌类　萱草属植物中含有大量的蒽醌,故对此类化合物的研究较多。王强等(1990)报道黄花菜中提取到的蒽醌主要为羟基和甲基在单蒽核苯环两侧的大黄素型蒽醌。研究人员利用索氏提取法提取萱草、黄花菜的根部,分光光度法测定总蒽醌含量,用薄层层析-薄层扫描测定其蒽醌中大黄酚的含量。Cichewicz 等(2004)在黄花菜的根中分离出了一些蒽醌类物质主要为大黄酚、大黄酸、美决明子素以及芦荟大黄素等;实验证实了提取到的几个化合物可以遏抑人体的肺癌细胞、结肠癌细胞和中枢神经系统癌细胞的增殖,不仅对细胞有较小的毒害性,还能明显抑制多种癌细胞的生存力,蒽醌类与维生素有协同抗氧化作用。Dhananjeyan 等(2005)的研究表明从萱草根部中提取的蒽醌类化合物能抑制血吸虫的传染,杀死班氏线虫和马来布鲁丝虫的作用明显。

4. 生物碱　秋水仙碱是黄花菜中重要的生物碱,是一种卓酚酮类生物碱,Sarg 等(1990)从萱草中提取得了胆碱。汪乃兴等(1991)对萱草根中秋水仙碱水提液进行差示脉冲极谱含量测定,该方法可直接测定药材水提取液中秋水仙碱含量,方法简便快捷,不需要对水提液进行分离,结果良好。何红平等(2000)用黄花菜中提取到的秋水仙碱研究对细胞的影响,结果表明提取物能明显抑制有丝分裂,从而抑制癌细胞的增长。刘陈力为等(2012)等比较乙醇浸提与乙醇超声波提取黄花菜中秋水仙碱的提取率,结果表明利用超声波提取 40 min 比恒温浸提效率要高,乙醇浸提得到黄花菜中秋水仙碱含量为 0.096 mg/g,超声波提取则为 0.122 mg/g。

萱草属植物因其含有秋水仙碱而造成鲜食时容易中毒,故人们在日常食用之前要对萱草属植物进行不同的加工工艺处理,以降低其秋水仙碱含量。洪亚辉等(2003b)对新鲜黄花菜的不同部位测定,结果表明秋水仙碱不仅存在于花蕾中,同时在根和叶都有较高含量,比较了五种不同处理方法(0 ℃下 10％NaCl、室温下 10％NaCl、室温下 10％乙醇、室温下 pH＝12 的水、室温水)对鲜黄花菜中秋水仙碱含量的影响,结果发现经过 0 ℃10％NaCl 的实验条件处理后,秋水仙碱在黄花菜中下降最明显,下降率可达 52％左右,相比其他处理,结合生产实际(成本与耗时)分析,最佳处理方法为 0 ℃10％NaCl。实验还对黄花菜不同部位秋水仙碱含量进行测定分析发现秋水仙碱在花各部位存在差异性,子房含量最高。这也说明为什么人们在食用鲜黄花菜时要去掉花柄,确保食用的安全性。

Hadley(2003)和 Lynn(2006)等人研究发现猫或狗在摄入黄花菜后可导致肠胃疼痛和急性肾病,但具体的物质及作用机制尚不清楚。Wang 等(1989)发现黄花菜中秋水仙碱进入人体胃肠后经缓慢吸收在体内转变成一种叫氧化二秋水仙碱的有毒物质,每次食用鲜黄花菜超过 100 g(秋水仙碱量达 0.1~0.2 mg)就可引起中毒。潘清华等(2001)研究表明秋水仙碱在乙醇、氯仿或水中容易溶解。

虽然秋水仙碱已用于癌症的治疗,但秋水仙碱毒性过大(LD_{50}＝1.6 mg/kg),往往引起一定的副作用,能引起恶心、食欲减退、腹胀,严重者出现肠麻痹和便秘以及胃出血,这在一定程度上限制了它的应用。因此,对其进行结构修饰、研究其构效关系,寻找高效低毒的抗癌新药已成为众多科学工作者研究的目标,并已积累了许多经验(何红平等,1998)。

黄花菜中的连二萘神经毒素-stypandrol,可以导致哺乳动物的瘫痪、失明和死亡;萱草素(hemerocall-in)也具有神经毒素作用,会毒害视觉神经系统而导致失明,Wang 等(1989)认为它们的作用虽然相似,但结构并不同,纠正了以往将二者看作同一物质的结论。

Konishi 等(1996)在黄花菜中还分离得到了 2 种甾体皂苷。

（三）生物活性

1. 抗癌作用 何成雄等(1994)报道了黄花菜提取物可以抑制纤维原细胞的增生,阻止癌细胞的增殖。Cichewicz 等(2004)检测了从黄花菜根中分离得到的物质的抗癌性,结果表明,Kwanzoquinones A、B、C 和 E、单乙酸酯 Kwanzoquinone A 和 B、2-羟基大黄酚、大黄酸对乳腺癌(MCF-7)、CNS(SF-268)、肺癌(NCI-H460)和克隆癌细胞(HCT-116)的半抑制浓度(GI50,50％growth inhibit)在 1.8~21.1 μg/mL 之间。这些蒽醌类物质与 VC、VE 协同增强了对克隆癌细胞的抑制作用。这些蒽醌物质对拓扑异构酶(topoisomerase)活性没有抑制作用。黄花菜中含有的秋水仙碱对细胞有丝分裂有明显抑制作用,能抑制癌细胞的增长,在临床上已用于乳腺癌、皮肤癌、白血病的治疗(何红平 等,2000)。

2. 抗氧化作用 酚类物质因为在饮食中可以作为化学防癌剂而被高度重视(Bravo,1998),这类生物活性物质的主要作用体现在由于它们的自由基清除及金属螯合能力而起到的抗氧化作用(Rice-Evans et al,1996;Gordon et al,1999)。目前,体内氧化被广泛认为是许多疾病,如癌症、动脉粥样硬化、神经退化紊乱等发生和发展的主要因素(Bland,1995),由于从黄花菜中分离得到了一系列的酚类成分,以及组织中含有的抗氧化剂——胡萝卜素,因此可以推测在饮食中摄入黄花菜可以起到多种化学防治作用。

Robert 等(2002)在黄花菜中的可食性花中分离出的新型萘苷-Stelladerol 表现出较强的

抗氧化能力,在 10 μmol/L 浓度时的体外抗脂质氧化能力为$(94.6\pm1.4)\%$,在此浓度下一些黄酮醇 3-O-葡萄糖苷也有一定的抗氧化作用;但所分离的物质在 100 μmol/L 时对环氧合酶活性均没有抑制作用。Zhang 等(2004)在新鲜黄花菜叶子中分离到的物质中,有 8 种成分均有较强的体外抑制脂质氧化的能力,浓度为 50 μg/mL 时的抑制能力分别为 86.4%、72.7%、90.1%、79.7%、82.4%、89.3%、82.2%和 93.2%。有人采用 5 种评价方法对黄花菜花的抗氧化性进行了研究,结果表明黄花菜提取物有较强的抗氧化能力。

3. 杀虫作用　血吸虫病是一种由血吸虫寄生虫引起的使人衰弱的疾病,在全世界范围内有大约 2 亿人受感染,另外有 6 亿人处在血吸虫病的威胁中(Chitsulo et al.,2000)。在亚洲人们经常用黄花菜来治疗血吸虫病。Robert 等(2002)检测了从黄花菜的根中分离出的 11 种物质对不同阶段血吸虫(幼虫、成虫)的抗性。在 25 mg/mL 时,2-羟基大黄酚(2-hydroxychry-sophanol)和 kwanzoquinone E 表现出显著的抗血吸虫幼虫活性,分别在 15 s 和 14 min 时就可使所有血吸虫幼虫完全固定;即使将 2-羟基大黄酚浓度减小为 3.1 mg/mL,活性也没有发生改变;2-羟基大黄酚和 kwanzoquinone E 作用 30 min 后换成新鲜的培养基,24 h 之后 2-羟基大黄酚可使 80%的幼虫死亡,kwanzoquinone E 则完全杀死幼虫;但是在根中提取的糖苷即使在 25 mg/mL 的浓度时对血吸虫幼虫也完全没有抑制能力。2-羟基大黄酚和 kwanzoqui-none E 浓度为 50 mg/mL 时,16 h 内可使血吸虫成虫固定,在除去这两者后,也分别有 35%和 55%的成虫死亡。因此认为将 2-羟基大黄酚和 kwanzoquinone E 开发成治疗血吸虫病有效药物具有良好的前景,但其具体的作用方式还需进一步研究。He 等(2005)利用黄花菜提取物制得了杀虫剂,可以杀死蚊子幼虫和蔬菜害虫。

4. 改善睡眠作用　Uezu(1997)研究发现黄花菜具有减轻失眠的作用,饲喂含 0.4%黄花菜粉末的食物可延长老鼠在暗感应期的慢波睡眠和痉挛睡眠时间,同对照组有显著差异($P<$0.05),但不会改变光感应期的老鼠睡眠时间,因此没有引起 24 h 之内睡眠时间比例的显著变化;他们还发现,饲喂黄花菜可引起老鼠体温的变化 (Uezu,1998)。

5. 镇静及其他作用　Hsieh 等(1996)通过黄花菜水提取物对老鼠的活力研究发现,黄花菜可以降低老鼠的活力,减少脑干中的多巴胺和血清复合胺的量,从而起到了镇静作用。黄花菜的根和叶有消炎、抗黄疸的作用(Zhang,2004),还具有抗抑郁作用,因而在中国和日本还被称为"忘忧草"(Tobinaga,1999);日本学者从黄花菜等几种植物中提取得到了一种药物,该药物具有抗糖尿病、抗肥胖、抗高血压等功能(Okinawa,2003)。

二、影响黄花菜品质的因素

(一)品种间差异

洪亚辉等(2003a)曾采用国标测定方法,对不同品种的鲜黄花菜和干黄花菜的 Ca、Fe、P、Mn 和维生素 C 等营养成分进行了分析比较。结果表明:鲜黄花菜的脂肪和维生素 C 含量高于干黄花菜,而蛋白质和其他微量元素的含量均低于干黄花菜。在所测定的 4 个品种中,冲天花和猛子花的蛋白质、糖类、Ca、Fe 含量较高,且黄花菜的营养成分含量与香菇、木耳、冬笋的相比具有较大优势。

张杨珠等(2008)在长沙对 2001 年冬季从湖南黄花菜主产区祁东和邵东两地引进的 7 个黄花菜品种分别进行定株观察。结果表明,7 个黄花菜品种叶片数、株高和苗数相差较大,但在整个生育期间出叶速度、株高变化幅度和苗数变化基本保持一致。不同品种总生物产量和花蕾产量相差悬殊,二者均以猛子花最高。其次,总生物产量是茶子花、长花大嘴子花和白花,花蕾产量则是长花大嘴子花和白花,茶子花虽然总生物产量较高,但其花蕾产量很低,因此,猛子花、长花大嘴子花和白花3个品种值得在中国南方大力推广。荆州花和冲牛花的总生物产量和花蕾产量均较低,茄子花的总生物产量和花蕾产量均最低。

陈志峰(2014)利用溶剂萃取-高效液相色谱法对15种黄花菜中的秋水仙碱含量进行检测。结果表明,不同品种黄花菜中的秋水仙碱含量有差异,秋水仙碱含量最高的黄花菜品种为长嘴子花,含量为13.53 $\mu g/g$,栽培品种中的大荔花、四月花、冲里花秋水仙碱含量都比较高,这可能由于过去黄花菜的育种更注重于产量,而没有把秋水仙碱含量作为一个主要的育种指标的缘故。供试材料中地方品种桥头花含量最低,含量为1.69 $\mu g/g$,与含量最高的长嘴子花相差8倍。

王艳等(2017)曾对比黄花菜不同品种及不同部位蛋白质、总糖、脂肪、黄酮和多酚等营养功能成分含量,研究黄花菜不同品种及不同部位营养功能成分差异。结果发现不同品种黄花菜中猛子花蛋白质及脂肪含量较高,祁珍花总糖及总黄酮含量较高;植株中以叶的脂肪、总黄酮及总多酚含量最高,以花的总糖及蛋白质含量最高;花的不同部位中,总黄酮及总多酚主要存在于花药中。不同品种黄花菜、整株黄花菜的不同部位以及黄花菜花不同部位营养功能成分含量均存在较大差异。

刘伟等(2019)为研究不同黄花菜品种游离氨基酸(free amino acid,FAA)含量、组成及其呈味效果差异,以湖南省主栽的10个黄花菜地方特色品种为研究对象,通过氨基酸自动分析仪快速检测游离氨基酸种类及含量,采用味道强度值(taste activity value,TAV)、各指标相关性、主成分分析法及聚类法进行分析及综合评价。结果表明:黄花菜中游离氨基酸含量丰富,含有14~17种氨基酸,总量为13.935 mg/g。不同黄花菜品种之间氨基酸总量(totalfree amino acid,TFAA)、人体必需氨基酸(essential amino acid,EAA)、呈味氨基酸(taste-active amino acid,DAA)及限制氨基酸(limiting amino acid,LAA)含量均存在较大差异,其中冲天花中 FAA、EAA、DAA 及 LAA 的含量均最高。谷氨酸对黄花菜风味的影响最大,TAV 在 3.53~7.51,平均值达到 5.66。通过主成分分析提取 3 个主成分,累计方差贡献率为 89.242%,较好地反映黄花菜中 FAA 的综合信息,综合得分排列前 3 位的品种是冲天花、驼驼花、八月花。采用聚类分析将 10 个黄花菜品种分为 4 类,该聚类结果与主成分分析结果一致,较好地反映出黄花菜不同种质间的差异性。

周玲玲等(2020a)通过引进 25 个国内常见黄花品种进行田间栽培比较试验,对其主要植物学性状和花蕾品质进行调查分析。结果表明,三月花、大同黄花、C1 品种的始花期分别比对照提前 16 天、8 天、7 天,且花蕾重均高于对照,分别为 4.07 g、3.40 g、4.27 g,其中,大同黄花产量显著($P<0.05$)高于对照,C1 与对照相比无显著差异($P>0.05$)。三月花的可溶性糖、游离氨基酸、维生素 C 和黄酮含量均显著($P<0.05$)高于对照,秋水仙碱含量显著($P<0.05$)低于对照。大同黄花的可溶性糖和多酚含量显著($P<0.05$)高于对照。C1 的多酚、维生素 C 和黄酮含量均显著($P<0.05$)高于对照,且三者适应性与抗性均较强。茄子花与长嘴子花开花期与对照相当,花蕾数与产量显著($P<0.05$)高于对照,长嘴子花的黄酮含量显著($P<0.05$)高于对照,茄子花的蛋白质含量显著($P<0.05$)高于对照,二者的其他营养品质含量与对照相比无显著差异($P>0.05$),适应性与抗性均较好。

(二)产地间差异

张珠宝等(2014)通过微波消解-电感耦合等离子体原子发射光谱仪(ICP-AES)分析了不

同地域黄花菜中多种常量、微量元素的含量。结果表明,各产区黄花菜中所含微量元素的高低顺序不同,其中来自福建宁德、湖南祁东以及陕西大荔的样品中测得元素的含量高低顺序一致,均为 K>Ca>P>Mg> Fe>Zn>Mn>Cu,而广东大埔的黄花菜则为 K>P>Ca>Mg>Zn>Fe>Cu>Mn,甘肃庆阳的为 K>Ca>Mg>P>Fe>Zn>Cu>Mn。此外,不同地域样品中相同元素的含量也均存在差异,广东大埔的黄花菜 P、Cu 含量最高;Zn、Mn 含量最高的为福建宁德的;K、Ca、Fe 含量最高的为湖南祁东的;陕西大荔的 Mg 含量最高,而在众多元素中差别最大的是 Mn,高达 15 倍之多。上述差异与它们生长的气候、土壤、水质等生态环境密切相关,可作为鉴别产品品质与产地归属的指标。

高志慧(2019)介绍,为进一步挖掘黄花菜的营养价值,以湖南省祁东县、四川省渠县、湖南省邵东县、山西省大同市、甘肃省庆阳市 5 个不同地区所产的黄花菜的干制品为材料,对其维生素 C、可溶性蛋白质、可溶性总糖、纤维素等营养成分的含量进行了检测与分析。结果表明,不同产地黄花菜营养成分含量不同。维生素 C 含量以四川省渠县所产黄花菜最高,达到 12.14 mg/100 g;可溶性蛋白质含量以山西省大同市最高,达到 148.0 mg/100 g;可溶性总糖含量以湖南省祁东县最高,达到 65.15 mg/100 g;纤维素含量则以山西省大同市最高,达到 55.24 g/100 g。综合分析表明,大同市、祁东县较其他产地所产的黄花菜营养价值具有较大优势。

赵瑛瑛(2019)对比不同产地黄花菜中的可溶性蛋白、总糖、总黄酮、游离氨基酸、秋水仙碱含量的差别及不同加工过程对营养成分的影响。结果表明不同产地黄花菜中的营养成分含量存在差异。不同品种黄花菜,以编号 4 样品黄花菜可溶性蛋白质含量最多,编号 3 样品黄花菜可溶性蛋白质含量最低。不同产地黄花菜中的可溶性蛋白质含量存在显著差异,最高的样品含量可达最低样品含量 2 倍多。不同品种黄花菜总糖含量比较中,以编号 4 样品黄花菜总糖含量最高,编号 5 样品黄花菜总糖含量次之,编号 3 样品黄花菜总糖含量最低。不同产地黄花菜总黄酮及游离氨基酸含量以编号 4 样品黄花菜含量最佳。秋水仙碱含量以编号 1 样品黄花菜含量最低。因此编号 4 样品黄花菜为营养成分最佳的样品。

古元梓等(2019)采用微波消解处理祁东、德化和咸阳产地的黄花菜样品,利用 ICP-OES(电感耦合等离子体发射光谱)法同时测定黄花菜中多种矿质元素的含量。结果表明,三个产地黄花菜样品中均有 15 种元素存在,K、Ca、Mg 三种元素的含量相对较高,Cr 元素的含量均低于食品安全国家标准 GB 2762—2017 中规定的限量值 0.5 mg/kg,而 Tl、Ti、Cd 和 Pb 四种元素均未被检测到。通过对三个产地黄花菜样品中的元素含量比较分析可知,祁东黄花菜样品中含量高于 1000 mg/kg 的元素有 P、K、Ca、Mg 四种,而德化和咸阳样品中有 Na、S、P、Ca、K、Mg 五种,其中咸阳样品的 Na、Ca、K、Mg 元素含量比较均衡;而三个样品中 Na、Fe、S 三种元素的含量差距比较大。

罗春燕等(2021)对比分析不同产地黄花菜重金属及亚硫酸盐含量,研究结果表明不同产地的黄花菜重金属以及亚硫酸盐含量差距较大,D 地区的亚硫酸盐含量最高,为 135 mg/kg,B 地区的亚硫酸盐含量最低,为 11 mg/kg,A、C 两个地区的亚硫酸盐含量居中,分别是 98 mg/kg、25 mg/kg。微量元素 Cu、Zn、Mn 的含量每个地区的也都有差别,其中 A 地区这三种元素含量都是最高的,分别是 8.8 mg/kg、39.7 mg/kg、53.1 mg/kg;Cu 含量最低的是 D 地区,为 7.9 mg/kg;Zn、Mn 含量最低的是 C 地区,分别为 16.6 mg/kg、8.38 mg/kg。重金属 As、Hg、Cd、Cr、Pb 的含量各个地区也不同,As、Cd 含量最高的是 A 地区,分别是 0.28 mg/kg、0.78 mg/kg;Pb 含量最高的是 D 地区,为 0.024 mg/kg;Cr 含量最高的是 C 地区,为 2.44 mg/kg。

(三)栽培措施的影响

赵晓玲等(2015)研究了不同栽培方式对土壤含水量、黄花菜生长和鲜蕾产量的影响。试验结果表明,每亩栽培5000株时,不同栽培方式土壤含水量、黄花菜生长和鲜蕾产量总体表现是单垄栽培＞宽窄行栽培＞等行距栽培;宽窄行集中连片栽培,增加宽行距、缩小窄行距,等行距栽培增大行距、缩小株距,黄花菜生长势均较好,鲜蕾产量高。建议利用田边地界单垄栽培黄花菜或采用窄行距0.4 m、宽行距1.2 m、株距0.17 m的宽窄行集中连片栽培。

周玲玲等(2017)曾以金针菜早熟品种三月花和中晚熟品种大乌嘴为材料,在设施和露地栽培条件下,比较分析了光照强度、空气温度、空气湿度的变化对金针菜植株生物学性状、花蕾产量和品质的影响。结果表明,设施栽培的光照强度显著低于露地栽培,平均透光率为52.0%,但空气温度比露地栽培显著提高,设施栽培下金针菜现蕾期比露地栽培提前15天以上,实现提早上市。设施栽培的全天最大温差为23.4 ℃,比露地栽培高出11 ℃;两个品种金针菜花蕾中可溶性糖含量分别为45.718 mg/g、61.796 mg/g,比露地栽培提高了22.17%、34.07%;维生素C含量分别为3.625 mg/g、3.845 mg/g,分别比露地栽培提高28.14%、12.53%;设施栽培显著提高了金针菜的品质。设施栽培下2个金针菜品种的产量略高于露地栽培,但二者无显著差异。

张国伟等(2019)曾以金针菜中晚熟品种大乌嘴为材料,设置露天、地膜覆盖(1膜)、地膜＋大棚膜(2膜)、地膜＋大棚膜＋拱棚膜(3膜)和日光温室共5种栽培方式,研究不同栽培方式对金针菜产量、品质形成和氮素累积分配的影响。结果表明,与露天栽培相比,1膜、2膜、3膜和温室处理增加了金针菜生长环境的空气温度、空气湿度和地温(增加效果表现为3膜＞温室＞2膜＞1膜),分别诱导金针菜提早现蕾4~5天、15~16天、22~25天和19~22天。种植模式通过调控金针菜氮累积量的动态变化而影响产量。1膜处理下金针菜产量较低,现蕾较迟,氮累积动态特征值与露天处理差异较小。3膜处理下金针菜现蕾最早,但是产量和品质性状均较差,氮素快速累积的起始时间和终止时间最早,快速累积持续时间最短,干物质和氮在生殖器官中的分配比例较低,最终产量、氮肥偏生产力和氮素利用效率均较低。2膜和温室栽培处理下金针菜现蕾较早,产量较高,品质较优,干物质和氮素在生殖器官中的分配比例较高,氮累积量动态特征参数比较协调,氮肥偏生产力和氮素利用效率较高,为最优种植模式。

高嘉宁等(2019)为探究黄花菜栽培种植时氮(N)、磷(P)、钾(K)肥的最佳施肥量,给黄花菜科学合理施肥提供依据,以海螺沟本地黄花菜品种为研究对象,运用"3414"肥效试验方案,分别以N 13.5 kg/亩,P_2O_5 40 kg/亩,K_2O 15 kg/亩为常规施肥水平,通过大田试验,研究氮磷钾配施对黄花菜主要农艺性状、产量和2种蒽醌类活性成分含量的影响。结果表明,合理的氮磷钾配施不仅能促进单株黄花菜生长发育的协调,而且能够显著提高其鲜花中的大黄酸和大黄酚含量;施用氮磷钾肥对黄花菜产量的增产效果明显,处理6(N2P2K2)的产量最高,为1727.73 kg/亩,比不施肥处理增产457.90 kg/亩,增产率达36.06%;施用氮、磷、钾肥对黄花菜产量影响的大小顺序为氮＞磷＞钾,氮肥增产效果最显著,磷肥次之,钾肥最差。一元二次肥效方程推荐的氮、磷、钾施肥量与本实验设计的最适施肥量相似,可以用于黄花菜实际生产施肥指导。综合考虑,在海螺沟地区推荐的氮、磷、钾肥最佳施用量分别为13.69 kg/亩、31.53 kg/亩和26.40 kg/亩,获得的产量为1678.98~1763.31 kg/亩。

张清云等(2020)为探索宁夏中部干旱带黄花菜最佳的移栽密度,分析了移栽密度调控对黄花菜产量及品质的影响。试验设5个不同移栽密度处理,采用宽窄行种植,小区对比试验,以确定黄花菜的最佳种植密度。结果是合理的种植密度能促进叶片长度和宽度的增长,随移栽密度的增大,叶片长度和宽度呈现减小的趋势;不同移栽密度对黄花菜的抽薹数、花蕾数、单蕾重量以及产量都有明显的影响,合理的密植有利于黄花菜的生长和产量的提高。不同的移栽密度对黄花菜的品质也有一定的影响,合理的密植有利于提高黄花菜营养成分的含量,移栽密度不宜过大或过小。试验结论是,从不同移栽密度、产量性状以及营养成分变化的整体分析看,黄花菜移栽行距1.4~1.5 m,移栽密度为4450~4760株/亩,其产量和品质均最佳。

何红君等(2021)为了提高大乌嘴产量和效益,试验设计了5550株/亩、5130株/亩、4760株/亩、4450株/亩、4170株/亩5种移栽密度,研究移栽密度对大乌嘴成活率、生长性状、产量和品质的影响。结果表明,以4450株/亩的栽植密度大乌嘴的成活率、花蕾生长、花蕾产量、蛋白质和胡萝卜素含量有显著提高,但对总糖、钙和铁含量的影响不大。大乌嘴合理的移栽密度应在4450~4760株/亩,以保障稳定的生产效益。

(四)加工方式的影响

李登绚等(2011)采用太阳能、蒸汽、微波、药物4种方法处理黄花菜,研究不同杀青方法对黄花菜营养成分的影响。结果表明,蒸汽杀青处理的黄花菜总糖和蛋白质含量高于国家标准,分别为55.66%、11.54%;太阳能杀青处理的黄花菜蛋白质含量(11.35%)高于国家标准,维生素C含量(489.0 mg/kg)和β-胡萝卜素含量(36.5 mg/kg)最高,而总酸度(2.90%)低于国家标准,干制黄花菜品质最优,营养成分流失最少,加工简便,且节能环保。

李登绚等(2012)采用太阳能、蒸汽、微波、药物四种不同杀青方法处理黄花菜,按照国家标准,对比研究分析其外观品质:色泽、气味、形状、肉质级别及出干率。结果为,太阳能杀青干制的黄花菜,条色均匀、金黄、有光泽,肉质肥厚,无霉味或其他异味,级别特级,含水量10.77%。干制率13.84%最高。可见,太阳能杀青干制黄花菜外观品质最优,优选的最佳干制工艺为:太阳能杀青:温度60~75 ℃,光照强度为2800~3000lx,时间3~4 h。

李博雅等(2015)通过研究热加工和浸泡对黄花菜中二氧化硫含量的影响,以探索出日常加工中降低黄花菜中二氧化硫残留的方法。实验中测定加工前后黄花菜中二氧化硫的含量,从而计算残留率并进行数据分析。结果显示,热加工后,黄花菜中的二氧化硫呈现显著的下降趋势,温度越高、时间越长,下降趋势越明显;浸泡后,黄花菜中二氧化硫含量显著下降,换水次数越多,浸泡时间越长,下降趋势越明显。对热加工和浸泡用水中二氧化硫含量测定的结果表明,加热能使部分二氧化硫以气体形式挥发逸出,而常温浸泡几乎不能使二氧化硫挥发逸出。

马瑞等(2016)探究不同漂烫温度及超声辅助漂烫预处理对黄花菜干制品色泽的影响,分别在70 ℃、80 ℃、90 ℃三种温度下烫漂及超声辅助烫漂对黄花菜进行预处理,然后对预处理所得干制品褐变度、色泽、抗坏血酸、叶绿素及5-羟甲基糠醛含量等指标进行测定。结果表明:随着漂烫温度升高,预处理时间变短,抗坏血酸含量和叶绿素含量提高,褐变度与5-羟甲基糠醛含量降低,产品色泽较好。与普通烫漂处理相比,经功率密度为0.4 W/cm² 超声烫漂处理后干燥所得的产品抗坏血酸含量和叶绿素含量显著升高(P<0.05),褐变度与5-羟甲基糠醛含量显著降低(P<0.05),色泽更好。烫漂温度为90 ℃、功率密度为0.4 W/cm² 时超声预处理的干制品抗坏血酸和叶绿素含量最高,分别为0.4067 mg/g和0.87 mg/g,而褐变度、5-羟甲基糠醛含量显著降低(P<0.05),色泽最好。

李花云等(2018)介绍了高温短时杀青对黄花菜品质的影响。①温度高、灭酶快,采用蒸汽进行杀青,可将黄花菜杀青温度由 55～75 ℃提高至 95～100 ℃,黄花菜菜体温度升高快,1～2 min内就能将黄花菜菜体温度提升至 90 ℃以上,并保持在 90 ℃以上,使黄花菜体内的各种酶在高温的持续作用下迅速失去活性,从而达到阻止黄花菜呼吸消耗、酶促褐变、开花等目的。黄花菜高温短时杀青效率高,杀青时间成倍缩短,由传统蒸制 20～25 min 缩短为 3～5 min。②温差小、杀青均匀。采用蒸汽灭酶杀青可使杀青室内温度保持在 95～100 ℃,温度波动小,相对于传统蒸制杀青温度 40～90 ℃比较稳定,使黄花菜的杀青温度基本一致,加工干制出来的黄花菜菜条之间的色泽没有明显差别,克服了传统蒸制杀青温度波动大,杀青不均匀,上部菜条"熟"而下部菜条"生",熟条菜(色泽呈褐红色)和生条菜(色泽呈青绿色)所占比例高,菜条之间色泽差别大等问题。③营养损耗大幅度降低,成菜率显著提高。由于黄花菜高温短时杀青菜体温提升快,杀青效率高,杀青时间成倍缩短,其营养损耗大幅度降低。高温短时杀青与传统蒸制杀青对比试验结果显示:采取高温短时杀青,5.0～7.0 kg 鲜黄花菜(刚从植株上采摘下来的黄花菜)就能加工 1.0 kg 干菜,而传统蒸制杀青需要 7.0～9.0 kg 鲜菜才能加工 1.0 kg 干菜,高温短时杀青的出菜率比传统蒸制杀青的出菜率提高 15％以上,达到显著水平。由此可见,采取高温短时杀青是降低黄花菜营养损耗的有效措施。④ 产品质量明显改善。由于高温短时杀青较好地保护了黄花菜固有的营养成分,氨基酸质量分数≥7.5％,蛋白质质量分数≥11％,胡萝卜素质量分数≥20％,核黄素质量分数≥0.18％,加工出来的黄花菜菜条肥厚,富有弹性;外表呈银白色或黄褐色,色泽有规律性、层次性变化;香气浓郁,清香扑鼻;味道清脆爽口、甘甜纯正;各项产品质量指标明显提高,产品品质得到显著改善,一级菜增长 20％以上,三级菜由 30％下降至 5％以下。⑤杀青成本大幅度降低。既省工又省时。每次杀青量可根据具体情况进行增减,操作简便易行。

张清云等(2018)采用 3 种不同杀青温度和阴干、晒干、烘干 3 种制干方式处理黄花菜,研究不同杀青温度和不同制干方式对黄花菜外观及营养成分的影响。结果表明,杀青温度在 70 ℃,阴干、晒干和烘干黄花菜品质均较好,达到国家一级标准。其中杀青温度为 70 ℃、晒干的黄花菜外观均为金黄色,无青条,无异味,条形均匀,肉质肥厚,蛋白质、总糖和硒含量最高,分别为 13.46 g/100 g、55.2 g/100 g 和 0.0291 mg/kg。因此,生产中选择晒干,黄花菜的营养成分流失最少,加工简便,且节能环保。

及华等(2020)探究不同处理方法对萱草花蕾食用品质的影响。采集 4 种不同品种的萱草花蕾,分别用汽蒸、焯水和去花药＋汽蒸 3 种处理方法对其进行处理,处理后测定其维生素 C含量、含水量、可溶性蛋白含量、可溶性糖含量、秋水仙碱含量及彩度。结果表明,未处理条件下,与食用品种黄花菜相比较,大花萱草和金娃娃花蕾中秋水仙碱含量显著高于黄花菜($P<$0.05,下同),科萱一号与黄花菜无明显差异;3 种处理方法均显著降低了大花萱草秋水仙碱含量,三者之间差异不明显;汽蒸处理后各品种的可溶性糖含量降低,可溶性蛋白含量增加,大花萱草、科萱一号秋水仙碱含量与黄花菜无显著差异,金娃娃含量偏高。科萱一号可以直接作为食用品种,大花萱草经过汽蒸或焯水处理后具有食用价值,金娃娃食用中毒风险较高,不宜作为食用品种。

(五)贮藏条件的影响

许国宁等(2012)对新鲜的黄花菜分别进行室温贮藏、冷藏、冻藏处理,分析在不同的贮藏条件下黄花菜的营养价值与感官品质随着贮藏天数增长而引起的变化规律。结果表明,新鲜黄花菜在室温(25～30 ℃)条件下 2 天就开始腐败变质,到第 3 天完全腐败;在冷藏条件下贮藏 6～7 天也开始腐败变质,第 9 天完全腐败变质;而在冻藏条件下能很好地保藏,但是口感会很差,另外,随着贮藏天数的增长,黄花菜的颜色、维生素 C、叶绿素和还原糖等指标的变化也会导致黄花菜品质下降。

侯非凡等(2014)通过观察不同温度条件下黄花菜花粉的萌发情况,对 4 种黄花菜的花粉活力进行了测定。结果显示,室温条件下黄花菜花粉活力随贮藏天数的增加而迅速下降,3 天时活力下降至 25% 以下,难以满足杂交授粉中对花粉活力的要求;4 ℃,−20 ℃,−40 ℃条件下分别于 10 天,20 天,30 天左右活力降至 25% 以下。说明室温条件下难以进行黄花菜花粉的贮藏,4 ℃适合小于 10 天 的短期贮藏,−20 ℃适合 20 天以内的中期贮藏,−40 ℃适合 60 天以内的长期贮藏。

马佳佳等(2017)为研究气调贮藏对金针菜色泽和营养品质的影响,在温度(0±1)℃和相对湿度(95%～98%)下,调节贮藏环境中 O_2 比例为 5%±0.1%,CO_2 比例分别为 4%±0.1%、7%±0.1%、10%±0.1%,对金针菜进行不同时间贮藏。结果表明,适宜的气调环境能够抑制叶绿素的降解,延缓营养物质的损耗速率。在整个贮藏周期内,与空气对照相比,O_2 为 5%±0.1% 时,CO_2 为(7%± 0.1%)～(10%±0.1%)的气调贮藏环境对金针菜的叶绿素总量、维生素 C 含量、可溶性蛋白含量的影响差异显著($P<0.05$);对金针菜的 b* 值、类胡萝卜素含量、可溶性糖含量的影响差异不显著($P>0.05$)。对于 a* 值,气调组在贮藏后期显著($P<0.05$)高于空气对照组。

代瑞娟等(2019)以大乌嘴金针菜为材料,通过测定解冻时间、汁液流失率、可溶性固形物和叶绿素含量、脂氧合酶(LOX)活性、丙二醛(MDA)含量等指标,研究不同冻结和解冻方法对金针菜品质和膜脂过氧化的影响。结果表明,冻结处理中,(冷冻−60 ℃＋贮藏−80 ℃)和(冷冻−80 ℃＋贮藏−80 ℃)冻结方法明显地降低了汁液流失率、维持了较高的可溶性固形物和叶绿素含量,延缓了速冻金针菜品质的下降;解冻方法中,微波解冻能够有效地减少金针菜解冻后品质的下降,抑制 LOX 活性和 MDA 含量的升高,减少冷冻对细胞膜完整性的破坏作用。综合分析,微波解冻结合(冷冻−60 ℃＋贮藏−80 ℃)或(冷冻−80 ℃＋贮藏−80 ℃)冻结处理是解决速冻金针菜解冻后品质下降的理想方法。

周玲玲等(2020b)以黄花菜"茄子花"品种为供试材料,以蔗糖、大蒜汁、柠檬汁为基础保鲜剂,分别添加不同的植物生长调节剂 IAA、GA_3、KT、2,4-D、NAA 和 6-BA,对比清水对照,研究对黄花菜切花寿命与理化指标的影响。结果表明,基础保鲜剂可延长黄花菜切花瓶插寿命,促进花蕾生长,瓶插寿命比对照长 2 天,但落蕾严重,花瓣变窄,不易开放。50 mg /L GA_3 处理可延长黄花菜切花瓶插寿命,促进花蕾伸长和开放,减少水分胁迫和膜脂氧化程度,保鲜效果最优。

王娟等(2020)为了优选鲜黄花菜贮藏保鲜工艺条件,延长鲜黄花菜货架期,进行了实验研究。以鲜黄花菜为原料,分别采用真空预冷、冷库预冷两种方式对黄花菜进行预冷处理,以不预冷作为对照,进行了鲜黄花菜贮藏保鲜效果影响研究,比较了不同处理条件下鲜黄花菜失重率、感官品质、呼吸强度、可溶性固形物含量、过氧化物酶(POD)、超氧化物歧化酶(SOD)等品质指标的变化规律,并预测了鲜黄花菜的货架期。结果表明,真空预冷对延长鲜黄花菜货架期效果更明显。较冷库预冷和对照组,真空预冷可以有效降低黄花菜呼吸强度($P<0.05$),延缓贮藏过程中感官品质的劣变,减小维生素 C($P<0.05$)、可溶性固形物($P<0.05$)的损失,维持 POD 和 SOD 较高的活力($P<0.05$)。真空预冷处理后的黄花菜预测货架期为 23 天,较冷库预冷延长 4 天,较对照组延长 9 天。

薛友林等(2021)探究精准温控保鲜箱对黄花菜冷藏保鲜效果的影响。以甘肃黄花菜为实验材料,经聚乙烯塑料盒包装后,分别装入普通保温箱和精准温控保鲜箱中,并置于(0 ± 1)℃的冷库中贮藏,每隔 7 天测定黄花菜的各项生理生化指标、营养指标和色泽变化,并对箱内的温度进行监控。结果表明,相较于普通保温箱,在整个贮藏期间精准温控保鲜箱中温度较低$((0.6\pm0.1)$℃);贮藏 14 天 时,精准温控保鲜箱处理组的维生素 C、还原糖、总酚和黄酮含量较高,且叶绿素 a 和叶绿素 b 总质量分数(1.31%)显著$(P<0.05)$高于普通保温箱处理组。与普通保温箱相比,精准温控保鲜箱能够有效抑制黄花菜 pH 值、呼吸强度、乙烯生成速率和类胡萝卜素含量的上升,较好地保持黄花菜色泽。

(六)其他因素的影响

杨大伟等(2003a)曾以鲜黄花菜为材料,通过对与脱水有关的营养成分、过氧化物酶、多酚氧化酶的分析测定,探讨了它们对脱水黄花菜加工品质的影响。结果表明,过氧化物酶易导致脱水黄花菜严重的酶促褐变,需严格的灭酶条件;多酚氧化容易杀灭,不影响脱水品质;鲜黄花菜的氨基酸含量相对于其还原糖含量较小,尤其促使美拉德反应强烈的碱性氨基酸含量更小,因此,非酶促褐变程度不大,不显著影响脱水品质。

杨大伟等(2004)为了确定薄层黄花菜的最佳干燥温度,将薄层黄花菜分别在 60 ℃、70 ℃、80 ℃、90 ℃、100 ℃ 温度下进行干燥试验。结果表明,热风干燥温度低于 80 ℃时,干燥时间长(2~5 h),干制品形态饱满,呈黄色;干燥温度高于 90 ℃时,干燥时间短(1.5~2 h),产品呈褐色的油条状。由此确定薄层黄花菜的最佳干燥温度为 80~90 ℃。

韩志平等(2012)报道,黄花菜的可溶性糖和维生素 C 含量随贮藏时间延长而显著降低,1-MCP 处理则可显著延缓可溶性糖和维生素 C 含量的下降速度,但随 1-MCP 浓度提高这种延缓作用减小。贮藏 3 天后,250 μL/L 1-MCP 处理的可溶性糖和维生素 C 含量分别比对照提高 98.64% 和 322.17%,明显改善了鲜黄花菜贮藏中的营养品质。

郑贤利等(2013)将鲜黄花菜通过包装处理后用^{60}Co γ 射线辐照,分析不同剂量和剂量率对其营养成分的影响以及保鲜效果。结果表明,鲜黄花菜经不同剂量的^{60}Coγ 射线辐照后其营养成分(脂肪、蛋白质、还原型糖、还原型抗坏血酸)没有明显的变化,同一剂量不同吸收剂量率对鲜黄花菜中的营养成分的影响几乎是一样的,低剂量辐照黄花菜保鲜效果优于高剂量辐照。低剂量辐照加低温贮存,保鲜效果优于常温贮存。

高建晓等(2015)探讨不同薄膜包装对黄花菜保鲜效果的影响,以黄花菜为试验材料,在0~2 ℃贮藏条件下,研究了 5 种薄膜(5.40 μm 聚乙烯袋、12.75 μm 聚乙烯袋、15.55 μm 聚乙烯袋、32.70 μm 聚乙烯袋、5.40 μm 带孔聚乙烯袋)对黄花菜贮藏效果的影响。研究结果表明,32.70 μm 聚乙烯袋可在包装袋微环境中形成高浓度 CO_2(10.23%~11.73%)和低浓度O_2(0.19%~2.53%),显著延缓采后黄花菜叶绿素的降解以及 pH 值的下降,从而明显抑制黄花菜的腐烂进程,并明显延长其贮藏保鲜期。

姚亚明等(2016)以大乌嘴黄花菜为试材,采用壳聚糖处理结合纳米包装对黄花菜进行保鲜,研究其对黄花菜贮藏期间品质和生理变化的影响。结果表明,壳聚糖处理、纳米包装及二者结合处理都能延缓黄花菜的衰老。壳聚糖处理结合纳米包装对黄花菜的保鲜效果最佳,能够降低质量损失率,有效地抑制维生素 C、还原糖含量的降低,保持较高的超氧化物歧化酶及过氧化氢酶活性。二者结合处理过的黄花菜在(4 ± 0.5)℃、相对湿度 75%~80%的环境中贮藏 18 天后,好花率仍然保持在 90%以上。

杨大伟(2018)为促进黄花菜干燥前快速褪绿黄化,解决黄花菜机械干燥制品出现的返青问题,采用茅岩莓、乙烯利和焦亚硫酸钠3种催熟剂复合对黄花菜进行浸泡处理,再用PVC塑料袋密封,在一定温度下贮藏一段时间,对黄花菜的色泽变化和营养品质进行分析测定。结果表明,茅岩莓复合催熟剂浸泡黄花菜30 min,50 ℃密封包装贮藏5 h,黄花菜的褪绿黄化效果最好,营养品质最高。

第二节　黄花菜利用与加工

一、黄花菜利用

黄花菜主要是入菜食用。具有营养和保健功能。

唐道邦等(2003)从营养价值和食疗作用等方面介绍了黄花菜的食用价值。黄花菜食部每100 g干品含蛋白质19.4 g、脂肪1.4 g、膳食纤维7.7 g、碳水化合物27.2 g、胡萝卜素1.84 mg、维生素B20.21 mg、维生素E4.92 mg、钙301 mg、磷216 mg、铁8.1 mg、硒4.22 mg、镁85 mg、锌3.99 mg、锰1.21 mg及其他微量元素等。据王鹏(1994)报道,黄花菜的挥发性成分为:2-呋喃甲醇、7-辛烯-4-醇、苯乙醛、3,3-二甲基丁酸、壬醛、香荆芥酚、棕榈酸、二十一烷,未发现苯乙腈及异氰基甲苯这两种化合物。

傅茂润等(2006)介绍,黄花菜具有较高的营养价值,在中国传统中是药食两用的蔬菜。介绍了其保健功效主要包括抗氧化与抗癌、改善睡眠、杀虫、镇静、消炎、抗黄疸、抗抑郁等作用;化学成分主要为萜类、内酰胺类、蒽醌类、多酚类、精油、甾体皂苷、生物碱等。

黄凤耀(2007)介绍,黄花菜干鲜、荤素皆宜,炒、炸、烧、炖汤均可,色、香、味俱佳,味道独特、鲜美、可口,是蔬菜中的佳品。黄花菜的蛋白质含量高于木耳和香菇,且经深加工后具有色泽金黄,光彩夺目的外观品质。

毛建兰(2008)介绍了黄花的营养价值。据测定,每100 g黄花菜干品中含有蛋白质14.1 g、脂肪0.4 g、碳水化合物60.1 g、钙463 mg、磷173 mg、铁16.5 mg、胡萝卜素3.44 mg、核黄素0.14 mg、硫胺素0.3 mg、烟酸4.1 mg等。其中碳水化合物、蛋白质、脂肪三大营养物质分别占到60%、14%、2%。此外磷的含量高于其他蔬菜。

常二强(2017)从食用性、药用性、美容性和观赏性介绍了黄花菜的营养价值。黄花菜属高蛋白、低热值、富含维生素及矿物质的绿色保健菜,所含多种营养成分均高于常见的菜种。在现代生活中,黄花菜与香菇、木耳、冬笋一起被称为"四大珍品"。黄花菜的营养十分丰富,滋味也较为鲜美。对于广大消费者来说,是一种选择较多的绿色食品,居家待客的时候也是一种较为普遍的花卉蔬菜。黄花菜药性甘凉,具有诸多功效,例如安神、明目、消食、利湿、清热、消炎以及止血等,可以有效地治疗乳汁不下、失眠、小便不通、大便带血以及吐血等。另外,黄花菜的卵磷脂含量丰富,能够有效地抵抗衰老、健脑,针对脑动脉阻塞、记忆力下降以及注意力难以集中等症状具有特殊的疗效,因此还被称作"健脑菜"。根据相关研究,黄花菜还可以降低血清胆固醇的含量,使高血压患者尽快康复,因此,对于高血压的患者来说,是一种保健的蔬菜。经常食用黄花菜可以使皮肤的弹力和韧性增强,使其饱满细嫩、柔软润滑,减少色斑和皱纹。有一个十分有名的美容食谱就是黄花菜炒黑木耳。黄花菜在春天萌发的比较早,绿叶丛生、花色鲜艳,可以布置草地、庭院,还可以做成切花,观赏价值较高。

李慧瑶(2018)对黄花菜的观赏、营养、药用、环境等价值进行了综述。黄花菜除花蕾可食用外,其嫩叶及根也可以食用。黄花菜的幼苗在 3—5 月份出土,4~5 片叶时也可以食用,常用于炒食或做汤。每 100 g 鲜嫩幼苗中含蛋白质 2.63 g,脂肪 0.89 g,纤维 3.59 g,胡萝卜 0.3 mg,维生素 C 340 mg。黄花菜的根于秋后采收,洗净晾干后煎汤食用。因根中含有多种蒽醌类化合物,如大黄酚、大黄酸、美决明子素、美决明子素钾醚、萱草根素以及毒性物质毒素甲,毒素乙等,中医上常与其他药物合用治疗一些疾病。

黄花菜在食疗中应用,古代医籍已对其作用阐明得较详细。花的功用主要为平肝养血、消肿利尿,治头晕、耳鸣、心悸、腰痛、水肿、尿路感染、缺乳、关节肿痛等。用法为煎汤、炖肉内服或捣敷外用。根有抗菌、抗血吸虫的作用,临床上常用于治疗结核、血吸虫病、多种疾病引起的浮肿。叶具解毒功能。常用治疗选方有:

治腰痛、耳鸣、奶少:黄花菜根蒸肉饼或煮猪腰吃,或与猪蹄、花生仁、黄豆共用;

治经少、贫血、胎动、头昏:黄花菜炖肉或炖鸡;

治大肠下血:黄花菜根约 10 个,水煎服;

治小儿疳积:黄花菜叶 3 钱,水煎服;

治乳腺肿痛:黄花菜根捣敷;

治疗咳嗽:与蛙肉共煮服;

治疗淋病、痔疮:与红砂糖煎水服;

治疗麻疹:与芫荽、猪肉共用;

治疗肝经有热、不射精:黄花菜与马齿苋加水煮沸,食盐调味后食用。

二、黄花菜加工

1. 干制黄花菜　干制是黄花菜加工最传统的方法,因为鲜黄花菜在采摘后如不脱水干燥,很容易发霉变质。根据国标《GB 7949—1987 黄花菜》要求,成品干制黄花菜含水量不得超过 15.0%,总酸含量不得高于 3.0%,总糖含量不得低于 37.5%,蛋白质含量不得低于 11.0%。根据脱水前预处理技术不同,干制黄花菜可以被简单分为两种:先经蒸制,然后干燥的称为原菜,一般颜色老黄;采摘后不经蒸制,而是添加 3.0%~3.5% 的焦亚硫酸钠处理,然后干燥的称为药菜。由于亚硫酸盐具有抑制酶促褐变和非酶促褐变的作用,可以抑制微生物的生长繁殖,因此,该处理所得的干制黄花菜一般呈鲜黄色,外观漂亮具有吸引力。值得注意的是,如果处理过程中亚硫酸盐超标,将可能会危害人体健康,卫生部规定经焦亚硫酸处理过的制黄花菜中 SO_2 残留量不得超过 200 mg/g。常用的黄花菜脱水干燥手段有两种:一是晒干法,即在阳光良好的条件下曝晒 2~3 天;二是烘干法,可采用多种现代食品加工技术。

杨大伟等(2003b)对热风干燥、远红外线干燥和微波干燥黄花菜的工艺进行了研究,结果发现先用热风干燥鲜黄花菜至含水量为 48%,再用微波干燥至含水量 15% 的工艺过程可以明显缩短加工时间。脱水工艺流程为:鲜黄花→选料→漂烫灭酶→干燥→成品包装。操作要点,漂烫灭酶,用 100 ℃ 的蒸汽漂烫样品 70~80 秒;干燥,将预处理后的样品在 65 ℃ 的电热鼓风干燥箱中干燥 7 小时,至含水量为 15% 左右为止。

近年来,在果蔬干燥研究领域较为成熟的真空冷冻干燥技术被尝试引入到黄花菜的干制加工中,郭向明等(2013)研究表明,采用真空冷冻干燥制得的干制黄花菜产品色香味损失很少,复水性优良,同时最大限度地保留其营养成分。冷冻干燥黄花菜时单位水分能耗最低的最优工艺参数为加热板温度 78.0 ℃、冻干室压力 40.0 Pa、装盘量 3 680.6 g/m²、单位水分能耗为 142.705 MJ/kg。

邓如新(2011)介绍了黄花菜鲜蕾太阳能杀青加工技术。用于黄花菜鲜蕾杀青的场地,要求地面平整、紧实,也可利用打麦场、晒谷坪。如果利用空坪隙地,一般要求场地宽 3～4 m,长度不限(10～15 m 为宜),具体场地面积视每天的采摘量决定。视条件准备好聚丙烯(PP)或乙酸乙烯(EVA)塑料农用膜,膜宽分别为 2 m 和 3 m,膜厚 0.05 mm,长度不限(一般 10～15 m),薄膜可新、可旧,但要清洁,无破洞。杜绝使用聚氯乙烯薄膜用于黄花菜鲜蕾杀青。鲜蕾杀青时将已准备的宽 2 m 的塑料薄膜平铺在空坪地面上,然后将采回的鲜蕾撒放在薄膜上,花蕾厚度为:初夏季节 10 cm,盛夏季节 15 cm,扒平、扒匀。为了增加覆盖薄膜后的膜内水汽量,提高杀青效果,在盖膜前在鲜花蕾表面均匀地洒一次水,洒水量以鲜花蕾表面现水珠为宜。最后用宽 3 m 的塑料薄膜覆盖好鲜蕾,薄膜四周压好边,尽量压实密闭。盛夏季节膜内温度可达 80 ℃左右,初夏经 4～5 小时,盛夏经 3～4 小时即可完成杀青。按同法操作可进行第二、第三批鲜花蕾杀青。在鲜蕾采摘期的晴天,9:00—16:00 时 均可进行。经 3～5 小时,膜内花蕾下陷,厚度变薄,颜色由黄绿变为浅绿,黄花菜鲜蕾杀青即可结束。要及时揭膜,将杀好青的花蕾移出薄膜,第二天晾晒,经 3～4 天可干燥为成品。

张玉梅(2015)介绍,黄花菜的采收时间一般在花茎抽出约半个月,未开花之前进行,可连续采收 40 天。初期与后期产量较少,中期 20 天为采收盛期采收时间以花蕾含苞待放为宜,采收过早产量低,过晚容易开花而影响品质。采摘要按顺序,不能遗漏。采摘的方法是由下而上。采摘下来的黄花菜,应当天用蒸笼蒸熟,一般是先将水烧开,再把盛有花蕾的蒸笼放上,花蕾放在蒸笼内要保持疏松,不宜压得过紧。约 10 分钟就可蒸透取出摊开晾晒,一般在太阳下晒干,这样不但成本低,质量也比较好。

魏俊杰(2018)介绍黄花菜高温短时杀青效果。黄花菜高温短时杀青的优势是温度高、灭酶快;温差小、杀青均匀;营养损耗大幅度降低、成菜率显著提高;产品质量明显改善;杀青成本大幅度降低。

付强(2020)为优化黄花菜灭酶工艺,提高黄花菜产品质量及干制率,以河南淮阳的陈洲金针为供试材料,开展内源蒸汽灭酶与外源压缩蒸汽灭酶对比试验,确定黄花菜灭酶工艺。试验结果表明,外源压缩蒸汽灭酶比内源蒸汽灭酶的产品感观质量显著改善,且干制率提高 3.5%,灭酶最佳温度 110～115 ℃。外源压缩蒸汽灭酶提质增效显著,应代替传统内源蒸汽灭酶。

2. 速冻黄花菜　张欣等(2000)报道了速冻黄花菜的加工工艺。黄中培等(2008)通过实验确定了速冻黄花菜的蒸漂时间、速冻所采用的冷媒、速冻技术参数及其工艺流程。

(1)工艺流程

原料验收→去花梗→清洗→沥水→烫漂→冷却→沥水→速冻→包装→冷藏。

(2)操作要点

①原料验收和去花梗　选用花蕾饱满、长度适宜、颜色黄绿、花苞上纵沟明显、大小均匀的幼嫩黄花菜进行加工,剔除花苞开放、黄化、衰老及病虫危害的花苞,并轻轻摘去其木质化花梗。

②清洗　将合格的花蕾放入清洗池中轻轻漂洗,注意不要损伤花蕾。然后沥水以备烫漂。

③烫漂　将清洗沥水后的黄花菜迅速置于水温为(98±2)℃的螺旋式烫漂锅中进行烫漂。烫漂是速冻黄花菜加工中的一道重要工序,可破坏黄花菜中过氧化酶的活性并杀死微生物,同时可排除空气,保存维生素,使黄花菜更加翠绿。但若烫漂不足,酶类未被破坏,在冻藏和解冻后蔬菜会发生黄褐变。若烫漂过度,会造成蔬菜中的维生素 C 大量损失,蔬菜的色泽也会变成黄褐色。

④冷却、沥水　烫漂后的黄花菜须迅速进行冷却。方法是先用 10 ℃左右的自来水喷淋,然后进入 0～5 ℃的冷却水池中冷却至品温低于 10 ℃,然后沥水以备速冻。

⑤速冻　采用单体速冻机进行速冻。冷风温度为－35～－40 ℃,冻品间的空气流速为1.5～5 m/s,经5分钟后黄花菜花蕾的中心温度达－18 ℃以下。

⑥包装　要求快速进行,一般要求产品从开始包装到装运入库,时间不得超过15 min。包装间的温度为－10 ℃左右。包装间在包装前1小时必须开紫外灯灭菌15 min,所有包装用器具、工作人员的工作服、帽、鞋等均要定时消毒。工作人员必须严格执行食品卫生制度,非操作人员不得随意进入工作场所以杜绝污染,确保产品质量。内包装用0.06～0.08 mm厚的聚乙烯塑料薄膜袋,要求该材料耐低温、透气性低、不透水、无异味、无毒性。外包装用纸箱,每箱净重为10 kg(500 g×20袋),纸箱表面必须涂防潮油,内衬清洁蜡纸,外用胶带纸封口,所有包装材料在包装前须冷却至－10 ℃以下。

剔除速冻后颜色不良、粘结、断裂的不良品,迅速装入聚乙烯薄膜袋中称重(500 g/袋),抽真空密封,封口后进行金属探测,再装入纸箱。合格产品则在纸箱上打印品名、规格、数量、生产日期、贮存条件、保质期、批号和生产厂家。用胶带纸封好后,立即放入冷藏库中贮存。

⑦冷藏　经检验合格的速冻黄花菜应迅速送入－20(±1)℃的冷藏库中冷藏,注意保持库温稳定,并避免与鱼、肉等产品同库存放,以防串味。

3. 即食黄花菜　谭兴和等(2003)报道了即食黄花菜的加工工艺。工艺流程如下:

黄花菜挑选→5倍清水浸泡2 h→预煮5 min/100 ℃,以脱硫、复水、脱色→迅速用凉水冷却→离心脱水5 min→配料、拌料→称量、灌装→真空封口→杀菌→冷却→擦干→装箱。

阚旭辉等(2017)开发了一种方便携带的即食黄花菜。以感官评价和产品的质构性质为依据,通过单因素试验和正交试验优化工艺配方。结果表明,干黄花菜经100 ℃预煮复水5 min,经汤汁常温炮制48小时,汤汁配方为白砂糖添加量10%、白醋添加量5%、食盐添加量3%、香辛料添加量2%、$CaCl_2$添加量0.05%,在此条件下生产的黄花菜色泽鲜亮、润滑脆嫩、风味浓郁、品质优良。

4. 黄花调味品　唐道邦等(2004)报道了黄花鲜复合调味品的生产工艺,按照黄花菜粉:味精:I+G[①]=15:50:1.2,调湿水分为总重量的10%,干燥温度为80 ℃,制成的黄花鲜复合调味品,鲜味突出,黄花菜风味醇厚。

(1)工艺流程

$$\left.\begin{array}{l}黄花菜粉\\食盐、味精、I+G、HVP[②]\\糖、白胡椒粉、姜粉、粉末鸡油\end{array}\right\}混合→调湿→制粒→干燥→增香→成品→包装→入库$$

(2)操作要点　生产关键是混合与湿度控制。生产黄花鲜复合调味品的配料都易吸潮,操作间相对湿度要控制在60%以下,并配备紫外灯杀菌,室内不能堆有杂物。

①粉碎　将不含硫的干黄花菜经预处理(去杂、剔除色泽不一致的黄花菜),进一步干燥至含水量在10%左右时进行超微粉碎;其他原材料如不是粉状的则都进行粉碎至能过60目即可。

②混合　对主要物料配比按正交试验方案选出合理组合,然后用槽型高效混合机将原辅材料进行充分混合20分钟。注意将量少的辅料先用等量稀释法稀释后再与量大的原料充分混合。

---

① I+G为高浓度及高效调味料。核苷酸中的5′-肌苷酸钠(IMP)及5′-鸟苷酸钠(GMP)都呈强烈鲜味,实际使用时,常以50%IMP+50%GMP,称为I+G,其鲜味效果最佳。

② HVP为植物蛋白水解液。

③调湿　在混合好的原辅材料中进行调湿至整个物料含水量在8%～10%时即可进入下一工序,用挤压造粒机进行造粒。

④干燥　将造粒后的黄花鲜复合调味品用热风干燥箱在80℃下进行干燥,注意温度不能过高也不能过低。干燥20 min左右至物料水分含量低于5.0%时即可取出放在相对湿度小于60%的环境下冷却,并加入乙基麦芽酚和增香剂进行增香。

5. 保鲜黄花菜　龚吉军等(2003)为了有效延长鲜黄花菜的保藏时间,提高其经济效益,采用正交试验法研究了黄花菜的最佳气调贮藏温度、成熟度和处理方法。结果表明,成熟度为4级的黄花菜在2℃的贮温下,用还原铁粉作吸氧剂、6-BA作保鲜剂处理,保鲜效果好,28天后仍有商品价值。

郑贤利等(2008)研究了新鲜黄花菜利用Co-60γ射线辐照后的保鲜效果。鲜黄花菜采用不同包装材料(聚乙烯材料、真空复合膜)、不同包装方式(扎口、真空)包装后,然后进行不同剂量(0～8.0 kGy)、同一吸收剂量不同剂量率辐照,在不同储存条件下研究这些因素与保鲜效果的关系表明:①鲜黄花菜保鲜效果与储存温度有关,低温储存更有利于鲜黄花菜保鲜;②鲜黄花菜保鲜效果与辐照剂量有关,低剂量优于高剂量;③不同包装材料对鲜黄花菜保鲜也有关系,聚乙烯材料包装鲜黄花菜比较有利于保鲜,真空复合膜袋不适合鲜黄花菜的包装;④真空包装与扎口包装在室温条件下对鲜黄花菜的保鲜效果基本相同;⑤同一剂量、不同剂量率辐照鲜黄花菜对其保鲜效果没有显著差异。

韩志平等(2012)研究了不同浓度果蔬保鲜剂1-MCP处理对室温下PE塑料袋扎口包装贮藏的大同黄花菜好花率、失重率、可溶性糖、抗坏血酸含量的影响。结果表明:1-MCP处理可明显减缓贮藏期间黄花菜可溶性糖和抗坏血酸含量的下降,抑制其腐烂进程,明显延长黄花菜的贮藏保鲜期,且浓度为250 μL/L时,保鲜效果最好,可使黄花菜的保鲜期延长到7天。

顾岩岩等(2017)用不同厚度PLA薄膜对黄花菜进行了气调保鲜处理,在25(±1)℃贮藏期间对黄花菜的相关品质指标进行了测定。结果表明,PLA薄膜O_2和CO_2透过率低于PE薄膜,贮藏期间形成低氧高二氧化碳气体环境,抑制黄花菜呼吸作用,可明显减缓可溶性蛋白质、可溶性糖、叶绿素和抗坏血酸含量的下降,抑制细胞膜渗透率、过氧化物酶(POD)活性的上升,延长黄花菜的贮藏保鲜期至10天,而PE薄膜仅能贮藏6天,厚度25 μm的PLA薄膜保鲜效果最好。

任邦来等(2019)曾用1 mmol/L、2 mmol/L、3 mmol/L乙酰水杨酸(ASA)处理黄花菜,保鲜袋包装室温(25℃)贮藏,定期测定好花率、开花率、腐烂率、失重率、呼吸强度、总糖、抗坏血酸含量,研究不同浓度乙酰水杨酸(ASA)对黄花菜保鲜效果的影响。结果表明,不同浓度ASA均能延缓黄花菜好花率的降低,抑制黄花菜开花率和腐烂率显著下降,减缓贮藏期间总糖和抗坏血酸含量的下降。2 mmol/L效果最佳,可使黄花菜的保鲜期延长到7天。

6. 黄花菜饮料　黄花菜还可以制成饮料,如黄花菜金银花复合饮料、黄花菜固体饮料、黄花菜蜂蜜酸奶和黄花菜汁等。具体工艺流程详见提取与制备。

三、提取与制备

(一)提取

可提取黄花菜叶绿素、黄花菜多糖、黄花菜黄酮等。

1. 提取黄花菜叶绿素　叶绿素是植物体内进行光合作用的色素,可添加于一些食品如糕点、饮料中,也可以作为化妆品和药品的着色剂,用途广泛。

刘颖等(2015)为优化超声波辅助混合溶剂提取黄花菜叶绿素的最佳条件,在单因素试验的基础上进行正交试验,探讨了超声时间、超声功率、料液比等3个因素对黄花菜叶绿素提取量的影响。研究表明,以无水乙醇:石油醚=1:3为最佳提取剂,黄花菜叶绿素的最佳提取条件为超声时间40 min,超声功率150 W,料液比1:15,提取量为90.27 mg/kg,相比传统浸提法,超声波辅助混合溶剂法提取量更高,提取时间更短。

提取流程如下。

(1)黄花菜叶绿素最大吸收波长和提取剂的选择 准确称取3份剪碎的黄花菜花蕾各2.0 g,置于研钵中(5个平行处理),分别加入25 mL丙酮、无水乙醇:石油醚为1:3的提取剂,丙酮:无水乙醇为1:1的提取剂,研磨匀浆,离心过滤,在波长600~700 nm范围内扫描滤液,测定叶绿素的最大吸收波长,在最大吸收波长下测定不同提取液的吸光度以选择最佳的提取剂。

(2)超声波辅助正交优化黄花菜叶绿素的最佳提取条件 选用最佳提取剂对黄花菜叶绿素进行超声波辅助提取,在分析单因素试验结果的基础上进行正交试验,探讨黄花菜叶绿素提取的最佳条件。3个单因素及其水平分别为:料液比(1:10、1:15、1:20、1:25、1:30);超声时间(10 min、20 min、30 min、40 min、50 min);超声功率(50 W、100 W、150 W、200 W、250 W),以叶绿素提取量为试验指标。采用$L_9(3^4)$正交试验方案。

(3)黄花菜叶绿素提取量的测定 在确定的最大吸收峰波长下,测定样品的吸光度A,按Arnon公式计算叶绿素a和叶绿素b的含量。

叶绿素a含量C_a(mg/kg):$C_a = (12.7A_{663} - 2.69A_{645})$ V/W

叶绿素b含量C_b(mg/kg):$C_b = (22.9A_{645} - 4.68A_{663})$ V/W

叶绿素提取量$C_{(a+b)}$(mg/kg):$C_{(a+b)} = C_a + C_b$

其中:A_{645}为波长为645 nm下的吸光度值;A_{663}为波长为663 nm下的吸光度值;V为提取液的体积(mL);W为黄花菜质量(kg)。

2. 提取黄花菜多糖

(1)乙醇提取法 张宁等(2014)研究了黄花菜粗多糖的乙醇梯度提取工艺技术和其抗氧化活性。结果发现,乙醇浓度在30%~80%的范围内,黄花菜粗多糖的吸光度逐渐上升,样品的还原能力随浓度的增加而增大,即反应体系中黄花菜粗多糖浓度也随之增加,其对H_2O_2和·OH自由基的清除作用也明显增加,同时S5(80%)乙醇沉淀的多糖抗氧化程度比其他醇提物活性更大。

工艺流程:

①预处理 黄花菜的清洗、晾晒、风干、粉碎,加入95%的溶解,摇匀,浸泡。

②脱脂 一般需要先加入醇或醚进行回流脱脂,然后将脱脂后的残渣用以水为主体的溶剂(热水、稀盐或稀碱水或热的稀盐或稀碱水)提取多糖,利用多糖不溶于有机溶剂的性质可用甲醇-氯仿、乙醇-氯仿混合溶液、石油醚或丙酮等除去色素、脂肪酸等脂溶性成分。

③醇沉 重复浸提2次,合并滤液,旋转蒸发浓缩到200 mL,加4倍体积的无水乙醇4℃沉淀过夜,在4000 r/min下离心,沉淀为黄花菜粗多糖。

(2)水浴法浸提黄花菜多糖 武永福(2015)采用单因子试验和$L_9(3^3)$正交试验设计对水浴提取黄花菜多糖的最佳工艺条件进行了优化,并对苯酚—硫酸法测定黄花菜多糖作了修正。结果表明,提取黄花菜多糖的最佳工艺条件为:温度80℃、浸提6小时、料液比1:15时,黄花菜多糖的提取率最高,多糖含量为 2.68%。并以此计算出苯酚—硫酸法葡萄糖标准曲线测黄花菜多糖的换算因子为 4.2。

①浸提工艺

原料→清洗→热风烘干→磨碎过筛→石油醚脱脂→水浴浸提 3 次→过滤→合并滤液→旋转蒸发→加乙醇→离心→收集沉淀→加水复溶→加乙醇→离心→沉淀用无水乙醇或丙酮洗涤 3 次→水浴干燥得黄花菜多糖晶体→称重。

②操作要点

热风烘干:用烘箱在 60 ℃对洗净的黄花菜烘干,直至黄花菜质量不再减轻为止。

磨碎过筛:过筛目数过高,会给以后的抽滤带来困难。

石油醚脱脂:索氏抽提回流至石油醚提取液无色为止。

加乙醇:加浓缩液 5 倍体积的 95%乙醇,静置过夜。

离心:用 3500 r/min,离心 20 min,取其上清液。

洗涤烘干称重:沉淀洗涤后所得多糖晶体在 60~70 ℃烘箱干至质量不变,称重。

(3)其他方法 水提醇沉法、微波提取法、超声波提取法、微波处理-水提醇沉法和超声波处理-水提醇沉法提取黄花菜多糖

周纪东等(2015)试验研究,黄花菜富含多糖成分,可分别采取水提醇沉法、微波提取法、超声波提取法、微波处理-水提醇沉法和超声波处理-水提醇沉法 5 种提取方法,并采用苯酚-硫酸法测定多糖含量。结果表明,其中 4 种提取方法存在显著差异,以微波提取法效果最佳,其后依次为优化后的超声波处理-水提醇沉法、超声波提取法、水提醇沉法。

微波提取法是黄花菜多糖提取的理想方法。优化后的超声波处理-水提醇沉法也不失为黄花菜多糖提取的一种良好方法。

提取方法为首先进行粗多糖提取,黄花菜样品干燥制成粉末,用石油醚 60~90 ℃回流脱脂 3 小时,再用 80%乙醇 85 ℃回流 6 小时,以除去单糖、寡糖等,自然风干滤渣。各称取 10 g 滤渣可进行如下 5 种方法处理。

①水提醇沉法:以液固比 20:1 加入蒸馏水,置于水浴锅中,80 ℃热水浸提 3 小时,提取 2 次,提取液用纱布过滤后合并滤液。

②微波提取法:常温下以液固比 25:1 加入蒸馏水,置于微波提取设备中,微波功率 490 W,提取时间 100 秒,提取 2 次,提取液用纱布过滤后合并滤液。

③超声波提取法:常温下以液固比 20:1 加入蒸馏水,置于超声波粉碎器中,超声波功率 150 W,提取时间 70 min,提取 2 次,提取液用纱布过滤后合并滤液。

④微波处理-水提醇沉法:微波处理后取出置于水浴锅中,80 ℃热水分别浸提 1 小时、2 小时、3 小时,提取 2 次,提取液用纱布过滤后合并滤液。

⑤超声波处理-水提醇沉法:按照超声波提取法中超声波处理后取出置于水浴锅中,80 ℃热水分别浸提 1 小时、2 小时、3 小时,提取 2 次,提取液用纱布过滤后合并滤液。

上述 5 种方法所得滤液分别减压浓缩至约 100 mL,加入 4 倍体积的无水乙醇进行醇析沉淀,4 ℃静置过夜,4000 r/min 离心 10 分钟收集沉淀即得粗多糖。

(4)苯酚-硫酸法测定黄花菜多糖 欧丽兰等(2016)采用苯酚-硫酸法测定黄花菜多糖的含量,在单因素试验的基础上,采用 $L_9(3^4)$ 正交试验,以黄花菜多糖提取率为指标,探讨了提取次数、提取温度、提取时间、料液比对黄花菜多糖提取率的影响,得到最佳工艺:料液比

$1:25(g/mL)$，提取温度 80 ℃，提取时间 2 小时，提取次数 3 次，黄花菜多糖的平均提取率为 17.47%。

干黄花菜磨粉，过 400 目筛备用。取黄花菜粉末 5.0 g 用滤纸包好，放入索氏提取器，用石油醚 60～90 ℃ 回流脱脂 4 小时，将脱脂后的滤纸包风干，用 80% 乙醇溶液 85 ℃ 回流 6 小时，除去样品中的单糖、寡糖等，最后风干滤渣。将滤渣热水浸提后用纱布过滤，收集滤液减压浓缩至 100 mL，加入一定量的无水乙醇进行醇析沉淀，4 ℃ 静置过夜，4000 r/min 离心 10 分钟收集沉淀，即粗多糖。

(5) 超声协同高压矩形脉冲电场提取黄花菜多糖 陆海勤等（2017）以 Fick 第二扩散定律作为理论基础，建立了超声协同矩形高压脉冲电场提取黄花菜多糖的动力学模型。他们采用超声协同高压矩形脉冲电场提取黄花菜多糖，在单因素实验的基础上，利用响应面分析法优化超声协同高压矩形脉冲电场提取黄花菜多糖工艺，最佳工艺条件为：提取时间 30 分钟，提取温度 59 ℃，超声功率 700 W，电场电压 14 kV，得到的黄花菜多糖得率为 10.03%，此结果接近预测得率，表明提取工艺是可行的。具体操作流程如下：

① 黄花菜的预处理 将黄花菜在 50 ℃ 的电热鼓风恒温干燥箱中烘干、粉碎、过 60 目筛，将粉碎后的粉末用石油醚（沸点中 60～90 ℃）回流脱脂 4 小时，再用 75% 的乙醇浸泡 24 小时后抽滤，以除去色素、黄酮、单糖、寡糖等物质，自然风干后装入塑封袋中待用。

② 超声协同矩形高压脉冲电场提取黄花菜多糖工艺 准确称取经预处理后的黄花菜粉末 5.00 g，置于 250 mL 锥形瓶中，添加一定比例的蒸馏水，用橡胶塞密封，固定于超声水浴槽的中央（事先将超声水浴槽中的水温恒定在一定温度），调整电极棒的位置，使其下端位于提取液以下，同时打开超声和静电场发生器，在设定的提取条件（液料比、提取时间、提取温度、超声功率、电压、电场频率）下进行提取。提取一段时间后，将提取后的物料在 4000 r/min 下离心 15 分钟，收集上清液，通过 400 目纱布过滤，得到黄花菜多糖粗提液，测量粗提液体积。精确移取 5 mL 粗提液加入 4 倍体积无水乙醇搅拌均匀，密封置于 4 ℃ 冰箱中醇沉 24 小时，在 4000 r/min，4 ℃ 条件下离心 10 分钟得黄花菜多糖沉淀物，将沉淀物复溶于蒸馏水，置于 250 mL 容量瓶中定容，得黄花菜粗多糖溶液。

李小菊等（2020）综合考虑提取过程各个因素对黄花菜多糖提取率的影响，建立超声辅助提取黄花菜中多糖的动力学模型，黄花菜多糖浓度随着提取过程中温度、时间变化的规律可以较好地反映出来，可以预测各种提取条件下黄花菜多糖的质量浓度，为黄花菜多糖提取工程放大和深入理论研究提供依据。

黄花菜多糖提取流程：将黄花菜放入 60 ℃ 的烘箱中，直到质量不变。用粉碎机磨成粉末，过 50 目筛，称直径为 0.28 mm 一定量经烘干粉碎的黄花菜粉末，包好以防黄花菜粉末四散开来不好收集，再用石油醚在 76～78 ℃ 回流脱脂 4 小时左右，直至索氏提取器里的滤液呈无色透明。将脱脂后的滤纸包取出风干。准确称取脱脂、脱单糖黄花菜粉末一定质量，量取实验室新制蒸馏水，设定好提取条件提取，将所得滤液，抽滤除去杂质。用旋转蒸发仪浓缩抽滤所得的滤液至一半，然后将浓缩液置于烧杯中，冷却至室温，将其加入 4 倍体积的无水乙醇中，缓慢搅拌，放置冰箱中 5 ℃ 静置 12 小时，在离心机中离心 5 分钟，沉淀即为多糖。将得到的粗多糖用乙醇、丙酮多次进行清洗，通过抽滤，干燥即得黄花菜多糖。

3. 提取黄花菜黄酮 黄花菜中黄酮类化合物抗氧化衰老等功效显著，且人体无法合成黄酮，只能从食物中获取。因此，黄花菜中的黄酮提取具有非常重要的开发价值。研究表明，黄花菜总黄酮的提取工艺以传统乙醇法、超声波法、微波法等技术为主。

(1)乙醇法　乙醇法作为传统的提取金针菜黄酮的方法,是以乙醇为溶剂,根据相似相溶原理,使溶剂进入细胞,不断溶解可溶性物质,将提起物萃取提纯。

杨青等(2004)以芦丁为标准物配置标准液,采用乙醇浸提,测定金针菜中黄酮含量,得出最佳提取工艺为:水浴温度为 75 ℃,乙醇浓度为 95%,提取时间为 2 小时,料液比 1:20,总黄酮含量为 6.98%。

具体流程:标准曲线的制作　精密称取在 120 ℃减压干燥至恒重的芦丁对照品 10.1 mg,加甲醇溶解,转入 100 mL 容量瓶中,用 30%乙醇做稀释剂,稀释至刻度。分别吸取 0.0 mL、1.0 mL、2.0 mL、3.0 mL、4.0 mL、5.0 mL、6.0 mL 放入 25 mL 容量瓶,分别加入 0.3 mL 10%硝酸铝与 0.3 mL 5%亚硝酸钠,用 30%乙醇定容。于波长 510 nm 处测定其吸收度。以浓度(C)与吸光度(A)进行直线回归,得方程:$C=1.927A+0.0148$ $r=0.998$。

样品含量的测定:准确吸取提取物液 1.0 mL,置于 25 mL 容量瓶中,按标准曲线制备方法测定吸光度,并计算含量。

黄酮类化合物的提取:取 20 g 黄花菜,碾碎,按比例加入一定体积分数乙醇溶液,在水浴中加热 2 小时,冷却,滤过,测定。

郎娜等(2007)采用浓度为 95%的乙醇提取黄花菜中的总黄酮物质,分光光度法测定黄花菜中的总黄酮含量。提取流程如下:

黄花菜洗净,风干,粉碎,于 60 ℃干燥 24 小时左右,待用。

称取黄花菜样品 1.00 g,在 95%乙醇溶液中浸泡 30 小时后,于 75 ℃索氏提取 3 小时。

将所得乙醇提取液进行旋转蒸发浓缩,使浓缩液的体积为原来的 1/4。

将浓缩液以 5000 r/min 的速度离心 15 min,收集上清液。

将上清液转移至装有预处理过的树脂(NKA)层析柱中(内径 1.5 cm),用乙醇溶液洗脱。将洗脱后的样品液以每试管 4 mL 左右存放,待测吸光度。

树脂的预处理:用 0.5%(V/V)乙醇浸泡 24 小时后醇洗至流出液加水不呈白色混浊为止,水清洗净乙醇,用 5%HCl(V/V)溶液洗 2~4 小时,水洗至 pH 为中性,用 2%NaOH(V/V)溶液洗 2~4 小时,水洗至 pH 为中性。

精密吸取样品液 1.00 mL,置于 10 mL 容量瓶中,用 60%乙醇溶液补充至 5.00 mL,分别加入浓度为 5%的亚硝酸钠溶液 0.3 mL,摇匀,静置 6 分钟后,加入浓度为 5%的亚硝酸铝溶液 0.3 mL,摇匀,放置 6 分钟后,再加入浓度为 4%的氢氧化钠溶液 4.0 mL,摇匀,放置 12 min 后于波长 510 nm 处进行吸光度测定,同时作空白。按标准曲线制备法进行测定黄花菜总黄酮的含量。

黄酮标准曲线制作:精密称取干燥至恒重的芦丁标准品 11.2 mg,定容于 10 mL 容量瓶中。分别吸取 0.0 mg、0.1 mg、0.2 mg、0.3 mg、0.4 mg、0.5 mg 于 10 mL 容量瓶中,用 60%乙醇溶液补充至 5.00 mL,分别加入浓度为 5%的亚硝酸钠溶液 0.3 mL,摇匀,静置 6 min 后,加入浓度为 5%的硝酸铝溶液 0.3 mL,摇匀,放置 6 min 后,再加入浓度为 4%的氢氧化钠溶液 4.0 mL,摇匀,放置 12 min 后于波长 510 nm 处测定吸光度。以芦丁标准品的浓度 C 为横坐标,吸光度 A 为纵坐标,绘制标准曲线。用最小二乘法进行线性回归,得回归方程 $A=aC+b$,并求其相关系数 R。

詹利生等(2005)采用乙醇索氏提取器粗提、聚酰胺柱层析精制提取黄花菜中总黄酮。发现同样量的乙醇分多次提取的产率大于单次提取率。乙醇可通过蒸馏回收利用,大大降低提取成本。粗提黄酮经聚酰胺柱层析纯化后可使产品纯度更高,而聚酰胺柱经纯溶剂淋洗后可反复多次使用。

具体流程如下：

粗提。精密称取黄花菜干品 100 g，粉碎后于索氏提取器中用 95% 乙醇 400 mL 回流 2 h，再分别用 75% 乙醇 240 mL、100 mL 回流 2 次，每次 30 min，合并 3 次滤液。将合并滤液进行常压下蒸馏回收乙醇，至滤液浓缩到 20 mL 且无醇味时取出冷却。

纯化。取聚酰胺过 30 目筛后用蒸馏水浸泡 24 小时，湿法装柱。先取经浓缩后的提取液通过聚酰胺柱，再分别用 40 mL 蒸馏水洗涤 2 次，然后用 60 mL 热（约 70 ℃）的 50% 乙醇洗脱。10 ℃ 冷却洗脱液得黄色小针状晶体，抽滤，洗涤后 50 ℃ 干燥得产品。

（2）乙醇回流法　乙醇回流法是溶剂热浸提的另一种提取方式，有机溶剂可通过过滤回收。

滕坤等（2008）采用乙醇回流提取金针菜中黄酮，最佳工艺为：乙醇浓度为 60%，于 90 ℃ 加热回流提取，每次 3 小时。其中乙醇浓度是影响提取效率的最重要的因素。具体流程如下：

①标准溶液的制备　精密称取 120 ℃ 干燥至恒重的芦丁 20 mg，置 100 mL 量瓶中，加乙醇适量，置水浴上微热，使其溶解，冷却，加乙醇至刻度，摇匀，精密量取上述试液 10 mL，置于 100 mL 量瓶中，用蒸馏水稀释至刻度，摇匀即得每 1 mL 含芦丁 0.02 mg 的标准品溶液。

②标准曲线的制备　精密量取上述标准品溶液 1.0 mL、2.0 mL、3.0 mL、4.0 mL、5.0 mL、6.0 mL，分别置于 25 mL 量瓶中，依次加入 5% $NaNO_2$ 溶液，摇匀，放置 6 min，分别加 10% $Al(OH)_3$ 溶液 1 mL，摇匀，放置 6 分钟。然后分别加 4% NaOH 溶液 10 mL，并加水至刻度，摇匀，静置 15 分钟，在 510 nm 处测吸收度，根据标准曲线，经处理得方程

$C = 84.317A - 0.77361$，相关系数 $r = 0.9991$。

③取干制黄花菜 5.0 g，根据单因素，单水平的试验，选定的三个因素（乙醇浓度、提取温度和提取时间）进行正交设计，用乙醇回流提取后合并醇提取液，过滤，减压回收乙醇至无醇味，趁热过滤，加等量的蒸馏水并调 pH 5～7 后，冷藏，静置过滤，按一定浓度加热后用蒸馏水定容，得总黄酮提取液，超滤后按上述含量测定方法测定。

周秀梅等（2013）为找到黄花菜中粗黄酮的最佳提取工艺，回流法以固液比、醇浓度、提取温度和提取时间为回流提取 4 个因素，通过单因素和正交试验进行考察；同时考察超声提取工艺。结果最终最佳提取工艺为固液比 60 mL，提取温度 95 ℃，醇浓度 95%，提取时间 2.5 小时。超声提取中提取时间为 40 min，醇浓度为 90%，固液比为 60 mL 时提取效率最高。试验结论是回流法提取效率高于超声法的提取效率。

（3）超声波提取法　高中松（2006）通过单因素实验和正交试验，确定超声提取黄花菜总黄酮最佳工艺是：以 70% 乙醇作为溶剂，料液比为 1：20 进行超声提取 30 min。其黄酮含量为 0.527%。具体流程如下：

①标准曲线的绘制　精确称取 10 mg 已烘至恒重芦丁标样，以 70% 乙醇溶液溶解并定容至 50 mL，摇匀即得浓度为 0.2 mg/mL 标样储备液。取芦丁标样储备液 2.00 mL 于 10 mL 容量瓶中，用质量分数 65% 乙醇溶液定容。用紫外分光光度计在波长 190～400 nm 范围内进行吸光度扫描，2 次扫描重复平均，最大特征吸收峰为 360 nm。

分别移取 0.0 mL、0.5 mL、1.0 mL、1.5 mL、2.0 mL、2.5 mL 芦丁标样储备液于 6 个 10 mL 容量瓶中，加入质量分数 70% 的乙醇溶液定容，在 360 nm 处测定吸光度。以吸光度对浓度进行回归，计算回归方程和相关系数。$Y = 0.0325X + 0.00054$，$R = 0.9989$。

②黄花菜总黄酮含量的测定　准确称取黄花菜干粉 5.000 g 于三角瓶中，加 100 mL 质量分数 70% 的乙醇，于 70 ℃ 的水浴锅内加热回流，回流 2 小时后，过滤，重复上述操作，反复抽提，

至浸提液为无色,合并滤液,量出滤液总体积。吸取 1 mL 样液于 10 mL 容量瓶中,加入 4 mL 蒸馏水,加质量分数70％的乙醇定容,取 1 mL 稀释至 25 mL,测定在 360 nm 处的吸光值,由回归方程计算出样液浓度,进而计算出总黄酮量和每克黄花菜的总黄酮含量。

彭慧敏等(2006)用正交实验法对黄花菜中黄酮的超声波提取工艺中的超声功率、样品细度、固液比例、提取时间 4 个因素进行了研究,优选出简便可靠的黄酮提取工艺。其最佳提取工艺条件是:黄花菜过 60 目筛后,超声波功率为高档,固液比为 1∶10,提取时间为 20 min。具体操作如下:称取干黄花菜 50 g,粉碎,过 60 目筛,按一定的比例加入乙醇溶液(75％体积比)进行超声波处理。过滤,加石油醚 100 mL,萃取,弃去石油醚层,减压蒸馏,回收乙醇,得浓缩液。

白雪松等(2012b)通过单因素试验和正交试验得到超声波法提取黄花菜中总黄酮的最佳工艺,紫外分光光度法测定黄花菜中总黄酮含量。最佳提取工艺条件是:乙醇浓度为60％,料液比为 1∶20,超声功率为 60 Hz,提取时间为 40 min,此条件下测得总黄酮含量为 0.536％。

李云霞(2014)在白雪松的超声辅助提取方法的基础上稍作修改,乙醇浓度为 60％,提取时间为 50 min,料液比为 1∶20,超声频率为 70 Hz,最终获得黄花菜中总黄酮含量为 0.604％。

杨日福等(2017)曾在自发研究的提取装置的基础上,通过单因素试验,比较超声协同静电场辅助提取和单独使用超声辅助提取黄花菜黄酮的提取效率;采用正交试验,探索超声协同静电场辅助提取黄花菜总黄酮的最优工艺。结果表明:超声协同静电场提取比超声辅助提取可以获得更高的黄花菜黄酮提取得率;超声协同静电场的最佳提取因素组合是静电场为 7 kV,超声电功率为 600 W,乙醇体积浓度为 50％,提取时间为 40 min,固液比 1∶25 以及提取温度55 ℃由单因素试验确定。在最佳因素的条件下,黄花菜黄酮的提取得率最高可达 1.48％。

(4)微波提取法　微波技术是利用微波辐射使植物细胞内部温度迅速升高,加速对细胞的破壁作用,使细胞内有效成分快速溶出,是微波与溶剂萃取相结合的方法。此方法提取有效成分效率高、操作简单、副产物少、提取剂用量少以及产物易提纯等优点。

马宏芳等(2010)采用微波法对金针菜中黄酮类化合物进行提取。确定最佳提取工艺:乙醇浓度 50％,料液比为 1∶20,微波功率 150 W,提取时间 4 min,黄酮类化合物的平均提取率为 3.756％,平均回收率为 99.12％,RSD 为 2.135％($n=5$)。具体工艺流程如下:

①芦丁标准曲线的制作　精密量取对照品溶液 0.0 mL,1.0 mL,2.0 mL,3.0 mL,4.0 mL,5.0 mL,6.0 mL,分别置于 25 mL 容量瓶中,各加水至 6 mL,加 5％亚硝酸钠溶液 1.0 mL,使混匀,放置 6 min,加 10％硝酸铝溶液 1.0 mL,摇匀,放置 6 min,加 1％氢氧化钠溶液 10.0 mL,再加水至刻度,摇匀,放置 15 min,用分光光度法在 510 nm 波长处测定吸收度,以吸收度为纵坐标,浓度为横坐标,绘制标准曲线,得回归方程:$Y=11.32143X+0.00343$($r=0.9998$)。

②黄花菜中总黄酮提取率的测定　取各种不同实验条件下所得的抽滤液,乙醇定容到 250 mL,分别从定容好的样液中取 10 mL 定容到 50 mL,精密量取样品液 5.0 mL,置于 25 mL 容量瓶中,按照标准曲线方法进行操作,在 510 nm 波长处测定吸收度 A_1;另精密量取样品液 5.0 mL,置于25 mL 容量瓶中,加水至刻度,摇匀,在 510 nm 波长处测定吸收度 A_2;取二次吸收度的差值,由回归方程计算样品中总黄酮的提取率。

(5)响应面法　响应面法(response surface analysis methodology,RSM)是利用合理的试验设计,采用多元二次回归方程拟合因素与响应值之间的函数关系,通过对回归方程的分析寻求最佳工艺参数,进行多变量优化的一种有效方法。

周向军等(2011)在单因素试验的基础之上,分别选取浸提温度、乙醇浓度、提取时间和料液比作为影响因子,以总黄酮提取率为响应值,进行响应面分析,优化金针菜总黄酮的提取工艺,确定最佳提取工艺:乙醇浓度90%,浸提温度75 ℃,提取时间3小时,料液比1∶35。总黄酮提取率实际值为0.581%,与预测值0.571%接近,相对误差仅为1.32%。此分析方法优选的工艺稳定、可行、操作简单,具有一定的实用价值。具体操作方法如下。

①标准曲线的绘制　精确称取120 ℃干燥后并恒重的芦丁对照品25 mg,加入75%的乙醇80 mL,加热溶解,冷却后用75%乙醇定容至100 mL,摇匀备用,配置成0.25 g/L的芦丁对照品溶液。采用$NaNO_2$－$Al(NO_3)_3$－$NaOH$光度法制作标准曲线:精密吸取0,2 mL,3 mL,4 mL,5 mL,6 mL,7 mL上述芦丁对照品溶液,分别放置25 mL的量瓶中,加5%亚硝酸钠1 mL摇匀放置6 min,加10%的硝酸铝1 mL摇匀放置6 min,加4%的氢氧化钠10 mL,用75%的乙醇稀释至刻度,放置15 min后测吸光度。以吸光度为纵坐标,芦丁质量浓度为横坐标,进行线性回归,得回归方程$Y=13.217 X-0.0047$($R^2=0.9997$)。

②总黄酮的提取及测定　精确称取黄花菜干粉1 g,置于100 mL烧瓶内,以一定料液比加入一定体积分数的乙醇溶液,于一定温度下回流提取一定时间后,3000 r/min离心15 min。滤渣同法处理,合并上清液。

总黄酮含量(以芦丁计)＝样液黄酮含量(mg)×提取液总体积(mL)/测定体积(mL)

提取率%＝样液中黄酮的含量(mg)/黄花菜质量(mg)×100%。

(6)薄层层析法　薄层层析法是一种分离混合物的技术,样本被点在薄片后,流动相会因为毛细现象而向上移动,不同分析物以不同速度向TLC片上端爬升,从而被分离。

张冬冬等(2002)采用薄层层析法对金针菜中黄酮进行定性,确定金针菜中含大量黄酮醇类黄酮成分,又采用聚酰胺柱层析法提取分离得到结晶总黄酮,测得其百分含量为4.9%。工艺流程如下:

①预试液制备　精密称取黄花菜干品粗粉5 g,于索氏提取器中加70%乙醇100 mL回流1小时,过滤,滤液备用。

②薄层层析(TLC)

材料:硅胶G薄板(5×20 cm)1块。

展开剂:苯∶吡啶∶甲酸(36∶9∶5)1 mL。

对照品:1%槲皮素甲醇液1 mL。

显色剂。1%三氯化铝乙醇液2 mL。

方法:

点样。取硅胶G薄板一块,在距底边1 cm处用铅笔划一起始线,用微量注射器取预试液1 mL,在起始线上点一样品点为A点,再用微量注射器取对照品1 mL,距A点1 cm处点上一样品点为B点。

展开:层析缸中放展开剂,点样板移至层析缸中展开,待溶剂前沿移至距板上端1 mL处时,将薄板取出。

显色:待展开剂挥散尽后,喷洒1% $AlCl_3$乙醇液,1 min后,出现大量黄色斑点,紫外光下显黄绿色。测出Rf值。

③总黄酮含量测定

提取:精密称取黄花菜干品粗粉100 g,用95%乙醇500 mL,于索氏提取器中回流1小时,再分别用70%乙醇250 mL、100 mL回流2次,每次30 min,合并3次滤液。

浓缩:将上述回流液转入蒸馏烧瓶中,水浴常压下回收乙醇,至提取浓缩液为 20 mL 且无醇味时,停止加热。

(7)聚酰胺柱层析　用聚酰胺(30 目)湿法装柱(装柱前已用蒸馏水浸泡 24 小时)。先取上述浓缩液过柱,再分别以水和 50%乙醇洗脱层析柱;将所得 50%乙醇洗脱液冷却,得黄色小针状晶体。抽滤,洗涤后得产品。

(8)其他方法　郎娜等(2007)采用分光光度法测定黄花菜中的总黄酮含量,认为该结果准确可靠。

赵二劳等(2008)建立了一种黄花菜中总黄酮的 $Al(NO_3)_3$ 显色分光光度测定方法。以芦丁为标样,在一定条件下,芦丁的浓度与吸光度呈线性关系。回归方程为 $A = 0.0121C + 0.0014$,$R^2 = 0.9999$,方法的回收率为 98.1%~102.3%,相对标准偏差(RSD)为 2.1%,测得黄花菜中总黄酮量为 3.71 mg/g。

滕坤等(2009)选用紫外分光光度法在 510 nm 处对黄花菜中总黄酮成分进行含量测定,测得总黄酮的平均回收率为 99.0%,RSD=1.89%,总黄酮含量可达 0.439%。该方法操作简便、科学准确、重现性好、测定成本低。

4. 提取黄花菜类胡萝卜素　类胡萝卜素是一类天然化合物的总称,大量存在于植物中,还存在于许多微生物(如光合细菌)和动物体内,是生物体必不可少的成分。类胡萝卜素呈黄色、红色或橙红色,具有食品着色剂和营养增补剂的双重功效,因而被广泛应用于食品、化妆品和饲料添加剂中。

吴天珍等(2021)介绍了利用分光光度法筛选提取黄花菜中类胡萝卜素的最佳条件。通过单因素试验,研究料液比、超声温度、超声时间、超声功率对提取类胡萝卜素含量的影响,采用正交试验确定超声波法提取黄花菜中类胡萝卜素的最佳提取工艺。结果表明,以丙酮石油醚(1:1)为提取溶剂,按料液比 1:20(g/mL),超声温度 55 ℃,超声时间 25 min,超声功率 200 W 进行超声提取,在 445 nm 波长下测定类胡萝卜素提取液的吸光光度值。此方法所得类胡萝卜素含量为 62.16 mg/100 g,重复性好。

黄花菜中类胡萝卜素提取工艺过程:黄花菜鲜样→蒸馏水浸泡 30 min 左右(除去糖分及秋水仙碱)→烘箱烘干(50 ℃)→粉碎(60 目)→称取黄花菜粉末 0.25 g→加入含有 0.1% BHT 的有机溶剂 25 mL→超声波辅助提取→离心取上清液→定容至 50 mL→测定吸光度值→计算类胡萝卜素含量。

5. 提取黄花菜挥发油　黄花菜香气高雅飘逸,其挥发油有作为高档烟用香精的潜质。

(1)水蒸气蒸馏法　虎玉森等(2010)利用水蒸气蒸馏法从黄花菜中提取挥发油,运用气相色谱-质谱技术,对其化学成分进行分离和鉴定,用色谱峰面积归一化法计算各组分的相对含量。色谱分离了 100 个组分,鉴定了其中 36 个组分,占总含量的 95.68%,其中含量最高的是 3-呋喃甲醇,为 76.17%。

提取工艺:取干燥黄花菜 500.0 g,置于挥发油提取器中,通入水蒸气进行蒸馏,控制馏速以每分钟 2~3 滴为宜。馏出液用无水乙醚萃取,萃取液加入足量无水硫酸钠,静置过夜,以除去水分。萃取液用旋转蒸发仪蒸发浓缩至黄色油状物,得挥发油 2.35 g,挥发油收率为 0.47%。

(2)同时蒸馏萃取法　黄树永等(2015)为了充分提取黄花菜中的挥发性香味成分,利用响应面分析法优化黄花菜挥发性香味成分的同时蒸馏萃取条件。结果表明,同时蒸馏萃取黄花菜香味物质的适宜条件为:温度 60.87 ℃,时间 3.05 小时,液料比 10.47,优化后黄花菜挥发性香味成分的总量为 1.711 mg/g。

郭晓玉等(2016)采用同时蒸馏萃取法提取黄花菜干粉中的挥发油,通过 GC/MS 分析其挥发性成分,共分离鉴定出 29 种对卷烟有明显致香作用的物质。

黄花菜挥发油提取流程为:称取 50 g 黄花菜干粉末和 50 g NaCl(质量比 1∶1)于 1000 mL 圆底烧瓶中,加入 500 mL 去离子水(NaCl 浓度为 10%),装于同时蒸馏萃取装置一侧,用可控制电压的电热套进行加热。装置的另一端接装盛有 50 mL 二氯甲烷的鸡心瓶,水浴温度 60 ℃,同时蒸馏萃取 3 h。除去有机溶剂,得到黄花菜挥发油。

6. 提取黄花菜卵磷脂 卵磷脂是由极性脂(磷脂、糖脂)、非极性脂(甘油三酸脂、固醇、游离脂肪酸)以及少量其他物质组成的复杂混合物。每 100 g 黄花菜含磷达 173 mg,可见黄花菜中卵磷脂含量较高。

杨大伟等(2008)以乙醇为提取剂。选择乙醇浓度、提取温度和提取时间等因素进行单因素实验;在此基础上,进行了三因素三水平正交实验。实验结果表明,当乙醇浓度为 85%,提取温度为 50 ℃,提取时间为 60 min 时,可以有效地提取黄花菜中粗卵磷脂达 0.75%。

黄花菜粗卵磷脂提取方法:根据卵磷脂不溶于丙酮的特点,先用丙酮处理黄花菜粉末,除去其中的水分、胆固醇以及脂肪等非目的提取物,然后根据卵磷脂溶于乙醇的性质,用乙醇对丙酮滤粉进行溶解,置于恒温环境中蒸发乙醇后,将其从溶液中沉淀出来,黄色蜡状固体即为粗卵磷脂。

彭玲(2013)以干制黄花菜为试验原料,探索超声波辅助提取黄花菜卵磷脂的工艺条件,考察影响提取效果的主要因素,通过正交试验优化提取工艺。试验结果表明,卵磷脂的最佳工艺条件为乙醇体积分数为 95%、提取温度 40 ℃、提取时间 40 min、超声波功率 150 W、料液质量体积比为 1∶10(g/mL),卵磷脂的提取率达到 9.02%。

7. 提取黄花菜多酚 植物多酚被誉为"第七类营养素",在制药、生化、食品及精细化工等领域具有广阔前景。

周向军等(2012)通过单因素和正交试验探讨了提取时间、乙醇浓度、料液比及提取温度对黄花菜多酚得率的影响。得出黄花菜多酚最佳提取工艺为:提取时间 60 min、乙醇浓度 55%、料液比 1∶15、提取温度 35 ℃;在此条件下,多酚得率为 28.89%。

周志娥等(2014)探索超声波提取黄花菜中多酚类物质的最佳工艺条件。结果表明,超声功率为 120 W、料液比为 1∶20、乙醇浓度为 90%、超声时间为 40 min 时为最佳提取条件,黄花菜多酚类物质提取得率为 2.975%。

(二)制备

以制备饮料为例。

1. 黄花菜金银花复合饮料 张先淑等(2015)曾探讨黄花菜、金银花为主要原料加工复合饮料。以感官评分、理化指标和菌落总数为评价指标,通过单因素试验与正交试验筛选出最佳配比。结果表明,黄花菜 40%、金银花 15%、白砂糖 8%、柠檬酸 0.08% 的饮料营养丰富,口感适宜。

(1)工艺流程

①黄花菜滤液制备 干黄花→清洗去杂浸泡→打浆→粗滤→滤液→稳定剂→溶解过滤→滤液

②金银花滤液制备 干金银花→浸提→过滤→滤液

③复合饮料制备 将黄花菜滤液＋金银花滤液→调配、混合→精滤→脱气→均质→灭菌

(2)操作要点

①金银花汁的提取　选用重庆秀山市售一级干金银花,用 30 倍的水浸提,加 0.1% 的抗氧化剂维生素 C,浸提温度为 90 ℃,时间为 50 min,浸提两次,过滤合并滤液待用。

②黄花菜汁的提取　选用重庆秀山市售一级干黄花菜,用 50 倍水浸泡 1～2 小时之后,将洗好的黄花菜加入 0.1% 的抗氧化剂维生素 C 于打浆机中打浆过滤。浆液再用离心机(滤布孔径为 120 目)离心过滤,得黄花菜提取液备用。

③调配、精滤　将 CMC-Na、白砂糖、柠檬酸等辅料溶解过滤后与提取液按比例混合均匀。调配后的溶液,经胶体磨处理后再次过滤,得到比较稳定的料液。

④脱气　控制调配液温度在 50 ℃ 左右进行脱气,脱气真空度为 0.05～0.08 MPa。

⑤均质　紧接着用均质机进行均质,均质压力为 15～20 MPa。

⑥灭菌　将调配好的饮料装入玻璃瓶进行巴氏杀菌。

2. 黄花菜饮料　李勇等(2019)以市售新鲜黄花菜为原料,采用单因素设计方法,研究护色工艺参数和产品稳定性;采用正交试验方法,优化产品配方与复合稳定剂配方;采用高效液相色谱法,对黄花菜秋水仙碱含量进行测定。研究结果表明,经热烫处理后的黄花菜中秋水仙碱含量为 0.000629 mg/g,远低于引起人体中毒的含量值;最好的护色工艺为打浆前添加 0.1% 柠檬酸和 0.2% 抗坏血酸,进行护色处理;产品最佳配方(质量分数)为黄花菜 8%,柠檬酸 0.18%,白砂糖 10%,橙汁 4%;最佳复合稳定剂组合配方(质量分数)为琼脂 0.15%,柠檬酸钠 0.06%,黄原胶 0.06%,CMC 0.06%。实验制作出均匀稳定,色泽鲜黄,酸甜得当,清爽柔滑,黄花菜香味浓郁的黄花菜饮料产品。

(1)工艺流程

新鲜黄花菜→挑选→清洗→摘除花蕊→热烫→护色→打浆→粗滤→配料→混合→磨浆→精滤→脱气→均质→灌装→封口→杀菌→冷却→成品

(2)操作要点

①热烫　将清洗去除掉花蕊的黄花菜在沸水(95～100 ℃)中热烫处理 2 min,以去除其中的秋水仙碱。需要注意的是,处理时间过长,会降低黄花菜中维生素 C 含量。

②护色与打浆　黄花菜中的色素对酸、热、氧等敏感,加工过程中容易变色,影响品质,所以先用 50 倍温水浸泡,然后加入质量分数 0.1% 柠檬酸和 0.2% 抗坏血酸进行护色后,再用打浆机破碎,得到浆液。

③配料,混合　将合适的稳定剂、柠檬酸、白砂糖进行溶解,并将其与打浆粗滤后的黄花菜汁混合,搅拌均匀后,再经胶体磨处理,然后过滤。

④脱气　前面的调配搅拌、过滤等工序会使黄花菜汁与空气接触,导致其掺杂多种气体;原料本身也含有氧,而氧气溶解于汁液中,引起灌装困难,使黄花菜汁氧化,品质变差,所以脱气这一流程有很大的必要性。

⑤均质　将经过胶体磨处理后的料液倒入高压均质机中,进行 2 次均质,均质压力控制在 30 MPa 左右,均质温度不低于 60 ℃。

⑥灌装,杀菌　250 mL 玻璃瓶中灌装黄花菜汁,封好盖,然后加热杀菌。95 ℃ 下杀菌时间为 25 分钟。

⑦冷却　将杀菌后的黄花菜汁快速分段冷却至常温。

⑧恒温检查　将冷却好的产品放入恒温箱,检验理化指标和微生物数。将温度设为 37 ℃,放置 7 天。

3. 黄花菜固体饮料　叶倩等(2019)以黄花菜为主要原料,以感官评分、冲泡性能为指标,采用响应面试验对黄花菜固体饮料的配方和干燥工艺进行优化。试验表明,黄花菜固体饮料配方的响应面优化结果为:食盐添加量 0.01%,麦芽糊精添加量 2.0%,马铃薯全粉添加量 1.0%,奶粉添加量 4.5%,黄花菜与水比值 1∶9(m∶V)。此配方下研制出的黄花菜固体饮料流动性最佳,表征值为 72.855 mm。喷雾干燥的最佳工艺参数是进风温度为 180 ℃,入料流量为 1.5 mL/min;所得样品的感官评分值为 94.2,流动性表征值为 71.65 mm,润湿性表征值为 27.75 min。

(1)工艺流程

新鲜黄花菜→去柄→清洗→榨汁→加入原辅料、均质→料液→喷雾干燥→冷却→包装

(2)操作要点

①新鲜黄花菜、去柄 选用花蕾饱满、长度适宜、无损伤的黄花菜进行加工,剔除已遭病虫害危害的花蕾,去掉花梗。

②清洗 加水反复轻柔清洗三次,沥干。

③榨汁 用料理机将指定菜水比混合物 45 s 左右破碎成汁即可。

④加入原辅料、均质 加入配比好的辅料,一起进行均质。

⑤喷雾干燥 将均质好的原辅料在指定条件下进行喷雾干燥。

⑥冷却、包装 喷雾干燥后待温度冷却至 65 ℃ 左右,将粉粒及时倒入密封容器内,避免受潮。

4. 黄花菜蜂蜜酸奶 梁彦(2015)以鲜牛奶、黄花菜和蜂蜜为主要原料,通过单因素及正交试验确定黄花菜蜂蜜酸奶的生产工艺及配方。结果表明,在鲜牛奶中添加 0.3% 的 CMC-Na、8% 的蜂蜜、8% 的黄花菜汁,接种 3% 的保加利亚乳杆菌和嗜热链球菌(1∶1),42 ℃ 下发酵至滴定酸度为 70 °T 后,于 1~5 ℃冷藏 12 小时,可以制得口感细腻、营养丰富的酸奶。

(1)工艺流程

黄花菜→筛选→浸泡→打浆→过滤→提取汁液→冷藏备用

黄花菜汁
蜂蜜→净化 ╮混合调配→预热均质→杀菌→冷却→接种→灌装→发酵→冷却→后熟→成品
鲜牛奶→预处理 ╯

(2)操作要点

①原料预处理 选择干燥无霉变的黄花菜,去除杂质;蜂蜜用水(1∶1)溶解过滤。

②黄花菜汁的制备 将黄花菜用水浸泡直至发软为止,将洗好的黄花菜放到打浆机中打浆,黄花菜与纯净水按 1∶10 的比例打浆之后进行过滤从而得到黄花菜汁。

③调配、均质 将蜂蜜预热至 50 ℃,再与黄花菜汁、鲜牛奶、CMC-Na 混合在一起,充分搅拌均匀。先预热到 55 ℃,均质压力为 25 MPa。

④杀菌、冷却、接种 85 ℃杀菌 15 min,迅速冷却到 45 ℃左右。在无菌条件下,将培养好的发酵剂按比例接入已杀菌冷却后的原料乳中,充分混匀,灌入酸奶杯中密封。

⑤发酵、冷却、后熟 在 42 ℃的温度下恒温发酵,当滴定酸度为 70 °T 时,迅速降温停止发酵。于 1~5 ℃冷藏 12 小时,使其产香,降低菌种活力和发酵速度,使酸乳具有良好的风味。

5. 黄花菜汁 佘光俊(2000)供了一种用新鲜黄花菜辅以蜂蜜等原料加工黄花菜汁的生产工艺。

(1)工艺流程

黄花菜→漂洗杂质→热烫→打浆→胶体磨→过滤→(加入澄清蜂蜜)配料→脱气→均质→杀菌→灌装封口→检验入库。

（2）操作要点

①选料　黄花菜用刚采收的新鲜原料要求无梗等杂质。蜂蜜、蔗糖等原料均为合格产品。

②漂洗　黄花菜洗涤干净，以除去采摘时附着的花梗等杂质。洗涤用水应符合饮用水标准。

③热烫　黄花菜中含有秋水仙碱，对人体有毒害作用。通过热烫可破坏秋水仙碱，热烫温度为 80 ℃，时间 10 min。

④打浆　将热烫后的黄花菜捞出放入破碎机或打浆机中轧碎，然后放入胶体磨中制取菜汁，制汁时按 1∶1 的比例加入纯净水（矿泉水），水温为 50 ℃左右。

⑤调配　经过滤后的菜汁按配方加入纯净水中稀释。将优质白砂糖加热溶解，煮沸 10 分钟，用双联过滤器除去杂质。加入适量的 50％浓度的柠檬酸调节 pH 值为 4.2 左右，加入澄清的蜂蜜、CMC-Na，搅拌均匀。

配料：黄花菜汁 50％，白砂糖 8～9％，柠檬酸 0.15％，蜂蜜 2％，CMC-Na 0.2％。

⑥脱气　将调配好的菜汁温度控制在 55 ℃左右进行脱气，脱气真空度 $6.67×10^4～8.0×10^4$ Pa。

⑦均质　脱气后的汁液在密闭的管道中隔绝空气进入均质机，均质压力为 1 862～1 960 N/cm^2。

⑧杀菌、灌装、封口　用高温短时杀菌，杀菌温度为 120 ℃，停留 30 s，然后冷却至 80 ℃进行热灌装。灌装封口过程应在无菌状态下进行。

6. 黄花菜复合饮料　李安平等（2003）介绍了以黄花菜为主要原料加工鲜花汁复合饮料的工艺，运用正交试验方法，得出了最佳配方。以此配方加工的复合鲜花汁饮料不仅营养丰富，而且色泽艳丽，芳香宜人，酸甜可口。

（1）工艺流程

鲜橙浓缩汁

干黄花菜→清洗去杂→浸泡→打装→粗滤→提取汁

白砂糖、稳定剂→溶解→过滤

干金银花→浸提、过滤→提取液

→混合调配→胶体磨→精滤→脱气→均质→超高温瞬时灭菌（UHT）→灌装→喷淋冷却→检验→成品

（2）操作要点

①金银花汁的提取　选用的干金银花必须是市售一级品，花蕊整齐，不得有烂花头、杂叶残枝及其他异物，用水快速冲洗，然后用 30 倍的水浸提，浸提温度为 90 ℃，时间为 50 min，其间加微量的抗氧化剂异构维生素 C，接着过滤、澄清取汁。剩余的残渣接着用水进行第二次浸提，条件相同，最后将两次浸提液合并。

②黄花菜汁的提取　选用优质、色泽良好的当年产的干黄花菜，用水浸泡 1～2 小时，直至干黄花菜发软为止。将洗好的黄花菜放入打浆机中打浆，用水比例为 1∶4。为防止变色可加入 0.1％ 的柠檬酸和抗坏血酸混合液。浆液用离心机（滤布孔径为 120 目）离心过滤，得黄花菜提取液。

③调配、精滤　将 CMC-Na、白砂糖、柠檬酸等辅料溶解过滤后，与橙汁和提取液按比例混合均匀。调配后的溶液，经胶体磨进一步细化，精密过滤器过滤，得出比较稳定的料液。

④脱气　控制调配液温度在 50 ℃ 左右进行脱气，脱气真空度为 0.05～0.08 MPa。

⑤均质　紧接着用均质机进行均质，均质压力为 15～20 MPa。

⑥UHT 采用超高温瞬时灭菌,物料进口温度为45 ℃左右,最高温度135 ℃,杀菌时间为3～5 s,出口温度为88 ℃ 。

⑦灌装、喷淋冷却 超高温瞬时灭菌后,物料温度控制在85 ℃左右,进行热灌装,包装瓶采用耐热PET瓶。整个灌封过程尽可能要求在无菌的状态下进行。接着倒瓶杀菌,喷淋冷却,出口温度控制在40 ℃以下,时间不得超过3 min。

⑧检验、入库 冷却至常温的产品经检验合格后入库。

参考文献

白雪松,宋春梅,杜鹃,等,2012a. 火焰原子吸收光谱法测定黄花菜中微量元素含量[J]. 安徽农业科学(8): 4852-4853.

白雪松,杜鹃,谢巧英,2012b. 黄花菜中总黄酮超声提取工艺研究[J]. 吉林医药学院学报,33(1):3-5.

常二强,2007. "七须"黄花菜的营养价值与种植前景[J]. 中国果菜,37(10):42-44.

陈莉,梁红,江丽蓉,1994. 黄花菜秋发嫩叶主要营养成分测定[J]. 绵阳农专学报,11(4):51-52.

陈志峰,2014. 不同品种黄花菜秋水仙碱含量比较及其亲缘关系鉴定[D]. 太谷:山西农业大学.

代瑞娟,李志强,朱月林,2019. 不同冻结和解冻方法对金针菜品质及膜脂过氧化的影响[J]. 安徽农业大学学报,46(4):713-717.

邓放明,尹华,李精华,等,2003. 黄花菜应用研究现状与产业化开发对策[J]. 湖南农业大学学报(自然科学版),29(6): 529-532.

邓如新,2011. 邵东黄花菜鲜蕾太阳能杀青加工技术[J]. 长江蔬菜(11):35.

付强,2020. 黄花菜灭酶工艺优化[J]. 农业工程 (10):57-60.

傅茂润,茅林春,2006. 黄花菜的保健功能及化学成分研究进展[J]. 食品发酵工业,32(10):108-112.

高嘉宁,张丹,吴毅,等,2019. 氮、磷、钾配施对黄花菜产量及2种蒽醌类活性成分含量的影响[J]. 天然产物研究与开发(31):1624-1631.

高建晓,古荣鑫,胡花丽,等,2015. 不同薄膜包装对黄花菜贮藏品质的影响[J]. 江苏农业科学,43(2): 255-259.

高志慧,2019. 不同产地黄花菜营养价值的比较[J]. 黑龙江农业科学(12):82-84.

高中松,2006. 超声波提取黄花菜中总黄酮的工艺研究[J]. 中国林副特产 (3):15-16.

龚吉军,谭兴和,夏延斌,等,2003. 鲜黄花菜小袋包装气调保藏技术[J]. 湖南农业大学学报(自然科学版),29 (1):57-60.

古元梓,邓玲娟,2019. ICP-OES法测定不同产地黄花菜中的19种矿质元素[J]. 广州化工,47(15):115-118.

顾岩岩,徐璐,付正义,等,2017. 聚乳酸薄膜处理对黄花菜保鲜效果分析[J]. 安徽农业大学学报,44(5): 929-935.

郭冷秋,张颖,张博,等,2013. 萱草根及萱草花的化学成分和药理作用研究进展[J]. 中华中医药学刊(1): 74-76.

郭向明,崔清亮,李斐,等,2013. 基于响应面的黄花菜冷冻干燥工艺参数优化[J]. 农机化研究(12):120-124.

郭晓玉,陈明,张文龙,等,2016. GC//MS分析黄花菜精油挥发性成分[J]. 延边大学农学学报,38(1):35-39.

韩志平,陈志远,黄蕊,等,2012. 1-MCP对黄花菜贮藏保鲜效果的研究[J]. 山西大同大学学报(自然科学版),28(6):49-51.

何成雄,1994. 萱草花提取液及表皮生长因子对人真皮成纤维细胞增殖的作用[J]. 中华皮肤科杂志,27(4): 218-220.

何红君,王茹,张波,等,2021. 不同移栽密度对"大乌嘴"黄花菜品种产量及品质的影响[J]. 东北农业科学,46 (3):82-85.

何红平,纪舒昱,朱洪友,等,2000. 秋水仙碱的氨(胺)解反应及其衍生物体外抗癌活性研究[J]. 化学研究与应用,12(5):528-530.

洪亚辉,张永和,屠波,等,2003a. 不同品种的黄花菜鲜干花营养成分比较[J]. 湖南农业大学学报(自然科学版),29(6):503-505.

洪亚辉,成志伟,李精华,等,2003b. 不同处理方式对鲜黄花菜中秋水仙碱含量变化的影响[J]. 湖南农业大学学报(自然科学版),29(6):500-503.

侯非凡,邢国明,亢秀萍,等,2014. 不同贮藏温度对4种黄花菜花粉活力的影响[J]. 山西农业科学,42(1):29-32.

胡英考,李雅轩,蔡民华,等,2004. 提高植物维生素含量的基因工程[J]. 中国生物工程杂志(05):20-23.

虎玉森,杨继涛,杨鹏,2010. 黄花菜挥发油成分分析[J]. 食品科学,31(12):223-225.

黄凤耀,2007. 黄花菜的特征特性及利用价值[J]. 甘肃农业(3):79-80.

黄树永,陈明,帖金鑫,等,2015. 响应面法优化黄花菜挥发油同时蒸馏萃取条件[J]. 延边大学农学学报,37(3):240-244.

黄中培,申双贵,2008. 有机黄花菜速冻工艺研究[J]. 农产品加工(学刊)(1):33-35.

及华,王琳,贾立海,等,2020. 不同处理方法对萱草花蕾食用品质的影响[J]. 食品安全质量检测学报,11(18):6557-6561.

阚旭辉,郭红英,谭兴和,等,2017. 即食黄花菜的工艺配方研究[J]. 中国调味品,42(3):72-75.

郎娜,罗红霞,2007. 黄花菜中黄酮类物质抗氧化性的研究[J]. 食品研究与开发,28(3):74-77.

李安平,黎红明,郑娟娟,等,2003. 黄花菜复合饮料的研制[J]. 食品工业(2):8-9.

李博雅,周忻,戴蕴青,等,2015. 加工对黄花菜中二氧化硫含量的影响[J]. 食品科技(5):110-113.

李登绚,李东波,胥国斌,等,2011. 不同杀青方法对黄花菜营养成分的影响[J]. 中国蔬菜(14):77-79.

李登绚,李东波,胥国斌,等,2012. 不同杀青方法对黄花菜外观品质及干制率的影响研究[J]. 陇东学院学报,23(5):32-34.

李花云,2018. 黄花菜高温短时杀青成效分析[J]. 乡村科技(25):80,82.

李慧瑶,2018. 黄花菜的多种价值及传统加工工艺的综述[J]. 农家参谋(21):48,92.

李小菊,李治军,李惠成,等,2020. 超声辅助提取庆阳黄花菜中多糖的动力学研究[J]. 中国食品添加剂(4):42-48.

李勇,吴浩一,时培宁,等,2019. 黄花菜饮料的配方及加工工艺研究[J]. 徐州工程学院学报(自然科学版)(3):48-53.

李云霞,2014. 黄花菜中黄酮的提取及雌激素样调节作用的研究[J]. 实用中西医结合临床,14(9):83-84.

梁彦,2015. 黄花菜蜂蜜酸奶的研制[J]. 湖北农业科学,54(6):1437-1439,1537.

刘陈力为,刘雁,匡琼秀,等,2012. 超声波法提取黄花菜中秋水仙碱的研究[J]. 湖南城市学院学报(自然科学版),21(01):69-71.

刘伟,张群,李志坚,等,2019. 不同品种黄花菜游离氨基酸组成的主成分分析及聚类分析[J]. 食品科学,40(10):243-250.

刘选明,周朴华,1995. 四倍体黄花菜花蕾性状和营养成分分析[J]. 园艺学报,22(2):191-192.

刘颖,杨大伟,2015. 超声波辅助混合溶剂提取黄花菜叶绿素的最佳条件[J]. 包装与食品机械,33(3):14-18.

陆海勤,李毅花,李冬梅,等,2017. 超声协同电场提取黄花菜多糖的动力学研究[J]. 华南理工大学学报(自然科学版),45(9):67-73,87.

罗波,2016. 黄花菜中硫酸盐的测定[J]. 现代食品(17):103-106.

罗春燕,张芳芳,2021. 不同产地黄花菜重金属及亚硫酸盐含量的对比分析研究[J]. 甘肃科技,37(8):50-54.

马宏芳,牛雪平,孟双明,等,2010. 正交试验法优选黄花菜中总黄酮的微波提取工艺[J]. 内蒙古大学学报(自然科学版),41(3):297-300.

马佳佳,王毓宁,隋思瑶,等,2017. 气调贮藏对金针菜外观色泽和营养品质的影响[J]. 食品工业科技,38(9):339-342.

马瑞,张钟元,赵江涛,等,2016. 超声辅助烫漂对黄花菜干制品色泽的影响[J]. 现代食品科技,32(10):233-238.

毛建兰,2008. 黄花菜的营养价值及加工技术综述[J]. 安徽农业科学,36(3):1197-1198.

彭慧敏,任凤莲,禹文峰,等,2006. 黄花菜中黄酮的超声波提取、纯化及鉴定[J]. 广州化学,31(4):22-31.

彭玲,2013. 超声波辅助萃取黄花菜卵磷脂的工艺研究[J]. 食品工业,34(2):1-3.

任邦来,焦凤琴,邓惠文,等,2019. 不同浓度 ASA 处理对黄花菜保鲜效果的影响[J]. 中国食物与营养,25(10):45-48.

邵泓,吕晶,陈钢,2011. 蛋白质含量测定方法的规范化研究[J]. 中国药品标准(02):135-138.

佘光俊,2000. 天然黄花菜汁的生产工艺[J]. 广州食品工业科技(02):14-15.

谭兴和,夏延斌,李映武,2003. 即食黄花菜加工工艺研究[J]. 食品与机械(6):34-35.

唐道邦,夏延斌,张滨,等,2003. 黄花菜的食用价值及开发利用[J]. 中国食品与营养(8):23-24.

唐道邦,夏延斌,张斌,等,2004. 黄花鲜复合调味品的研究[J]. 中国调味品(10):16-19.

唐道邦,肖更生,徐玉娟,等,2006. 黄花菜不同部位营养加工特性研究[J]. 食品研究与开发(10):7-10.

滕坤,郭辉,2009. 运用分光光度法测定黄花菜中总黄酮的含量[J]. 通化师范学院学报,30(2):50-51.

汪乃兴,赵滨,陈建民,等,1991. 萱草根和藜芦中秋水仙碱的差示脉冲极谱测定[J]. 化学世界,32(7):314-316.

王娟,马晓艳,王通,等,2020. 预冷方式对黄花菜贮藏品质的影响[J]. 食品与发酵工业(46):215-221.

王鹏,1994. 黄花菜的挥发性成分[J]. 云南植物研究,16(4):431-434.

王强,杨竞雄,1990. 萱草根中总蒽醌及大黄酚的含量测定[J]. 中草药,21(1):12-13.

王树元,1990. 黄花菜的药膳兼用[J]. 中国烹调(8):47.

王艳,张海丽,许腾,等,2017. 黄花菜不同品种及不同部位营养与功能成分差异性研究[J]. 食品科技,42(06):68-71.

魏俊杰,2018. 黄花菜高温短时杀青效果分析[J]. 河南农业(25):46.

吴天珍,孙利平,张庆霞,等,2021. 超声波辅助提取黄花菜中类胡萝卜素工艺研究[J]. 陕西农业科学,67(7):46-50.

武永福,2015. 黄花菜多糖的提取工艺及含量测定[J]. 中国食物与营养,21(5):54-57.

许国宁,张卫明,吴素玲,等,2012. 不同的贮藏方式对黄花菜品质的影响[J]. 中国野生植物资源,31(3):13-16.

薛友林,刘英杰,张鹏,等,2021. 精准温控保鲜箱对黄花菜冷藏品质的影响[J]. 包装工程,42(15):1-9.

杨大伟,夏延斌,2003a. 鲜黄花菜的化学成分对脱水品质的影响[J]. 食品科技(11):24-26.

杨大伟,夏延斌,2003b. 微波和热风联合干燥薄层黄花菜的方法研究[J]. 食品科技(9):28-30.

杨大伟,夏延斌,2004. 温度对薄层黄花菜干燥的影响[J]. 湖南农业大学学报(自然科学版),30(1):62-64.

杨大伟,钟菊英,2008. 黄花菜粗卵磷脂提取工艺研究[J]. 食品工业科技(1):204-206.

杨大伟,2018. 茅岩莓复合催熟剂对干燥黄花菜色泽及营养品质的影响[J]. 食品与机械,34(4):153-157.

杨青,任凤莲,2004. 黄花菜中黄酮的提取及其对羟自由基的作用[J]. 食品科学,25(6):141-143.

杨青,唐瑞仁,任凤莲,2006. 黄花菜中黄酮化学成分的测定[J]. 食品科技(9):235-236.

杨日福,耿琳琳,范晓丹,2017. 超声协同静电场提取黄花菜中总黄酮的研究[J]. 声学技术,36(1):32-37.

姚亚明,彭菁,刘檀,等,2016. 壳聚糖处理结合纳米包装对黄花菜贮藏品质及生理的影响[J]. 食品科学,37(20):282-286.

叶倩,姚荷,郭红英,等,2019. 黄花菜固体饮料配方及喷雾干燥工艺的研究[J]. 激光生物学报,28(2):160-167.

尤新,2000. 功能性发酵制品[M]. 北京:中国轻工业出版社.

詹利生,李贵荣,李少旦,等,2005. 黄花菜中总黄酮的提取及其药理作用初步观察[J]. 南华大学学报(医学版),33(1):112-114.

张冬冬,王春艳,解春华,2002. 薄层层析法测定黄花菜中黄酮成分[J]. 中国卫生检验杂志,12(4):445.

张国伟,王晓婧,周玲玲,等,2019. 栽培方式对金针菜产量、品质和氮素吸收利用的影响[J]. 江苏农业学报, 35(1):166-172.

张宁,武永福,2014. 黄花菜粗多糖梯度乙醇提取工艺及其抗氧化活性研究[J]. 中国食品与营养,20(11): 60-62.

张清云,李明,安钰,等,2018. 不同杀青温度及制干方式对黄花菜营养成分的影响研究[J]. 宁夏农林科技,59 (06):3-4,18.

张清云,龙澍普,安钰,等,2020. 移栽密度调控对黄花菜产量及品质的影响研究[J]. 宁夏农林科技(61): 11-13.

张先淑,任飞飞,2015. 黄花菜金银花复合饮料的研制[J]. 食品研究与开发(24):83-85.

张欣,马明,2000. 黄花菜速冻工艺的研究[J]. 冷饮与速冻食品工业,6(2):10-11.

张杨珠,陈涛,2008. 湖南省主要黄花菜品种生长发育和养分吸收规律研究[J]. 作物研究(2):95-100.

张玉梅,2015. 黄花菜的栽培技术与采收加工[J]. 现代农业(5):61.

张治雄,梁永锋,2011. 黄花菜根化学成分研究[J]. 中药材,34(9):1371-1373.

张珠宝,焦泽鹏,李焕勇,等,2014. 不同地域黄花菜中常量、微量元素的比较研究[J]. 应用化工(2):365-367.

赵二劳,段晋峰,2008. 分光光度法测定黄花菜中总黄酮[J]. 分析试验室,27(9):94-96.

赵晓玲,2015. 不同栽培方式对土壤含水量、黄花菜生长和花蕾产量的影响[J]. 长江蔬菜(6):26-28.

赵瑛瑛,2019. 不同产地黄花菜中的营养成分的差别及不同加工过程的影响[J]. 现代农业(B):38-39.

郑贤利,凌球,罗治平,2008. 鲜黄花菜辐照保鲜研究[J]. 南华大学学报(自然科学版),22(4):57-59.

郑贤利,曲国普,谢红艳,等,2013. 不同剂量辐照黄花菜保鲜研究[J]. 安徽农业科学,41(11):5032-5033.

周纪东,李余动,2015. 黄花菜多糖的不同提取方法及其含量测定的研究[J]. 温州职业技术学院学报,15(1): 69-72.

周玲玲,张黎杰,姜若勇,2017. 设施和露地栽培对金针菜产量和品质的影响[J]. 上海农业学报,33(3): 105-108.

周玲玲,张黎杰,余翔,等,2020a. 苏北地区黄花菜生态适应性及营养品质比较[J]. 北方农业学报,48(5): 109-114.

周玲玲,余翔,田福发,等,2020b. 植物生长调节剂对黄花菜鲜切花薹保鲜效果的影响[J]. 江西农业学报,32 (4):43-48.

周向军,高义霞,张霞,2011. 响应面法优化黄花菜总黄酮提取工艺[J]. 中国实验方剂学杂志,17(16):29-32.

周向军,高义霞,张继,2012. 黄花菜多酚提取工艺及抗氧化作用的研究[J]. 作物杂志(1):68-72.

周秀梅,王秀兰,沈楠,2013. 黄花菜粗黄酮提取工艺优化[J]. 中国医药科学,3(15):59-62.

周志娥,杜华英,林丽萍,2014. 超声波辅助提取黄花菜中多酚类物质工艺的优化[J]. 食品工业科技(18): 284-287.

ASEN S,et al,1968. Anthocyanins from Hemerocallis[J]. Proc Amer Soc Hort Sci,92:641-645.

BLAND J S,1995. Oxidants and antioxidants in clinical medicine:Past,present,and future[J]. J Nutr Environ Med,5(3):255-280.

BRAVO L,1998. Polyphenols:chemistry,dietary source,Metabolism,and nutritional significance[J]. Nutr Rev,56(11):317-333.

CHITSULO L,ENGELS D,MONTRESOR A,et al,2000. The global status of schistosomiasis and its control [J]. Acta Tropica,77(1):41-51.

CICHEWICZ R H,LIM K C,et al,2002,Kwanzoquinones A-G and other constituents of Hemerocallis fulva Kwanzo roots and their activity against the human pathogenic Rematode Schistosomamansoni[J]. Tetrahedron,58:8597-8606.

CICHEWICZ R H,ZHANG Y J,et al,2004. Inhibition of human tumor cell proliferation by novel Anthraquinones from daylilies[J]. Life Science,74(14):1797-1799.

CORDOBA J J,ANTEQUERA T,CARCIA C,et al,1994. Evolution of free amino acids and amines during ripening of Iberian cured ham[J]. Journal of Agricultural and Food Chemistry,42(10):2296-2301.

DHANANJEYAN M R,MILEV Y P,KRON M A,et al,2005. Synthesis and activity of substituted anthraquinones against a human filarial parasite,Brugia malayi[J]. Journal of Medicinal Chemistry,13(4):48-55.

GORDON M H, ROEDIG-PENMAN A, 1999. Antioxidant properties of flavonoids[J]. Special Publication-Royal Society of Chem-istry (Lipids Health Nutr),244:4-64.

HADLEY R M,RICHARDSON J A,GWALTNEY-BRANTA S M,2003. A ret-rospective study of daylily toxicosis in cats[J]. Vet Human Toxicol,45(1):38-39.

HE D,PANG Y, 2005. Microbicide Made from Day Lily,and Its Prepn[P]. CN,1559230,01-05.

HSIEH M T, HO Y F,PENG W H,et al,1996. Effects of Hemerocallis tiara on motor activity and the concentration of central monoamines and its metabolites in rats[J]. Journal of Ethnopharmacology,52:71-76.

HSU Y W,TSAI C F,CHEN W K,et al,2011. Determination of lutein and zeaxanthin and antioxidant capacity of supercritical carbon dioxide extract from daylily (Hemerocalli disticha) [J]. Food Chemistry, 129:1813-1818.

KLEVAY L M,2000. Cardiovascular disease from copper deficiency ahistory[J]. J Nutrition, 130 (spppl 2):489-492.

KONISHI T,et al,1996. A 2,5-dimethoxytetrahydrofuran from *Hemerocallis fulva* (L.) Var. Kwanso[J]. Phytochemistry,42(1):135-137.

LIN P,CAI J B,LI J,2003. Constituent of the essential oil of Hemerocallis flava daylily[J]. Flavour and Fragarance Journal,18 (6):539-541.

LIN Y L,LU C K,HUANG Y J,et al,2011. Antioxidative Caf Feoylquinic Acid and Flavonoids from Hemerocallis fulva Flowers[J]. Journal of Agricultural and Food Chemistry,59:8789-8795.

LYNN M,MILEWSKI B S,SAFDAR A, et al, 2006. An over view of potentially life-threatening poisonous plants in dogs and cats[J]. Journal of Veterinary Emergency and Critical Care,16(1):25-33.

MARTIN F W,et al,1969. Compounds from the stigma of ten species[J]. Amer J bot,56(9):1023-1027.

OKINAWA K, 2003. Agent for Preventing Diabetes,Obesity and Hypertension,Comprises Dry Powder or Extract of e. g. HemerocallisFulva,PolygonumCuspidatum,FicusPumila,CaesalpiniaPulcherrima,Wood Sorrel and Verbena Officinalis[P]. JP,2004075638A.

RICE-EVANS C A, MILLER N J, PAGANGA G. 1996. Structure-antioxi-dant activity relationships of flavonoids and phenolic acids[J]. Free Radical Biology and Medicine,20(7):933-956.

ROBERT H, MURALEEDHARAN G, 2002. Isolation and characterization of stelladerol,a new antioxidant naphthalene glycoside,and other antioxidant glycosides from edible daylily (Hemerocal-lis)flowers [J]. Journal of Agricultural and Food Chemistry,50(1):87-91.

SARG T M,et al,1990. Phytochemical and antimicrobial investigation of Hemerocallis fulva L. grown in Egypt [J]. J Crude Res,28(2):153-156.

TAI C Y,CHEN B H,2000. Analysis and stability of carotenoids in the flowers of Daylily (Hemorocallis disticha) as affected by various treatments[J]. Journal of Agricultural and Food Chemistry,48(19):5962-5968.

TOBINAGA S, 1999. From my ethnopharmacochemical studies[J]. Yakugaku Zasshi,119(3):185-198.

UEZU E, 1998. Effects of Hemerocallis on sleep in mice[J]. Japanese Society of Sleep Research, 52 (2):136-137.

WANG J H,Humphreys D J,George B J,et al,1989. Structure and distribution of a neurotoxic principle,hemerocallin[J]. Phytochemistry,28(7):1825-1826.

ZHANG Y J,CICHEWICZ R H,2004. Nair Muraleedharan G. Lipid peroxidation inhibitory compounds from daylily (Heinerocallis fulva) leaves[J]. Life Science,75(6):753-763.